# 风景园林工程与植物养护

张艳华　孙江峰　曹　琦　著

吉林科学技术出版社

图书在版编目（CIP）数据

风景园林工程与植物养护 / 张艳华，孙江峰，曹琦著. -- 长春：吉林科学技术出版社，2024.5
ISBN 978-7-5744-1317-7

Ⅰ. ①风… Ⅱ. ①张… ②孙… ③曹… Ⅲ. ①园林－工程施工 Ⅳ. ① TU986.3

中国国家版本馆 CIP 数据核字 (2024) 第 092111 号

风景园林工程与植物养护

著 张艳华 孙江峰 曹 琦
出 版 人 宛 霞
责任编辑 宋 超
封面设计 周书意
制 版 周书意
幅面尺寸 185mm × 260mm
开 本 16
字 数 362 千字
印 张 18.25
印 数 1~1500 册
版 次 2024 年 5 月第 1 版
印 次 2024 年10月第 1 次印刷

出 版 吉林科学技术出版社
发 行 吉林科学技术出版社
地 址 长春市福祉大路5788 号出版大厦A 座
邮 编 130118
发行部电话/传真 0431-81629529 81629530 81629531
81629532 81629533 81629534
储运部电话 0431-86059116
编辑部电话 0431-81629510
印 刷 廊坊市印艺阁数字科技有限公司

书 号 ISBN 978-7-5744-1317-7
定 价 98.00元

# 前言

园林是在一定的地域中运用工程技术与艺术手段，通过改造地形或进一步筑山、叠石、理水，种植树木、花草，营造建筑和布置园路、园林小品等途径，创设的自然环境和游憩环境。随着现代社会的不断进步，我国社会、经济发展的不断深入，国家综合实力也在不断增强，人民生活水平得到极大提高，“风景园林”在现代城乡建设过程中所起的作用也越来越重要。由此便促使很多人希望学习风景园林设计方面的知识，这也就为中国园林设计的发展提供了大量的后备力量。

植物除了能为人类创造优美舒适的生活环境，更重要的是能创造适合人类的生态环境。在当前城市化、工业化与气候变化的背景下，人类所赖以生存的生态环境日趋恶化，城市热岛效应越来越明显，人们离自然越来越远。保护环境、美化环境、生态修复成为时代潮流，保护植物与生物多样性、坚持可持续发展，最终才能拯救人类。园林植物养护主要涉及园林植物的水肥管理、整形与修剪、病虫害防治等后期养护，是维持和提升风景园林及城市绿色空间质量的重要方面。

本书参考了大量的相关文献资料，借鉴、引用了诸多专家、学者和教师的研究成果，其主要来源已在参考文献中列出，如有个别遗漏，恳请作者谅解并及时和我们联系。本书写作得到很多专家、学者的支持和帮助，在此深表谢意。由于能力有限、笔者时间仓促，多次修改极力丰富本书内容，力求著作的完美无瑕，但仍难免有不妥与遗漏之处，恳请专家和读者给予批评指正。

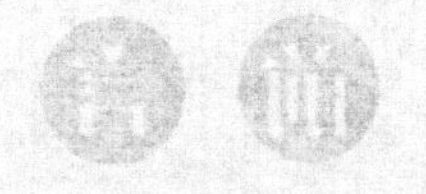

第一章　园林景观设计基本原理和要素……1
第一节　园林景观设计的基本原理……1
第二节　园林景观设计要素……12
第二章　风景园林建筑设计理论……28
第一节　风景园林建筑空间设计……28
第二节　风景园林建筑造型设计……42
第三章　风景园林植物设计理论……51
第一节　风景园林植物设计原则……51
第二节　风景园林植物养护发展……73
第三节　风景园林植物景观营造养护研究……82
第四章　园林工程施工设计概论……89
第一节　园林工程施工特点及要点……89
第二节　园林工程总平面图及局部详图设计……94
第三节　园林工程施工技术……101
第五章　园林小品工程……116
第一节　挡土墙与景墙工程施工……116
第二节　廊架与园桥工程施工……122
第三节　园亭与花坛砌筑工程施工……132

第六章 风景园林水景与假山工程……140
第一节 湖体与水池工程……140
第二节 其他水景工程……145
第三节 风景园林假山工程……151
第七章 园林绿化与园林绿地的建设……164
第一节 园林绿化的意义与效益……164
第二节 园林绿地的构成要素……171
第三节 园林绿化造景与绿地植物群落构建……181
第八章 园林植物种植工程的养护管理……186
第一节 园林植物种植工程概述……186
第二节 草坪工程……198
第三节 园林植物养护管理……214
第九章 园林植物的土肥水管理与病虫害防治……229
第一节 园林树木的土肥水管理……229
第二节 园林植物病虫害防治……250
第十章 园林花草的养护……255
第一节 园林花卉栽培设施与无土栽培……255
第二节 园林花卉的栽培与养护……264
第三节 草坪的建植与养护……271
结束语……283
参考文献……284

# 第一章 园林景观设计基本原理和要素

## 第一节 园林景观设计的基本原理

### 一、园林景观设计的原则

#### （一）生态性原则

景观设计的生态性主要表现在自然优先和生态文明两个方面。自然优先是指尊重自然，显露自然。自然环境是人类赖以生存的基础，尊重并净化城市的自然景观特征，使人工环境与自然环境和谐共处，有助于城市特色的创造。另外，设计中要尽可能地使用可再生原料制成的材料，以最大限度地发挥材料的潜力，减少能源的浪费。

#### （二）文化性原则

作为一种文化载体，任何景观都必然处在特定的自然环境和人文环境中，自然环境条件是文化形成的决定性因素之一，影响着人们的审美观和价值取向。同时，物质环境与社会文化相互依存、相互促进，共同成长。

景观的历史文化性主要是人文景观，包括历史遗迹、遗址、名人故居、古代石刻、坟墓等。一定时期的景观作品，与当时的社会生产、生活方式、家庭组织、社会结构都有直接的联系。从景观自身发展的历史分析，景观在不同的历史阶段，具有特定的历史背景，景观设计者在长期实践中不断积淀，形成了一系列的景观创作理论和手法，体现了各自的文化内涵。从另一个角度讲，景观的发展是历史发展的物化结果，折射着历史的发展，是历史某个片段的体现。随着科学技术的进步和文化活动的丰富，人们对视觉对象的审美要求和表现能力在不断提高，对视觉形象的审美特征也随着历史的变化而变化。

景观的地域文化性指某一地区由于自然地理环境的不同而形成的特性。人们生活在特定的自然环境中，必然形成与环境相适应的生产生活方式和风俗习惯，这种民俗与当地文化相结合形成了地域文化。

在进行景观创作或景观欣赏时，必须分析景观所在地的地域特征、自然环境，入乡随俗，见人见物，充分尊重当地的民族传统，尊重当地的礼仪和生活习惯，从中抓住主要特点，经过提炼融入景观作品中，这样才能创作出优秀的作品或提升审美能力。

### （三）艺术性原则

景观不是绿色植物的堆积，不是建筑物的简单摆放，而是各生态群落在审美基础上的艺术配置，是人为艺术与自然生态的进一步和谐。在景观配置中，应遵循统一、协调、均衡、韵律四大基本原则，使景观稳定、和谐，让人产生柔和、平静、舒适和愉悦的美感。

## 二、园林景观设计的构图

### （一）园林景观的构图形式

1.规则式园林

这类园林又称为整形式、建筑式或几何式园林。西方园林，从埃及、希腊、罗马起到18世纪英国风景式园林产生以前，基本上以规则式为主，其中以文艺复兴时期意大利台地建筑园林和17世纪法国勒诺特平面图案式园林为代表。这一类园林，以建筑式空间布局作为园林风景的主要题材。

其特点强调整齐、对称和均衡，有明显的主轴线，在主轴线两边的布置是对称的。规则式园林给人以整齐、有序、形色鲜明之感。中国北京天安门广场园林、大连市斯大林广场、南京中山陵，以及北京天坛公园，都属于规则式园林。其基本特征表现在以下几个方面：

（1）地形地貌

在平原地区，由不同标高的水平面及缓倾斜的平面组成；在山地及丘陵地，需要修筑成有规律的阶梯状台地，由阶梯式的大小不同的水平台地、倾斜平面及石级组成，其剖面均由曲线构成。

（2）水体

外形轮廓均为几何形。采用整齐式驳岸，园林水景的类型以整形水池、壁泉、喷泉、整形瀑布及运河等为主，其中常运用雕像配合喷泉及水池为水景喷泉的主题。

（3）建筑

园林不仅个体建筑采用中轴对称均衡的设计，而且建筑群和大规模建筑组群的布局，也采取中轴对称的手法，布局严谨，以主要建筑群和次要建筑群形式的主轴和副轴控制全园[①]。

（4）道路广场

园林中的空旷地和广场外形轮廓均为几何形。封闭性的草坪、广场空间，以对称建筑群或规则式林带、树墙包圈，在道路系统上，由直线、折线或有轨迹可循的曲线构成方格形或环状放射形，中轴对称或不对称的几何布局，常与棋纹花坛、水池组合成各种几何图案。

（5）种植设计

植物的配置呈有规律、有节奏的排列、变化，或组成一定的图形、图案、色带，强调成行等距离排列或做有规律的简单重复，对植物材料也强调整形，修剪成各种几何图形。园内花卉布局以棋纹花坛和花境为主，花坛布置以图案式为主，或组成大规模的花坛群。并运用大量的绿篱、绿墙以规划和组织空间。树木整形修剪以模拟建筑体形和动物物态为主，如绿柱、绿塔、绿门、绿亭和用常绿树修剪而成的鸟兽等。

（6）园林其他景物

除建筑、花坛群、规则式水景和大量喷泉等主景以外，其余常采用盆树、盆花、瓶饰、雕像来点缀主景。雕像的基座为规则式，多配置于轴线的起点、终点或支点上。

规则式的园林，以意大利台地园和法国宫廷园为代表，给人以整洁明朗和富丽堂皇的感觉。遗憾的是缺乏自然美，一目了然，并有管理费工之弊。中国北京天坛公园、南京中山陵都是规则式的，给人以庄严、雄伟、整齐和明朗之感。

2.自然式园林

这类园林又称为风景式、不规则式、山水派园林等。中国园林，从有历史记载的周秦时代开始，无论是大型的帝皇苑囿还是小型的私家园林，多以自然式山水园林为主，古典园林中可以北京颐和园，承德避暑山庄，苏州拙政园、留园为代表。中国自然式山水园林，从唐代开始就影响了日本的园林，18世纪后半期传入英国，从而引起了欧洲园林对古典形式主义的革新运动。自然式园林在世界上以中国的山水园与英国式的风致园为代表。

自然式园林构图的特点是：没有明显的主轴线，曲线无轨迹可循，自然式绿地景色变化丰富、意境深邃、委婉。中华人民共和国成立以来的新建园林，如北京的陶然亭公园、紫竹院公园及上海虹口鲁迅公园等，都进一步发扬了这种传统布局手法。这一类园林，以自然山水作为园林风景表现的主要题材，其基本特征如下。

（1）地形地貌

平原地带，地形起伏富于变化，自然起伏的和缓地形与人工堆置的若干起伏的土丘相结合，其断面为和缓的曲线；在山地和丘陵地，则利用自然地形地貌，除建筑和广场基地

① 刘乐，杨冰清．城市的“生态空间”——公共建筑屋顶生态景观设计探讨 [J]. 赤峰学院学报（自然科学版），2015，31（07）：40-42.

不搞人工阶梯形的地形改造工作，原有破碎侧面的地形地貌也加以人工整理，使其自然。

（2）水体

其轮廓为自然的曲线，岸为各种自然曲线的倾斜坡度，如有驳岸，亦为自然山石驳岸。园林水景的类型多以小溪、池塘、河流、自然式瀑布、池沼、湖泊等为主，常以瀑布为水景主题。

（3）建筑

园林内个体建筑为对称或不对称均衡的布局，其建筑群和大规模建筑组群，多采取不对称均衡的布局。对建筑物的造型和建筑布局不强调对称，善于与地形结合。全园不以轴线控制，而以主要导游线构成的连续构图控制全园。

（4）道路广场

广场的外缘轮廓线和通路曲线自由灵活。园林中的空旷地和广场的轮廓为自然的封闭性的空旷地和广场，被不对称的建筑群、土山、自然式的树丛和林带所包围。道路平面和剖面由自然起伏曲折的平面线和竖曲线组成。

（5）种植设计

绿化植物的配置不呈行列式，没有固定的株行距，而是充分发挥树木自由生长的姿态。不强求造型，着重反映植物自然群落之美，树木配置以孤立树、树丛、树林为主，不用规则修剪的绿篱，树木整形不做建筑、鸟兽等体形模拟，而以模拟自然界苍老的大树为主，以自然的树丛、树群、树带来规划和组织园林空间。注意色彩和季相变化，花卉布置以花丛、花群为主，不用模纹花坛。林缘和天际线有疏有密，有开有合，富于变化，自然和缓。在充分掌握植物生物学特性的基础上，不同品种的植物可以配置在一起，以自然界植物生态群落为蓝本，构成生动活泼的自然景观。

（6）园林其他景物

除建筑、自然山水、植物群落等主景以外，其余尚采用山石、假石、桩景、盆景、雕刻来点缀主景，其中雕像的基座为自然式，多配置于透视线集中的焦点。

3.混合式园林

严格来说，绝对的规则式和绝对的自然式园林，在现实中是很难做到的。像意大利园林除中轴以外，台地与台地之间，仍然为自然式的树林，只能说是以规则式为主的园林。北京的颐和园，在行宫的部分，以及构图中心的佛香阁，也采用了中轴对称的规则布局，因此，只能说它是以自然式为主的园林。

实际上，在建筑群附近及要求较高的园林中，必然要采取规则式布局，而在离建筑群较远的大规模的园林中，只有采取自然式的布局，才能达到因地制宜和经济的要求。

园林中，规则式与自然式比例差不多的园林，可称为混合式园林，如广州起义烈士陵园、北京中山公园等。混合式园林是综合规则与自然两种类型的特点，把它们有机地结合起来，这种形式应用于现代园林中，既可发挥自然式园林布局设计的传统手法，又能吸取西洋整齐式布局的优点，创造出既有整齐明朗、色彩鲜艳的规则式部分，又有丰富多彩、变化无穷的自然式部分。其手法是在较大的现代园林建筑周围或构图中心，采用规则式布局，在远离主要建筑物的部分，采用自然式布局，因为规则式布局易与建筑的几何轮廓线相协调，且较宽广明朗，然后利用地形的变化和植物的配置逐渐向自然式过渡，这种布局类型在现代园林中用之甚广。实际上大部分园林都有规则部分和自然部分，只是所占比重不同而已。

在做规划设计时，选用何种类型不能单凭设计者的主观愿望，而要根据功能要求和客观可能性。比如，一块处于闹市区的街头绿地，不仅要满足附近居民早晚健身的要求，还要考虑过往行人在此做短暂逗留的需要，则宜用规则不对称式；绿地若位于大型公共建筑物前，则可做规则对称式布局；绿地位于具有自然山水地貌的城郊，则宜用自然式布局；绿地若位于地形较平坦区域，周围自然风景较秀丽，则可采用混合式布局。由此可知，影响规划形式的有绿地周围的环境条件和经济技术条件两方面因素。环境条件包括的内容很多，有周围建筑物的性质、造型、交通、居民情况等。经济技术条件包括投资、物质来源、技术力量和艺术水平。一块绿地决定采用何种类型，必须对这些因素进行综合考虑后，才能作出决定。

在公园规划工作中，原有地形平坦的可规划成规则式，原有地形起伏不平的、水面多的可规划为自然式；原有自然式树木较多的可规划为自然式，树木少的可规划为规则式；大面积园林，以自然式为宜，小面积园林，则以规则式较经济；四周环境为规则式宜规划成规则式，四周环境为自然式则宜规划成自然式。

林荫道、建筑广场的街心花园等以规则式为宜。居民区、机关、工厂体育馆、大型建筑物前的绿地以混合式为宜。

### （二）园林景观的构图原理

1.园林景观构图的含义

所谓构图即组合、联想和布局的意思。园林景观构图是在工程、技术、经济可能的条件下，组合园林物质要素（包括材料、空间、时间），联系周围环境，并使其协调，取得景观绿地形式美与内容高度统一的创作技法，也就是规划布局。这里，园林景观绿地的内容，即性质、空间、时间是构图的物质基础。

2.园林景观构图的特点

（1）园林是一种立体空间艺术

园林景观构图是以自然美为特征的空间环境规划设计，绝不是单纯的平面构图和立面构图。因此，园林景观构图要善于利用地形、地貌、自然山水、绿化植物，并以室外空间为主又与室内空间互相渗透来创造景观。

（2）园林景观构图是综合的造型艺术

园林美是自然美、生活美、建筑美、绘画美、文学美的综合，它以自然美为特征，有了自然美，园林绿地才有生命力。因此，园林景观绿地常借助各种造型艺术加强其艺术表现力。

（3）园林景观构图受时间变化影响

园林绿地构图的要素如园林植物、山、水等的景观都随时间、季节而变化，春、夏、秋、冬植物景色各异，山水变化无穷。

（4）园林景观构图受地区自然条件的制约

不同地区的自然条件，如日照、气温、湿度、土壤等各不相同，其自然景观也都不一样，园林景观绿地只能因地制宜，随势造景。

3.园林景观构图的基本要求

（1）园林景观构图应先确定主题思想，即意在笔先，还必须与园林绿地的实用功能相统一，要根据园林绿地的性质、功能确定其设施与形式。

（2）要根据工程技术、生物学要求和经济上的可能性进行构图。

（3）按照功能进行分区，各区要各得其所，景色在分区中要各有特色，化整为零，园中有园，既要互相提携又要多样统一，既分隔又联系，避免杂乱无章。

（4）各园都要有特点、有主题、有主景；要主题突出、主次分明，避免喧宾夺主。

（5）要根据地形地貌特点，结合周围景色环境，巧于因借，做到“虽由人作，宛自天开”，避免矫揉造作。

（6）要具有诗情画意，发扬中国园林艺术的优秀传统。把现实风景中的自然美，提炼为艺术美，上升为诗情和画境。园林造景，要把这种艺术中的美，搬回到现实中来。实质上就是把规划的现实风景，提高到诗和画的境界，使人见景生情，产生新的诗情画意。

## （三）园林景观构图的基本规律

1.统一与变化

任何完美的艺术作品，都有若干不同的组成部分，各组成部分之间既有区别，又有内在联系，通过一定的规律组成一个整体。其各部分的区别和多样，是艺术表现的变化；其各部分的内在联系和整体，是艺术表现的统一。既有多样变化，又有整体统一，是所有艺术作品表现形式的基本原则。园林构图的统一变化，常具体表现在对比与协调、韵律与节奏、主从与重点、联系与分隔等方面。

（1）对比与协调

对比与协调是艺术构图的一种重要手法，它是运用布局中的某一因素（如体量、色彩等）在两种程度下不同的差异，取得不同艺术效果的表现形式，或者说是利用人的错觉来互相衬托的表现手法。差异程度显著的表现称为对比，能彼此对照，互相衬托，更加鲜明地突出各自的特点；差异程度较小的表现称为协调，使彼此和谐，互相联系，产生完整的效果。园林景观要在对比中求协调，在协调中求对比，使景观既丰富多彩、生动活泼，又突出主题，风格协调。

对比与协调只存在于同一性质的差异之间，如体量的大小，空间的开敞与封闭，线条的曲直，颜色的冷暖、明暗，材料质感的粗糙与光滑等，而不同性质的差异之间不存在协调与对比，如体量大小与颜色冷暖就不能比较。

（2）韵律与节奏

韵律与节奏就是艺术表现中某一因素作有规律的重复，有组织的变化。重复是获得韵律的必要条件。只有简单的重复而缺乏规律的变化，会令人感到单调、枯燥，而有交替、曲折变化的节奏就显得生动活泼。所以韵律与节奏是园林艺术构图多样统一的重要手法之一。

（3）联系与分隔

园林绿地都是由若干功能使用要求不同的空间或者局部组成的，它们之间都存在必要的联系与分隔，一个园林建筑的室内与庭院之间也存在联系与分隔的问题。

园林布局中的联系与分隔是组织不同材料、局部、体形、空间，使它们成为一个完美的整体的手段，也是园林布局中取得统一与变化的手段之一。

2.均衡与稳定

由于园林景物是由一定的体量和不同材料组成的实体，因而常常表现出不同的重量感。探讨均衡与稳定的原则，是为了获得园林布局的完整和安定感，这里所说的稳定，是指园林布局的整体上下轻重的关系。而均衡是指园林布局中的部分与部分的相对关系，如左与右、前与后的轻重关系等。

（1）均衡

自然界静止的物体要遵循力学原则，以平衡的状态存在，不平衡的物体或造景会使人产生不稳定和运动的感觉。在园林布局中要求园林景物的体量关系符合人们在日常生活中形成的平衡安定的概念，所以除少数动势造景外，一般艺术构图都力求均衡。

（2）稳定

自然界的物体由于受地心引力的作用，为了维持自身的稳定，靠近地面的部分往往大而重，而在上面的部分则小而轻，例如，山、土壤等，从这些物理现象中，人们就获得了重心靠下、底面积大可以获得稳定感的概念。园林布局中稳定的概念，是指园林建筑、山石和园林植物等上大下小所呈现的轻重感的关系。

在园林布局上，往往在体量上采用下面大、向上逐渐缩小的方法来取得稳定坚固感，中国古典园林中的高层建筑如颐和园的佛香阁、西安的大雁塔等，都是通过建筑体量上由底部较大而向上逐渐递减缩小，使重心尽可能降低以取得结实稳定的感觉。

另外，在园林建筑和山石处理上也常利用材料、质地所给人的不同的重量感来获得稳定感。如园林建筑的基部墙面多用粗石和深色的表面处理，而上层部分则采用较光滑或色彩较浅的材料，在带石的土山上，也往往把山石设置在山麓部分而给人以稳定感。

3.空间组织

空间组织与园林绿地构图关系密切，空间有室内、室外之分，建筑设计多注意室内空间的组织，建筑群与园林绿地规划设计，则多注意室外空间的组织及室内外空间的渗透过渡。

园林绿地空间组织的目的，首先是在满足使用功能的基础上，运用各种艺术构图的规律创造既突出主题又富于变化的园林风景；另外是根据人的视觉特性创造良好的景物观赏条件，适当处理观赏点与景物的关系，使一定的景物在一定的空间里获得良好的观赏效果。

（1）视景空间的基本类型

①开敞空间与开朗风景。人的视平线高于四周景物的空间是开敞空间，开敞空间中所见到的风景是开朗风景。开敞空间中，视线可延伸到无穷远处，视线平行向前，视觉不易疲劳。开朗风景，目光宏远，心胸开阔、豪放。古人云“登高壮观天地间，大江茫茫去不还”，正是开敞空间、开朗风景的写照。但开朗风景中如游人视点很低，与地面透视成角很小，则远景模糊不清，有时只见到大片单调天空。如提高视点位置，透视成角加大，远景鉴别率也大大提高，视点愈高，视界愈宽阔，因而有“欲穷千里目，更上一层楼”的需要。

②闭锁空间与闭锁风景。人的视线被四周屏障遮挡的空间是闭锁空间，闭锁空间中所见到的风景是闭锁风景。屏障物之顶部与游人视线所成角度愈大，则闭锁性愈强，反之成角愈小，则闭锁性也愈弱，这也与游人和景物的距离有关，距离愈近，闭锁性愈强，距离愈远，闭锁性愈弱。闭锁风景，近景感染力强，四面景物尽收眼底，但久赏易感闭塞，而觉疲劳。

③纵深空间与聚景。道路、河流、山谷两旁有建筑、密林、山丘等景物阻挡视线而形成的狭长空间叫作纵深空间。人们在纵深空间里，视线的注意力很自然地被引导到轴线的端点，这样形成的风景叫作聚景。开朗风景，缺乏近景的感染，远景又因和视线的成角小、距离远，而使人感觉色彩和形象不鲜明，所以园林中，如果只有开朗景观，虽然给人以辽阔宏远的情感，但久看会觉得单调。因此，希望能有些闭锁风景近览，但闭锁的四合空间，如四面环抱的土山、树丛或建筑，与视线所成的仰角超过15度，景物距离又很近时，则有井底之蛙的闭塞感，所以园林中的空间构图，不要片面强调开朗，也不要片面强

调闭锁。在同一园林中，既要有开朗的局部，也要有闭锁的局部，开朗与闭锁综合应用，开中有合，合中有开，两者共存，相得益彰。

④静态空间与静态风景。视点固定时观赏景物的空间叫作静态空间，在静态空间中所观赏的风景叫作静态风景。在绿地中要布置一些花架、座椅、平台供人们休息和观赏静态风景。

⑤动态空间与动态风景。游人在游览过程中，通过视点移动进行观景的空间叫作动态空间，在动态空间观赏到的连续风景画面叫作动态风景。在动态空间中游人走动，景物随之变化，即所谓的“步移景易”。为了使动态景观有起点、有高潮、有结束，必须布置相应的距离和空间。

（2）空间展示程序与导游线

风景视线是紧密相连的，要求有戏剧性的安排、音乐般的节奏，既要有起景、高潮、结景空间，又要有过渡空间，使空间可主次分明，开、闭、聚适当，大小尺度相宜。

（3）空间的转折有急转与缓转之分

在规则式园林空间中常用急转，如在主轴线与副轴线的交点处。在自然式园林空间中常用缓转，缓转有过渡空间，如在室内外空间之间设有空廊、花架之类的过渡空间。

两空间之分隔有虚分与实分。两空间干扰不大，须互通气息者可虚分，如用疏林、空廊、漏窗、水面等。两空间功能不同、动静不同、风格不同宜实分，可用密林、山阜、建筑实墙来分隔。虚分是缓转，实分是急转。

## 三、园林景观设计的理论基础

### （一）文艺美学

在当代社会发展中，景观设计师往往必须具备规划学、建筑学、园艺学、环境心理艺术设计学等多方面的综合素质，这些学科的基础便是文艺美学。具备这一基础，再加之理性的分析方法，用审美观、科学观进行反复比较，最后才能得出一种最优秀的方案，创造出美的景观作品。

而在现代园林景观设计中，遵循形式美规律已成为当今景观设计的一个主导性原则。美学中的形式美规律是带有普遍性和永恒性的法则，是艺术内在的形式，是一切艺术流派学依据。运用美学法则，以创造性的思维方式去发现和创造景观语言是人们的最终目的。

和其他艺术形式一样，园林景观设计也有主从与重点的关系。自然界的一切事物都呈现出主与从的关系，例如植物的干与枝、花与叶，人的躯干与四肢；社会中工作的重点与非重点，小说中的主次人物等都存在着主次的关系。在景观设计中也不例外，同样要遵守主景与配景的关系，要通过配景突出主景。

总之，园林景观设计需要具备一定的文艺美学基础才能创造出和谐统一的景观，正是经过自然界和社会的历史变迁，人们发现了文艺美学的一般规律，才会在景观设计这一学科上塑造出经典，让人们在美的环境中继续为社会乃至世界创造财富。

## （二）景观生态学

景观生态学（Landscape Ecology）是研究在一个相当大的领域内，由许多不同生态系统所组成的整体的空间结构、相互作用、协调功能以及动态变化的一门生态学新分支。1938年，德国地理植物学家特罗尔首先提出景观生态学这一概念。他指出景观生态学由地理学的景观学和生物学的生态学两者组合而成，是表示支配一个地域不同单元的自然生物综合体的相互关系分析。进入20世纪80年代以后，景观生态学才真正意义上实现全球的研究热潮。

“二战”以后，全球人类面临着人口、粮食、环境等众多问题，加之工业革命带动城市的迅速发展，使生态系统遭到破坏，人类赖以生存的环境受到严峻考验。这时，一批城市规划师、景观设计师和生态学家开始关注并极力解决人类面临的问题。美国景观设计学之父奥姆斯特德正是其中之一，他的*Design With Nature 1969*一书奠定了景观生态学的基础，建立了当时景观设计的准则，标志着景观规划设计专业勇敢地承担起后工业时代重大的人类整体生态环境设计的重任，使景观规划设计在奥姆斯特德奠定的基础上又大大扩展了活动空间。

景观生态要素包括水环境、地形、植被等几个方面。

1.水环境

水是全球生物生存必不可少的资源，其重要性不亚于生物对空气的需要。地球上的生物包括人类的生存繁衍都离不开水资源。而水资源对于城市的景观设计来说又是一种重要的造景素材，一座城市因为有山水的衬托而显得更加有灵气。除了造景的需要，水资源还具有净化空气、调节气候的功能。在当今的城市发展中，人们已经越来越重视河流湖泊的开发与保护，临水的土地价值也一涨再涨。虽然人们对于河流湖泊的改造和保护达成了一致共识，但具体的保护水资源的措施却存在着严重的问题。比如对河道进行水泥护堤的建设，忽视了保持河流两岸原有地貌的生态功效，致使河水无法被净化等。

2.地形

大自然的鬼斧神工给地球塑造出各种各样的地貌形态，平原、高原、山地、山谷等都是自然馈赠于人们的生存基础。在这些地表形态中，人类经过长期的摸索与探索繁衍出一代又一代的文明和历史。今天，人们在建设改造宜居的城市时，关注的焦点除了将城市打造得更加美丽、更加人性化以外，更重要的还在于减少对原有地貌的改变，维护其原有的生态系统。在城市化进程迅速加快的今天，城市发展用地略显局促，在保证一定的耕地的条件下，条件较差的土地开始被征为城市建设用地。因此，在城市建设时，如何获得最大的社会、经济和生态效益是人们需要思考的问题。

3.植被

植被不但可以涵养水源、保持水土，还具有美化环境、调节气候、净化空气的功效。因此，植被是景观设计中不可缺少的素材之一。无论是在城市规划、公园景观设计还是在居民区设计中，绿地、植被都是规划中重要的组成部分。此外，在具体的景观设计实践时，还应该考虑树形、树种的选择，考虑速生树和慢生树的结合等因素。

### （三）环境心理学

社会经济的发展让人们逐渐追求更新、更美、更细致的生活品质和全面发展的空间。人们希望在空间环境中感受到人性化的环境氛围，拥有心情舒畅的公共空间环境。同时，人的心理特征在多样性的表象之中，又蕴含着规律性。比如有人喜欢抄近路，当知道目的地时，人们都倾向于选择最短的程。

另外，当处于公共空间中时，标识性建筑、标识牌、指示牌的位置如果明显、醒目、准确到位，那么对于方向感差的人会有一定的帮助。

人居住地的周围公共空间环境对人的心理也有一定的影响。如果公共空间环境所提供的功能给人的是其所需要的环境空间，在空间体量、形状、颜色、材质视觉上感觉良好，能够有效地被人利用和欣赏，最大限度地调动人的主动性和积极性，培养人们良好的行为心理品质，这将对人的行为心理产生积极的作用。马克思认为："环境的改变和人的活动的一致，只能被看作并合理地理解为革命的实践。"人在能动地适应空间环境的同时，还可以积极改造空间环境，充分发挥空间环境的有利因素，克服空间环境中的不利因素，创造一个宜于人生存和发展的舒适环境。

如果公共空间环境所提供的与人的需求不适应时，会对人的行为心理产生调整改造信息。如果公共空间环境所提供的与人的需求不同时，会对人的行为心理产生不文明信息。随着空间环境对人的作用时间、作用力累积到一定值时，将产生很多负面效应。比如，有的公共空间环境只考虑场景造型，凭借主观感觉设计一条"规整、美观"的步道，结果却事与愿违，生活中行走极不方便，导致人的行为心理产生不舒服的感觉。有的道路两边的绿篱断口与斑马线衔接得不合理，人走过斑马线却被绿篱挡住去路。人为地造成"丁字路"通行不方便的现状，使人的行为心理产生消极影响。可见，现代公共空间环境对人的行为心理影响是不容忽视的。

在公共空间环境的项目建造处于设计阶段时，应把人这个空间环境的主体元素考虑到整个设计的过程中，空间环境内的一切设计内容都以人为主体，把人的行为需求放在第一位，这样人的行为心理才能够得以正常维护，环境也能得到应有的呵护。同时避免了环境对人的行为心理产生不良影响，避免不适合、不合理环境及重修再建的现象，使城市的“会客厅”更美，更适宜人的生活。

# 第二节 园林景观设计要素

## 一、风景园林规划设计

我国风景园林规划设计作品数量越来越多，但其主要风格都千人一面，大部分风景园林都是在其他作品的基础上稍加改动而形成的，缺乏自己独特的个性；规划思路十分空洞，实际作品无法体现具体的设计理念；规划过程过分关注外在美观而忽略实用性，人性关怀不足；设计内容与可持续发展理念不符，无法贴近市民需求；风景原创作品无法与最新科技接轨，具有明显的滞后性，且不符合绿色生态理念。

### （一）风景园林规划设计问题的主要诱因

1.行政管理的非理性干预

我国风景园林规划设计工作基本都是由各种非专业出身的管理人员从事的，存在浓烈的官僚主义氛围，且在行政管理过程中并没有严格依法办事，时常为了保持风景园林作品的延续性而进行随意更改，这对城市的可持续发展造成了极大的困扰。

2.设计人员缺乏专业素养及水平

现阶段，我国风景园林规划设计工作中大部分设计人员都是由政府行政管理人员担任的，并非科班出身，因此在专业素质以及技能方面缺乏专业性，以致无法设计出较为专业的风景园林作品，且设计作品的质量也难以得到保障。

3.没有正确处理传统园林与现代园林间的关系

目前，我国大部分风景园林作品都是依靠模仿甚至是抄袭设计而形成的，盲目地将其他作品中的创意以及元素照搬至自己的作品中，这样只会让整个风景园林显得更苍白无意义，失去自己的特色，无法凸显设计者的设计理念，内涵以及思想也就更无从谈起了。

4.过快的信息科技发展速度所产生的影响

随着我国信息科技的不断发展，风景园林设计者的思路与方式更加广阔，并可以选择多样化的手段进行风景园林的设计。例如，以GIS为代表的应用开发，就能够使规划人员做出更高效的决策。然而在实际的应用过程中，有大量规划设计人员应用新科技进行风景园林规划设计的主要目的在于体现自己卓越的技术水平，而最终的分析成果并不会真正落实到具体的作品中。

## （二）风景园林规划设计的要点及特征

1.风景园林场地特征

在现代风景园林的规划设计过程中，需要充分遵循规划设计场地的基本特点，设计方案的制订及后期实施均应当最大限度地控制对该区域内基本地貌及地形特征的影响与破坏，在此过程中将整个风景园林场地中的自然属性与人工属性予以充分保留，同时配合有效的设计方案，将上述属性充分强化与完善。从现代风景园林规划设计工作实践的角度上来说，要求规划设计工作人员预先针对整个设计区域内各项事物的联结情况进行综合观察与调研，以最小干预为基本设计原则，做到风景园林与自然环境的共存。

2.风景园林地域延续特征

在现代经济社会的建设发展过程中，风景园林规划设计工作人员在对国内外先进文化成果进行吸收的同时，将民族元素充分赋予风景园林实践中。然而上述设计工作的开展均应当以对风景园林所处土壤环境和社会环境有所了解为基础[①]。从现代风景园林规划设计工作实践的角度来说，要求在规划设计的过程中遵循以下几方面的关键原则：①传统设计原则与现代化的规划设计理论应当充分融于现代风景园林的规划设计实践中；②传统设计形式下最为出彩的设计规划元素应当在抽象处理的基础上，创造性地应用于现代风景园林规划设计过程中，从而从真正意义上实现地域延续。

3.风景园林植物群落特征

大量的实践研究结果表明，植物群落的营造能够发挥显著的生态效用。通过营造植物群落的方式，能够达到净化空气、改善区域性气候环境、降低噪音的重要目的。从这一角度来说，在现代风景园林规划设计的过程中，植物群落的营造需要充分体现科学性、合理性以及可观赏性。还需要特别注意的一点是：在现代风景园林规划设计的过程中，植物配置的类型应当以乡土树种为主，充分实现乔木、灌木以及草木的充分融合，按照这种方式，实现整个植物群落结构功能的完善性、稳定性以及合理性。通过上述规划设计措施的落实，能够最大限度地保障植物群落与生态环境的协调发展。

4.风景园林水资源特征

从生态性的规划设计研究角度来说，在风景园林设计过程中需要尽量实现对水资源的充分节约，同时配合对地表水循环系统、人工湿地系统以及雨水收集系统的综合应用，充分体现水资源在现代风景园林规划设计过程中的重要意义。

① 赵芙蓉. 园林绿化工程的项目管理分析探讨 [J]. 园林环境，2014，23（16）：185-187.

5.风景园林废弃材料利用特征

在后工业时代背景下，部分风景园林景观规划设计工作人员基于对上文中所述“最小干预”设计思想的应用，在针对城市既有废弃区域进行综合改造的过程中，充分还原并遵循了这部分废弃区域的生态景观发展特性。以德国杜伊斯堡市北部北杜伊斯堡景观公园为例，该公园建设区域原为炼炉厂及钢铁厂，在风景园林设计过程中，将该区域内的大量仓库及铁轨轨道均充分保留了下来，并将其作为风景园林规划设计中的关键组成部分之一，在构成主题花园方面发挥着极为关键的作用。而原本属于废弃物的各种工业材料及设备均成为风景园林建筑中的关键材料，得到了再循环利用。

## （三）风景园林规划设计基本原则

1.尊重地方文化特色

随着我国风景园林规划设计受到的国际因素影响越来越大，这使得相关设计人员在风景园林规划上偏好工业化设计语言。虽然这能够在一定程度上体现出文化与国际的接轨，但是严重脱离了我国地方本土文化特色，从而造成设计人员所设计的风景园林设计缺乏地域特色。

2.重视视觉与功能的统一

众所周知，风景园林是一个城市的文化代表，不仅要能够带来视觉上的冲击，还要满足功能和内涵的需求。对此，相关设计人员在进行风景园林规划设计时，要能够注重作品的功能，之后，还要对视觉效果进行深入分析。

3.建筑与景观和谐的原则

结合实际发现，多数建筑师与园林设计师在目标理念上存在较大的差异。具体来说就是这两者在实际融合中明显不够协调。针对这种情况，则需要相关单位在园林规划设计工作中，遵循相关原则，也就是坚持建筑与景观和谐原则。确保建筑与景观之间的融合性。

## （四）风景园林规划设计的方向

1.功能需求

风景园林的最根本作用即美化环境，改善城市气候条件。因此，在风景园林规划设计创新过程中，应确保满足这一功能需求，并要进一步增强园林景观的实用功能，这样才能设计出更加具有特色、设计感的园林景观，能让参观的人们感受到设计者的匠心，且实现美化、净化城市气候的功能。风景园林独特的功能性，能真正满足人们的实际需求和期望，会使人们对园林的实际价值和设计者的创新精神给予赞美。

2.空间序列

空间序列是风景园林专业设计中的一个重要组成部分，其可在很大程度上体现出设计者的文化底蕴和艺术才能。空间序列要求对功能价值和空间层次进行科学安排，要求在创新思维的引导下，使风景园林具有更加独特的风格和强大的使用性能，这样的园林才更具有价值。传统意义上的园林空间序列比较单一落后，因此在现代设计中可考虑利用色彩搭配、材料组合以及灯具排列等方面进行创新，使空间序列变得更加完善，展现出一种层次递进的效果，这样更能凸显园林主题。此外，可通过融合现代化元素与传统元素，使园林景观展现出文化厚重感，从而聚焦人们的视线，使人们沉浸在这种立体化空间结构的园林中，尽情欣赏，深入探索园林中的各个区域空间，使其深刻感受到自然风景与人工景观融合的巧妙，最终达到放松身心、寻求安宁自由的目的。

3.民族文化

我国拥有十分厚重的传统文化，早在数千年前就已经有了园林设计，甚至很多经典的园林设计理念一直流传至今，在现代园林设计中也可模仿和借鉴。例如，苏州园林、颐和园等均是古代园林的经典。从传统园林建设到现代园林设计，充分体现了历史文化的积淀，已突破了风景园林本身的局限性，具有极高的文化内涵和审美价值。在对风景园林规划设计进行创新时，设计人员要注重尊重民族文化，深入学习和研究民族文化，尤其是当地的民族特色，将其合理运用到园林规划设计方案中，从而建造出具有民族文化和独特韵味的园林作品，体现我国园林传统民族精神特色文化，推动人类社会的发展进步。

### （五）风景园林规划设计的方法

1.因地制宜，依托区域地理特征

现在多数城市风景园林在规划设计时往往过多地考虑设计感，模仿和追求现代化科学感的现象突出，盲目追求新颖，多数设计人员成为设计的“搬运工”，并未与当地实际情况相结合，未关注当地群众的实际需求，这样的园林设计建设极易失败。对于风景园林的布局和规划来说，相关设计者应具备专业的理论指导思想，要符合行业的统一标准，但同时要避免抄袭雷同的情况，必须坚持因地制宜的原则，注重依托当地的区域地理特征，充分考虑植物的气候条件、适应性等方面要求，以保证绿色植物的存活率，从而真正将园林景观与自然景观相融合，确保园林建设成果，凸显地域特色。例如，河南省洛阳国家大学科技园，在植物设计上，春、夏、秋、冬四个季节选用了不同的开花植物和常绿乔木。夏季采用紫薇、合欢等开花植物，辅以黄金槐等彩叶树种；冬季采用雪松、白皮松等常绿树种，辅以蜡梅等开花植物，整个游园季相分明、四季有花、四季常绿，打造出充满活力、贴近自然的园林景观。

2.挖掘地方文化，突出人文特色

各地区均具有独特的地方文化，应将这些历史文化融入风景园林规划设计中，赋予其独特的灵魂，从而取得良好的创新发展成效。园林设计者要注重深入挖掘当地的历史文化，充分了解当地著名的历史人物和传说故事，并将这些元素合理融入园林设计中，从而使当地人民群众产生强烈的认同感和归属感，设计出独具文化特色的园林作品。人文因素会对人们产生潜移默化的影响，因此在设计时应注重突出人文特色，使风景园林具备特殊的文化传播功能，这样可对人们产生很大的文化影响力。例如，江苏省宿迁市南园风景区，景区建有张相文故居、中国地文馆，为大力普及地理知识，创新地提出了“五界”（星界、陆界、气界、水界和生物界）景观规划设计理念。

3.合理利用空间，优化布局层次

在园林景观规划设计中，要充分合理利用有限空间，对景观序列进行科学设计，优化布局层次，这样才能呈现出良好的视觉效果，体现出设计者在空间布局上的独具匠心。例如，动静结合即是一种典型的空间布局形式，可为人们展现出一种动态美和静态美相映衬的画卷，可促使整个园林显得更加灵动，独具魅力。

风景园林规划设计是一个系统化的工程。面对当前部分地区在园林设计方面缺乏创新意识、照搬照抄、千篇一律的现象，园林设计单位及人员要注重创新思维方面的探索；要始终坚持从当地实际情况出发，优化空间布局；尤其要注重挖掘地方文化，突出风景园林的人文特色，这样才能使园林景观更加具有审美价值和文化内涵，从而提高我国风景园林的建设质量和水平。

## 二、风景园林建筑设计

地形是风景园林建设工程的基础，在良好地形的基础上加入植物及水体，更能够体现出该项建筑设计的艺术性。地形、植物、水体等元素的结合，能够使园林设计更加自然，下面将对这三者在风景园林建筑中的良好结合等相关话题分别加以讨论。

### （一）地形在风景园林建筑中的应用

1.在园林绿化中地形景观的优势

风景园林设计的基础就是制造空间感，因此，合理利用地形能够满足该项条件，常见的园林地形有开放或半开放型及垂直型。在设计地形的同时可参考其位置的道路情况，适当添加绿化树木，充当路线引导。由于地形并不完全呈笔直状态，因此可根据地形地势的起伏，在两侧种植相应的植物，形成固定景观。由于城市污染现象愈加严重，在设计园林地形景观时可以适当调节所在地区周围的生态环境，保持空气新鲜。借助地形的多变性可以改变绿化地区的光照范围，从而产生阴坡、阳坡，使其内部植物都能够接收到阳光，从而正常生长。科学、合理地利用地形还有利于增加绿地范围或地表面积，可以增强储水功能并提升其防风作用。

2.园林绿化中对地形的处理

若园林绿化所在地区临水较近，在设计的过程中就可以将其作为临水地区与绿化地区的沟通桥梁。在园林绿化设计的过程中，临水绿地是被高频利用的自然景观之一，其主要设计形式是将水与绿化地区相连，在临岸位置通过倾斜可向水面逐渐蔓延，也可使用台阶的方式，将其放置在水与岸的连接处，为人们营造简单的水上乐园。在绿地设计方面，风景园林的绿化设计中，道路与广场的修建是其必备的元素，要求具有绿化带、正常交通要道、停车场等多种绿化区域，并根据以上区域进行道路规划，在两侧进行植物搭配，保证其道路的美观性。除此之外，也可将地表形态设置为龟背状，在保证道路畅通的同时能够起到线路引导的作用。

## （二）风景园林建筑设计中山石的运用

如若将风景园林景观比作一个活生生的人物，那么山石便是其“骨头”。没有了“骨头”，任何的风景园林景观都将显得空洞，没有立体感，形式单一、枯燥，必定无法给人以宏伟、美好的视觉和情感享受。如若山石只是简单运用，也无法充分发挥山石的“骨头”作用。山石的种类繁多，如何选择合适的山石，运用怎样的原则与方法，如何较好地与风景园林进行搭配，更加凸显山石和风景园林两者自身的优点，以及两者结合的效果等，成为山石在风景园林建筑设计中需要重点关注的问题。

1.山石的分类

普遍来说，风景园林的建筑设计离不开山石的巧妙运用。山石的种类之多，可以根据不同的方法，进行不同的分类，可按照山石的颜色分类，按照山石的材质分类，按照山石的景观艺术形式分类。在风景园林的建筑设计中，山石可分为自然地貌类、艺术造型类、意境类、抽象类山石景观。在风景园林的建筑设计中，设计者根据风景园林的整体风格和实际需要，选择协调的山石种类，获得超凡意外的效果，给予观众美的享受。

2.山石的布置方法

前面提到，山石的分类很多，自然种类也很多。依据不同的山石材质、山石特征，与园林建筑相搭配，可以呈现出不同效果：山石的布置，应遵循与自然相协调的原则，进行科学合理、认真地搭配利用。首先明确风景园林的建筑设计风格更是古典还是现代，再认真地选择山石的材质、颜色、形状等，同时在山石的镶、融入过程中，尽量保持山石的自然特征和完整性，确保山石与自然环境的协调，力求将山石与景观融为一体，创造出美的意境。

3.山石构造的方法

景观园林学中山石构造的应用：纵观世界，有许多令人惊叹的风景园林建筑，其中的建筑技巧和建筑风格、山石构造等值得所有风景园林设计者借鉴。山石的巧妙构造，充分体现了风景园林学的艺术性和文学性，同时在风景园林学的理论指导下，山石构造在风景园林建筑设计中发挥了重要作用。

现代山石园林景观体系的构建：随着风景园林的发展，山石构造也逐渐演变为一门艺术科学。对山石构造的研究，对建立现代山石风景园林体系有积极的促进作用。

风景园林建筑中山石构造的创新：人们对于高雅艺术的追求随着社会的发展要求越来越高，山石在风景园林中的构造方法也需进行创新。或是丰富山石景观的内容，抑或是调整山石构造的形式等，这都能促进山石作用的发挥。

### （三）水体在建筑中的应用

1.水景的设计方式

在园林内部添加水景设计，能够为其增添一份灵动，水是万物之源，水景可使园林景观更为自然。在水景的设计中，因其可塑性较强，可以使用动静结合的方式，以动制静更显其静，可在其水面设置喷泉，或在假山周围将水设计成小溪内的涓涓细流，经过蜿蜒的地形地势，展现其水体独具的柔美，最后均使其融合到总体的水循环系统中，给人以翻越千山万岭最终汇入大海的大气之感[①]。在水流的周围也可将其与植物相结合，尽量将自然风貌复制到城市中，使观赏者能够在该片园林内感受自然之美。若园内有地势较高处，为不使其显得突兀，也可利用水体，以瀑布的形式出现。

2.设计科学的供水方式

在水体设计中，为避免水资源的浪费，设计人员需结合园林内地形的情况，设置回流水或重复使用水，但要保持水的清澈，避免水因长时间不更换而产生变色或散发异味。在供水时，可根据出水位置来设计。例如，在设计小溪流水时，需控制水流力度及水量。在为人工瀑布供水时，需增加供水的高度和加大水阀力度，确保在一定高度各个出水口均能够顺利出水。在更换水源时，为避免水资源浪费的现象，可将其用来浇灌植物，进行远距离的喷灌，这样不仅能够使植物吸收水分，还能够冲刷叶面残留的灰尘。

3.将动植物与水融合

若只是单一地进行水体设计，会稍显单调，在水内放置合适的元素可增强水的动感性和柔美性。在水中加入植物，例如水草或相关的水生植物，同时应注意植物的主体搭配。在水中加入水生动物，例如适合室外生长的鱼类、虾类等。在喷泉区水池内放入较大的鲤鱼或彩色鲫鱼，在假山或自然风味强的水源区投入体型较小的鱼类，为保证其自然性，尽量不注重鱼类的颜色，在小溪中放入鹅卵石或加入少量植物，给鱼类提供良好的自然生存环境。在面积较大的水体中，可在其中心位置设置假山或凉亭，其建设凉亭的材料需选择防水性能好的木质或仿木制品，其凉亭风格必须与桥梁风格相搭配。若设计古风凉亭，可

① 钟家辉．浅析园林绿化工程施工项目管理 [J]. 科学技术创新，2014，24（11）：93–95.

与九曲蜿蜒的木质桥梁结合，并在两侧水面种植荷花，从而缓解水面的单一性。通过动物与植物完美的结合，能够使风景园林建筑更显生动。

风景园林建设已经随着时代发展及设计的精美而逐渐被人们重视。近年来，由于现代化的成熟与稳定发展，在城市中，多处地区都属于高楼林立的状态，在城市中生活的人们仿佛已经远离了自然，因此，将地形、植物及水体等多种自然元素融入风景园林建筑中，更能够使人们接近自然、回归自然。

## 三、风景园林种植设计

### （一）苗木种植

1.园林苗木种植与养护的关键环节

（1）做好园林工程施工前的准备工作

认真地做好园林工程施工的前期准备工作，具体涵盖有苗木的选择、种植及修剪，对土壤的处理、苗木的运输及假植等方面的内容，为此，要大力发展乡土植物，这样的植物在本地是极易生长的，有助于植物在适合的温度下茁壮成长。与此同时，乡土植物的种植者对植物的生理特征、易发病害等是非常了解的，当植物有病虫害发生时能够第一时间采取针对性的解决措施，除此之外，本土苗木的种植可在一定程度上推动本地区社会经济的快速发展。

（2）为园林绿化植物种植与养护制定正确的技术标准

“无规矩不成方圆”是大家都懂得的真理，做好园林苗木种植与养护则需要有专业的技术管理单位来整体负责，从而根据每一阶段的具体特征为园林苗木的种植与养护制定科学合理的技术指标。在统一的指标确定之后，全体苗木种植与养护工作人员要严格执行，根据所处季节来挑选不同的苗木进行种植，并且有针对性地做好苗木的养护工作，这样才能够促使园林苗木种植与养护水平得到进一步的提高。久而久之，养成良好的养护习惯，防止有的养护人员会以自我意志为中心形成错误的行为，养成一种规范、正确的养护习惯，最终获得良好的种植和养护成效。

（3）提高园林苗木养护过程中的机械化程度

在科学技术不断更新的今天，机械自动化开始融入人们日常生活及生产的各方面，园林苗木种植与养护过程中机械自动化的有效运用可在一定程度上促使园林工程的机械化管理水平大大提高，这与以往传统的设备相比不但能够减少此方面的人力投入，而且能够大幅度地提高苗木种植与养护工作的效率，促使园林养护劳动成本得到显著性的降低。

2.园林苗木种植与养护

园林苗木的种植与养护工作是比较烦琐的，需要根据不同苗木的特性来采取不同的种植与养护方法，从而促使苗木得到最佳的生长。

对苗木栽种区域的土壤进行平整处理，以避免会有外表砖块瓦砾的情况存在。其中，重点是对土壤深处建筑垃圾的清理工作，只有确保土壤达到正常的盐碱度，才能够保证乔木的正常生长。此外，对土壤进行定期消毒处理。在对苗木进行杀虫处理的过程中，要有效地借助生物药剂，尽可能地选用一些毒性较低、环保的无公害杀虫剂，这样才能够避免植物感染毒性药剂后在与人接触时对人的健康造成不利的影响。

根据苗木的大小对苗木进行区分的施肥处理。通常情况下，大树木在树的周边区域进行施肥处理，小树木的生命力较弱，为此则可在周边区域进行施肥，从而促使苗木更好地吸收。

3.彩叶灌木的种植与养护

彩叶灌木的类别是多种多样的，并且以不同的姿态呈现在人们的面前。随着我国城市化进程的加快，各地园林工程比比皆是，因彩叶灌木类别是非常多的，为此，在苗木挑选时一定要以达到最佳绿化成效作为出发点。种植彩叶灌木的过程中，做好全过程的灌溉、施肥及修剪工作，积极做好苗木的养护措施，从而达到最佳的苗木种植与养护效果。

彩叶灌木的颜色非常多，其可观赏价值是大家公认的，为此，对彩叶灌木进行修剪时一定要做到全方位的统筹把控，在全面兼顾灌木的艺术可观赏性的同时，要考虑整体园林工程所要达到的绿化效果。从园林工程的具体结构着手，最大限度地体现彩叶灌木的观赏性在抗病虫害能力方面彩叶灌木有着显著的优势，在灌木生长的同时，对灌木上脱落的叶子进行及时清理，确保整个彩叶灌木的整洁，确保苗木的生长拥有充分的光照，从而起到保护灌木正常生长的有效作用①。

城市绿化工程建设工作的开展要认真遵循因地制宜的基本原则，做到平面绿化和立体绿化的有效融合，不断强化对绿化苗木的全过程规划和系统性的管理，进一步完善绿化系统的防灾性能，彰显出城市绿化工程的地区性特色。唯有如此，才能够更好地顺应社会时代发展的主流，满足人们日益增长的精神文化需求，走出一条具有中国特色的园林发展道路。

## （二）花卉种植

花卉属于非常鲜明的装饰植物，在园林景观设计中结合花卉的应用，能够组成各式各样的园林景观。在园林的花卉种植设计以及花卉布局相关工作中，需要工作人员能够熟知各种不同学科的知识，如气候学、美学、植物学以及城市规划学等，需要工作人员能够把握好一草一木在生长过程中体现出来的生态习性，了解植物的观赏特性，并综合设计美学因素优化花卉设计。

① 赵芙蓉．园林绿化工程的项目管理分析探讨 [J]. 园林环境，2014，23（16）：185-187.

1.园林花卉种植、布局设计要点

要想提高园林景观的设计质量，科学布局和规划园林中的花卉景观至关重要，因此，在进行花卉的种植设计与布局之前，首先要分析其中的设计与布局要点，并基于此展开后续的种植与布局规划，从而提高花卉种植与布局的合理性。

（1）设计时要注意景观的协调性

园林景观的整体协调性在园林景观设计中非常重要，这样才能体现出园林景观的美感，例如，花卉的种植以及景观中辅助小品的拍摄都要有一定的美感，才能体现出“错落缤纷”的观赏效果，如果在设计中忽视了协调性，一味使用大红大紫的设计方案，会出现喧宾夺主的设计感，影响园林景观的美观性。花卉和其他的园林要素之间需要根据要求，协调好相互比例，设计中需要对比好不同景观的比例尺大小差异性，例如园林空间整体比较大，那么在设计中可以选择高大的植物作为装饰，这样植物的比例尺能够跟周围的环境要素更好地协调在一起。如果花园的面积比较小，可以在其中种植结构比较简单但颜色鲜艳亮丽的植物，能够重点把花园自身的存在感凸显出来。在选择辅助小品时，可以根据周围建筑物的特点进行选择，有花架、花瓶、藤架等不同的选择方案。

（2）花卉种植设计要重视均衡对称性

在我国的传统文化中非常重视对称美，在花卉设计中，也要求能够达到设计的均衡性和对称性，确保在园林景观设计中，每个细节都能够处于对应相等的新状态，如地貌、建筑、植物等方面。我国苏州园林等著名园林景观设计，受到苏州历代习俗以及文人墨客影响，在植物品格选择上十分讲究，对于花卉种植设计也十分重视，做到大小、前后、左右呼应，怡园的梅林就具有非常好的花卉均衡对称设计效果。除此之外，均衡状态设计理念还出现在寺庙园林设计中，能够给人带来井然有序的设计感觉。花卉种植设计中均衡性和对称性能够增加稳定性设计感受，设计师需要在设计中加强对花卉种植的设计，多选择立体感比较强的花卉种类，能够提升园林景观的观赏性。

（3）把握好设计的全局性

园林花卉景观种植设计要点，就是要把景观设计跟自然风景相融合，园林中的花卉景点，属于园林景观的构图中心，从设计和布局上来说十分引人注目。因此，在花卉园林设计中设计师需要把握好景观的布局设计，在园林的景观构图中巧妙地设计园林花卉种植，能够吸引更多游客的目光，成为游览的主干线，提升游览质量。在花卉种植设计和布局中，还要重视意境美，自古我国就有“诗中有画、画中有诗”的意境美效果，只有把情和景完美地结合在一起，二者互相产生意境，这样才能够让人在游览的过程中神往，提升园林景观的美观性。在园林景观中花卉属于非常重要的设计材料，与其他植被互相搭配，营造出园林的整体意境。园林花卉种植设计想要提升设计效果，还需要在设计中重视花卉的生长情况和绽放情况，并使用辅助小品来营造出良好的园林意境，符合生命节律的变化，把握好园林景观的全局性，让景物能够相互交融在一起。

2.园林景观设计中花卉的种植配置

园林设计的目的在于为人们呈现观赏美，从而提高人们的生活情趣。因此，在进行园林花卉种植设计的过程中，要充分考虑适当的布局，并提高花卉种植所营造的意境美，只有这样才能够满足园林整体建设水平提升的要求，为人们提供更美好的园林景观。

（1）尊重科学性原则

在园林景观中，花卉属于客观的植物体，想要把园林景观中植物的艺术美充分展现出来，需要确保花卉能够正常地生长发育。在园林景观建设过程中，如何选择花卉的品种非常重要，要根据花卉的生长习性以及本地的气候特点、土壤特性进行选择，确保选择的植物能够顺利健康地生长。设计工作人员首先要了解不同花卉植物自身的生长特性，以及在养殖过程中的主要养殖工序，科学合理地应用现代化培植方式培植花卉。在园林花卉种植设计中要遵循科学性原则，满足植物生长对于周围环境的要求，不要过于追求艺术上的美感，而是能够结合花卉生长特性优化设计方案。

（2）注重色彩和审美

园林景观的主要作用就是利用花卉的丰富色彩来优化景观设计质量，通过注重设计中颜色的搭配以及审美要求，科学合理地进行花卉种植，能够更尊重色彩的使用原则，提升园林景观设计效果。例如单色搭配原则是同一种颜色，选择该颜色的不同深浅变化作为配色，深黄、明黄和橘黄，都属于黄色调，能够通过颜色深浅的变化突出主次。近似色配置则是色调比较相近的颜色，如黄色、橙色和红色，还有黄色、黄绿色和绿色等，这种近似色在应用过程中颜色之间不要跳动过大，否则会给人产生不协调的感觉，这种颜色适合过渡应用，既能够体现出颜色的变化又不会显呆板，重点突出了花卉的生机勃勃。色调配置原则是利用统一的亮度，调和不同色彩的差异性，如浅粉色、乳白色和淡黄色。

对比配色原则分为两种，分别是色彩对比和色调对比，这两点的区别还是很大的。色彩对比指的是对比非常强烈的颜色，如红色对绿色、黄色对紫色、橙色对蓝色等。在花卉种植设计中尊重色彩对比原则，可以在主体颜色设计的基础上科学合理地在周围配置对应色调，不仅不会破坏美感，还会起到非常优秀的突出设计效果。色调对比则属于不同色彩明暗度的对比，通过色调不同的明暗能够把不同色彩的特征充分展现出来，鲜艳夺目的色调给人留下鲜明的印象，调节好色调，是对比配色的关键点。

层次配色对比同样十分重要，按照一定的次序和方向把色彩和色调利用起来形成色彩的变化，这种变化的效果给人一种非常强烈的规律感和整齐度。体现出色彩的层次配色还可以按照色相环自身的变化顺序进行设计，或者是根据设计师的设计要求进行组织，在具体的景观花卉种植设计中，还要结合具体花卉的种植方式进行确定。

3.营造意境美

提升园林景观的整体意境美，是开展园林设计工作的重要目标，意境美不仅要表现出意境美，还要表现出崇高的情感，注重园林景观设计中的情景交融。设计人员在工作中要精心地选择花卉的种类，充分考虑如何应用花卉的生长特点来配合周边景致，营造出更好的园林景观意境。在园林花卉种植设计中除了营造意境美之外，还要把丰富的文化内涵体现出来，体现出具有中国特色的花卉文化。例如，有很多把花卉拟人化的文化如莲花（清廉）、梅花（坚韧），既能够为园林景观营造出较好的意境，也能够把花卉文化内涵充分体现出来，为接下来的园林花卉种植设计和布局工作开展打下良好的基础。

4.空间构图技巧

在园林景观设计中应用空间构图技巧，不仅能够补充园林景观的建筑元素，还能够提升园林景观的整体设计美感。在园林景观设计中使用比较广泛的构图形式有空间造型、立面构图和平面构图三种。平面构图是设计人员把不同花卉的设计方案综合考虑到统一的平面位置上，在平面构图设计中需要严格遵守自然式构图、半规则构图和规则构图的原则要求。但是半规则构图方式是多种构图方式组合在一起，对于对称性要求比较低。在平面构图中花卉设计的主要内容是图案美。不同的植物拥有不同的空间形态，因此想要在共同的空间中组成特有的形态特征，需要协调好不同植物个体的不同形态，遵守形式美的重要设计规律，科学合理地把不同的花卉组合搭配在一起，利用植物之间姿态的差异性，互相形成强烈的对比，能够通过互相烘托来体现出不同的景观设计效果。

5.做好花卉种植设计配植

在园林景观中进行花卉种植设计，需要跟周围建筑配合成景。在建筑前面选择花卉种植种类，建议选择色相姿态兼具的品种，并且需要跟建筑物保持一定距离，不能影响建筑物本身的采光和通风。针对土多石少的假山，可以选择种植花卉丛，几株到十几株都可以。花丛可以选择多年生宿根花卉或者是混交花卉。花丛种植的疏密度、颜色、形态要有变化，以丰富园林景观的设计感。在水池旁边的植物要考虑水面构图，岸边的花木配植要稀疏，可以选择种植少许的乔木以及灌木，不能遮挡视线，且能够造成水面倒影的美景。

综上所述，在园林景观花卉种植设计和布局中，并不仅是进行简单的植物种植，而是能够通过设计人员的设计，结合时间、空间以及当地人文文化的因素综合考虑，在不影响花卉正常生长发育的前提下，利用花卉不同的生长姿态和生长特点，提升园林花卉设计和布局的艺术性，把花卉本身的色彩特点充分利用起来，组合成为美丽的园林景观，提升园林景观设计效果。

## 四、风景园林景观设计

风景园林景观生态设计是对园林景观的一系列设计和改造活动。其目的是要满足人们日益增长的精神文化需求，可以因地制宜，体现园林自然景观和人文景观的结合，达到良好的生态设计效果，实现在风景园林景观内人与自然的和谐共处，提高居民的生活质量。

## （一）风景园林景观生态设计的重要性

1.实现风景园林与生态设计的完美融合

风景园林景观设计将艺术与生态融于一体，在保证功能齐全、结构健全的基础上，合理搭配不同的植物，促进人与自然间的和谐相处，陶冶情操，优化城市环境，增强人们的艺术修养，可以全面提高居民的生活品质。

2.突出自然元素

随着人们生活质量的不断提高，居民越来越渴望亲近自然，但园林设计中自然元素逐渐减少。在风景园林的生态设计中可以充分体现自然元素，满足人们的生态需求，草木、灌木、乔木形成的复合植被可以有效提高绿化面积。在设计过程中，通过与地形地貌格局的完美结合，提高风景园林的生态设计水平，选择抗污染和耐污染植物，发挥植物对污染物的稀释和覆盖作用，从而实现城市生态的发展。

3.实现生态与艺术的结合，保护园林风景资源

风景园林景观设计涉及诸多领域，通过生态与艺术的结合，构造出自然与人文的复杂组合体，形成完整实用的功能体系和独特的艺术形式，将景观形象转化为实体图形，塑造出完美的空间结构，利用全新的生态技术以及各种再生资源，实现园林景观的自给自足，减少对于环境的负面影响，维持园林景观的生态平衡，达到良好的环保效果。可以采用无土栽培技术，充分利用植物的水分和营养物质，为景观植物的繁殖和生长服务，实现园林生态的良性循环。

## （二）风景园林景观生态设计原则

1.植物群落多样性原则

在风景园林生态设计中保证植物的多样性，在植被的选择和设计中选择结构相近的生物群落，减少植物配置的单一化，保证植物在结构和功能上的渐进性，提高其抗病虫害能力和抗天灾与抗人为干扰的能力。

2.群落结构的层次性原则

在风景园林生态设计中实现植物群落的层次性，增加地带性植物群落的种类，使构建的植物群落结构具有多层次特点。

3.经济适用原则

风景园林景观设计要做到在有限的条件下发挥出最佳的生态效应，节省开支，因地制

宜，减少投资和成本，解决经济问题，根据园林的建设需要确定必要的投资。

### （三）风景园林景观规划中生态设计的实际应用

1.应用于风景园林规划中

在风景园林规划中，景观生态设计是非常重要的构成部分，必须重视风景园林规划带来的影响。在景观生态设计安全性方面，景观生态设计是从生态合理保护入手，随着时间的改变预防景观发生改变，同时有效保护生物。风景园林规划对景观物种、城市空间设计与布局、自然灾害破坏等方面的影响可能会影响景观生态安全性。在风景园林规划中，要注意园林所在地气候、物种特点与存在条件，以此充分保护景观生态环境，这是生态效果保障的基础。在景观生态保护方面，要注意保护物种的多样性，尽可能为动植物创造良好的生存与发展空间。风景园林建成后，有效监管景观生态环境，加大景观生态情况监测力度，及时采取措施保护景观生态。

2.用于风景园林规划美感上

在风景园林规划中，符合美学原则是基本要求之一。首先要统一规划并设计项目所在场地自然环境，满足美感。在此过程中，引入景观生态设计理念，合理保留并改造山川与河流等自然景观，确保其满足生态要求，并保持和充分发挥其美感，这主要表现为风景园林规划中景观生态设计的基本应用。具体来讲，可通过以下方式展现景观生态设计的美观。一方面，自身形式具有丰富性与多样性，为风景园林增添一定的美感性；另一方面，景观风格变化，可将时间、地域作为景观风格变化依据，还可利用民族或文化区别各种景观生态。基于人的独特创造设计展现差异美与艺术美，充分发挥风景园林景观生态设计的独特效果。必须注意，无论是丰富的景观生态还是以风格变化增强的风景园林美感，都要与风景园林有相同的主题与风格。风景园林中景观有一定差异，但要与既定主题保持统一，风格突兀的生态只会削弱整个风景园林景观的效果。

### （四）风景园林景观生态设计方案

1.园林景观建设场地

在风景园林景观建设中，应先对建设场地做好规划分析，在明确用地条件的基础上，尽可能应用并调整展示效果。项目设计中，风景园林设计不同于传统城市规划设计，基于自身设计风格及生态条件，应尽可能满足整体所处地区文化风格及地形地貌特点，确保建设的统一性，同时减少人为破坏概率。在保障场地原生态属性的基础上，调整人为景观条件，处理人为景观适应性，以更好地满足生态化建设需求。突出原生态属性特点，层次化区分景观内容。实际规划中，景观建设目标的实现，要基于前期景观设计工作做好相应的市场调研与准备，在保障原有地貌特征的基础上增强景观环境的自然属性。该方法可减少地形地貌处理损耗的成本，也能更好地保存自然景观原有特征并不断延续，以此为风景园林景观原生态属性的保障创造条件，有效融合自然环境与人工景观，弱化园林建设中人工建设操作的痕迹。

2.园林景观气候条件带来的影响

风景园林景观生态设计中，影响区域内景观生态园林设计效果的因素有很多，如天气、降水、温度及风力等自然气候条件。其目的在于尽可能融合园林景观生态与原有生态环境，有效应用地理风貌，结合风景园林原有建筑物、水环境与植物，以此有效进行风景园林景观生态设计。在此过程中，尽可能不出现土方挖掘，结合景观生态设计地区自然气候条件与特点，逐步改善风景园林生态环境。

3.延续景观地域性

进行风景园林景观生态设计时，要符合风景园林景观原有设计理论，在保持原有设计的前提下取其精华，利用景观生态设计为城市营造新的意境，将风景园林景观生态设计与城市历史传统、地理文化与本土资源有效融合起来，保护城市原有文化底蕴。实际工作中，可借鉴国内外先进经验，构建地区民族风格与地理条件独具一格的园林景观生态设计方案①。景观生态设计中，自然环境设计统一是基础条件，可引入生态绿色环境设计理念，适当保留与改变自然景观，明确景观生态设计方向。此外，注意建筑物改变，确保景观设计符合居民要求，推动城市规划发展，促进城市可持续发展。

4.生态效应的展现

生态系统自身具有新陈代谢与能量循环功能，城市园林规划中应用生态设计理念，易获得最好的生态效益，以此有效融合城市规划与地区原有生态环境。生态设计中，首先要充分尊重原有物种生存环境与条件，科学筛选外来物种，以确保外来物种与原有环境融为一体，利用植物、建筑学等专业生态环境，引入先进设计理论、经验与技术，对生态环境设计进行深入研究与探讨，从根本上保障风景园林生态效果，实现环境保护与美化的目标。在风景园林景观生态设计中，可整合关键资源，保持生态平衡，确保一定时期内景观不会发生改变。

5.生态群落的营造

城市规划中生态群落营造的目的在于利用植物加强土壤与水资源保护，调节城市气候条件，保护植物生态效益。不同城市有不同的地理、气候与生态环境，在园林景观生态设计中要深入实地考察，了解当地气候与地理条件，为城市发展制订合理的设计方案，促进人与自然和谐发展。生态建设中，要注意风景园林景观建设的科学与美观性，基于当地生态环境保障原生植物发展，充分展现地区植物景观特点，再利用乔、灌、草等植物搭配物种与色彩，保证结构完整性且有明显的特点，景观协调且美观。

① 钱达．景观规划控制构建城市特色研究 [J]. 北方园艺，2012（03）：82-85.

6.有效应用水资源

城市风景园林景观生态设计中，水资源高效使用也是非常重要的。利用水循环、人工水系规划及雨水再利用等方式合理规划生态园林设计，提高水资源应用效果，充分体现节能环保原则。在风景园林景观生态设计中，可借助景观中植被、水体环境与道路等展现生态设计理念。再利用雨水的收集与处理解决植物蓄水问题，降低暴雨造成的影响。

综上所述，在风景园林景观建设中，引入生态设计理念具有基础性作用，满足客观因素如地理气候条件，根据地区文化氛围如风景地貌，可以有效改善建筑空间。同时在生态化调整道路与建筑物过程中，有效设计乡土植被景观，对人文环境进行优化，以此促进城市规划实现生态化发展目标。

# 第二章　风景园林建筑设计理论

## 第一节　风景园林建筑空间设计

### 一、建筑空间的创造

建筑空间包括建筑内部空间和建筑外部空间，也就是说，一个完整的建筑创造应包括建筑内部空间的创造和建筑外部空间的创造。

#### （一）内部空间处理

人的一生大部分时间是在室内度过的，因此建筑内部空间处理非常重要，直接关系到人们的使用是否方便和精神感受是否愉快。内部空间又可分为单一空间和复合空间。

1.单一空间的处理手法

单一空间是构成建筑的基本单元，虽然大多数建筑都是多个空间构成的，但是只有在处理好每一个空间的基础上，才能进而解决整个建筑的空间问题。它包括空间的形状与面积、比例与尺度以及空间的界面。

（1）空间的形状与面积

空间的形状受功能与审美要求的双重制约。应该在满足功能的前提下，选择某种空间形状以使人产生某种感受。直线是人比较容易接受的，而且使用起来较为方便，家具等也易于布置，故矩形的空间在实际中得到广泛应用。但是过多的矩形空间也会产生单调感，因此一些建筑常采用其他几何形状的平面，从而带来一定变化，配以不同的屋顶形式，更能产生不同的空间感受。

空间的面积同样受到功能与审美两种因素的制约。一般建筑空间的面积，根据该空间的使用性质和人员规模，以人体的尺度、各种动作域的尺寸和空间范围以及交往时的人际距离等为依据，即可以大致确定其面积。例如，在大量的调查、研究、经验的基础上可以总结出不同建筑空间的面积计算参数。

（2）空间的比例与尺度

空间几何形状的比例对空间的使用和艺术效果都会产生一定影响。建筑空间的尺度感应该与房间的使用性质取得一致。例如，住宅中各个房间都采用矩形平面，客厅就不宜过窄长，厨房形状就可狭长些。客厅（居室）尺度宜亲切，过大时很难和谐形成居家气氛。教堂内部空间窄、高、长，形成神秘感。公共建筑空间一般面积较大，高度较高，虽然功能不需要，但这样做是为了使用高度与面积比相协调，否则会有压抑感。所以说尺度感与建筑空间的精神功能关系密切。

（3）空间界面处理

空间是由不同界面围合而成的，界面的处理对空间效果具有很强的影响。这里说的界面包括顶界面、侧界面和地面。顶界面对空间形态的影响非常大，如同样是矩形平面，平顶、拱顶的区别使空间形态完全不同（如井字梁、网架等）。

空间的侧界面以垂直的方式对空间进行围合，处在人的正常视线范围内，因此对空间效果来说至关重要。侧界面的状态直接影响空间的围、透关系，但在建筑中，围与透应该是相辅相成的，只围不透的空间自然会使人感到憋闷，但只透不围的空间尽管开敞，内部空间的特征却不强了，也很难满足应有的使用功能。也就是建筑空间创造中要很好地把握围与透的度，根据具体使用性质来确定围与透。例如，宗教建筑以圆为主，造成神秘、封闭、光线幽暗的气氛；风景园林建筑出于观景要求，四面临空是完全可以的。

空间侧界面上的门窗洞口的组织在建筑中也很重要。某个界面上实体面与门窗洞口的组织实际上就是处理好虚与实的关系，二者应有主有次，尽量避免两部分对等的现象出现，并且门窗洞口一般使用正常尺度，使空间尺度感正常。

地面处理对整体空间效果的影响程度虽不及天花板与墙面，但对空间亦有一定影响。

2.复合空间的处理手法

建筑绝大多数都是由多个空间复合而成的，纯粹的单一空间建筑几乎是不存在的。因为即使只有一个房间的建筑，内部空间也会因不同的使用功能而有所划分。因此，我们还要在处理好单一空间的基础上，解决多个空间组合在一起所涉及的问题，使人们在连续行进的过程中得到良好的空间体验。复合空间的处理主要体现在：空间的组合方式、空间的分隔与划分、空间的衔接与设计、空间的对比与变化、空间的重复与再现、空间的引导与暗示、空间的渗透与流通以及空间的秩序与序列。

（1）空间的组合方式

任何建筑空间的组织都应该是一个完整的系统。各个空间以某种结构方式联系在一起，既要相互独立又能相互联系，还要有方便快捷、舒适通畅的流线，形成一种连续、有序的有机整体。空间组织方式有很多种，选择的依据是，一定要考虑建筑本身的设计要求

（如功能分区、交通组织、专业通风及景观的需要等），还要考虑建筑基地的外部条件。周围环境情况会限制或增加组合的方式，或者会左右空间组合对场地特点的取舍。不同的空间组织特征概括起来有并列、集中、线形、辐射、组团、网格、轴线对位、庭院等几类。

（2）空间的分隔与划分

建筑空间的组合从某种意义上说就是根据不同的使用目的，对空间进行水平或垂直方向上的分隔与划分，从而为人们提供良好的空间环境。空间的分隔与划分大致有三个层次：一是室内外空间的限定（如入口、天井、庭院等），体现内外空间关系；二是内部各个房间的限定（各内部空间之间分隔与划分手段）；三是同一房间里不同部分的限定（用更灵活的手段对空间进行再创造）。

空间的分隔包括水平和垂直两个方向的限定，主要包括以下几种手段：利用承重构件分隔；利用非承重构件进行分隔；利用家具、装饰构架等进行分隔；利用水平高差进行分隔；利用色彩或材质进行分隔；利用水体、植物及其他进行分隔。

（3）空间的衔接与过渡

从心理学角度来考虑，总是不希望两个空间简单地直接相连，那样会使人感到突然或过于单薄，尤其是两个大空间，如果只以洞口直接连通，人们从前一个空间走到后一个空间，感觉会很平淡。因此，在创造建筑空间时要注意空间的衔接与过渡问题（如同音乐中的休止符、文章中的标点）。

空间的间接过渡方式就是在两个空间中插入第三个空间作为过渡——过渡空间。过渡空间的设置有的是使用的需要，有的是加强空间效果的需要。例如，住宅入口的玄关，安全性、私密性需要，同时兼更衣、临时储藏功能；再如，餐饮、宾馆、办公等入口处的接待空间，既是使用需要，也有礼节、营造气氛之目的；再如，在两个空间中插入一个较小、较低或较长的空间，使得人们从一个大空间转到另一个大空间时必经由大到小，再由小到大，由高到低，再由低到高，由亮到暗，再由暗到亮这样一个过渡，从而在人们的记忆中留下深刻的印象。

过渡空间的设置具有一定规律性。它常常起到功能分区的作用。例如，动区与静区、净区与污区等中间经常有过渡地带来分隔；在空间的艺术形象处理上，过渡空间经常要与主体空间有一定的对比性。所谓欲扬先抑、欲高先低、欲明先暗、欲散先聚、欲阔先窄……内、外空间之间也存在一个衔接与过渡的处理问题，如门廊、悬空的雨篷、一层架空等均是一种内外空间的过渡方法。

（4）空间的对比与变化

两个毗邻的空间，在某些形式方面有所不同，将使人从这一空间进入另一空间时产生情绪上的突变，从而获得兴奋的感觉。如果在建筑空间设计中能巧妙地利用功能的特点，在组织空间时有意识地将形状、质量、方向或通透程度等方面差异显著的空间连续在一起，将会同时产生一定的空间效果。如体量对比、形状对比、通透程度对比、方向对比等。

利用空间的对比与变化能够创造良好的空间效果，给人一定的新鲜感。但在具体设计时切记掌握对比和变化的度，不能盲目求变，要变得有规律、有章法。

（5）空间的重复与再现

真正美的事物都是多样统一的有机整体。只有变化会显得杂乱无章，而只有统一会流于单调。在建筑中，空间对比可打破单调求得变化。但空间的重复与再现，作为对比的对应面也可以借助协调求得统一，两者都是不可缺少的因素。在建筑空间中，一定要把对比与重复这两种手法结合在一起，相辅相成，才能获得相对成功的空间效果。

例如，我国传统建筑空间，其基本特征就是以有限的空间类型作为基本单元而一再重复地使用，从而获得在统一中求变化的效果。

即使在对称的布局形式中，也包含着对比和重复这两方面的因素。中西方传统建筑空间中经常采用的对称方式都具有这样的共同特点：沿中轴两侧横向排列的空间——重复，轴线纵向排列的空间——变换。

同一种形式的空间，连续多次或有规律地重复出现，就会富有一种韵律节奏，给人以愉快感觉（如罗马大角斗场外三道环廊上的拱）。以某一几何形状为母体进行空间组合的方式，实质上体现的就是空间的重复与再现。

（6）空间的引导与暗示

建筑由多个空间组合在一起，人们总是先来到某个空间，继而再来到另一个空间，而不能同时窥见整个建筑全貌。这就需要同时根据功能、地形等条件在建筑空间创造中采取某些具有引导或暗示性质的措施来对人流加以引导。有时在建筑空间创造中避免开门见山或一览无余而通过某种引导、暗示，使人进入趣味中心，即“柳暗花明又一村”的意境。

空间的引导和暗示不同于路标。路标往往给人们明确的方向指示和目的指引。空间的引导和暗示处理得要含蓄、自然、巧妙，能够使人在不经意间沿着一定的方向或路线从一个空间依次走向另一个空间。

在空间界面的点、线、面等构图元素中，线具有很强的导向性作用，通过天花板、样面或地面处理，会形成一种具有强烈方向性或连续性的图案，有意识地利用这种处理手法，将有助于把人流引导至某个确定的目标，如天花板上的带状灯具、地面上铺砌的纵向图案、墙面上的水平线条等。

（7）空间的渗透与流通

一些私密性要求较高或人们长期驻留的空间往往采用较封闭的形式。但对许多公共空间，多采用通透开敞的效果。空间具有流动感，彼此之间相互渗透增加空间的层次感。空间的渗透与流通包括内部空间之间和内外空间之间的渗透与流通两部分。

中国传统建筑中尤其是传统园林建筑中常用空间的渗透与流通来创造空间效果。例如，“借景”的处理手法，就是一种典型的空间渗透形式。“借”就是把别处的景物引到此处来。这实质上是使人的视线能够通过分隔空间的屏障，观赏到层次丰富的景观。西方古典建筑，虽为石砌结构体系，一般比较封闭，但也有许多利用拱券结构分隔的空间，取消了墙体而加强了空间流通。柱廊式建筑，其柱廊在室内外空间的渗透上取得了很好的效果。

近现代建筑，随着科学技术与材料的发展，为自由灵活地分隔空间创造了极为有利的条件。各种空间互相连通、穿插、渗透，呈现出丰富的层次变化。“流动空间”就是这种空间的形象概括。

不仅水平面上的空间需渗透与流通，垂直方向上也需要，以丰富室内景观。例如，夹层、回廊、中庭，都会创造出不同影响的空间效果。

（8）空间的秩序与序列

人的每项活动都有其一定的规律性或行为模式。建筑空间的组织也相应地具有某种秩序。多个空间组合在一起形成一个空间的序列，如某专题展览：信息—买票—展前准备—看展览—中间休息—继续看展览—离开，建筑空间即根据此行为创造。

这里空间序列的安排虽应以人的活动为依据，但如果仅仅满足人的行为活动的物质功能需要，是远远不够的，这充其量只是一种“行为工艺过程”的体现。还要把各空间彼此作为整体来考虑，并以此作为一种艺术手段，以更深刻、更全面、更充分地发挥建筑空间艺术对人心理上和精神上的影响。

空间系列组织，首先要在主要人流路线上展开系列空间，使之既连续顺畅，又具有鲜明的节奏感。其次，兼顾其他人流路线空间系列安排，从属地位烘托主要空间序列，二者相得益彰。

## （二）外部空间处理

1.外部空间的概念

建筑的外部空间是针对建筑而定的，但不是建筑以外的所有自然环境都是建筑外部空间。外部空间是从自然界中划定出来的一部分空间，是“由人创造的有目的的外部环境，是比自然更有意义的空间”。如果把整个用地当作一个整体来考虑，有屋顶的部分属于内部空间，没有屋顶的部分则作为外部空间。外部空间与建筑物本身密切相关，二者之间的关系就好像砂模与铸件的关系：一方表现为实，另一方表现为虚，二者互为镶嵌，呈现出一种互补或互逆的关系。

外部空间具有两种典型的形式：一是以空间包围建筑物——开放式外部空间；二是以

建筑实体围合而形成的空间，这种空间具有较明确的形状和范围——封闭式外部空间。

2.外部空间的构成要素

（1）界面

外部空间是没有顶界面的，那么它的限定就由侧界面和底界面来完成，有时它们也能独自起到限定的作用。例如，庭院由建筑物的外墙、围墙和栏杆等限定，街道基本由两旁建筑物相对完成，广场由周边的建筑物围成。

（2）设施

只有空间界面，形成的空间是单调的，还要加上设施空间才能丰富多彩，这些设施包括室外家具、小品、水体、植物、照明等。

（3）尺度

尺度虽不是建筑外部空间的实际构成要素，但对人们的空间感受具有很强的作用。人们是基于视觉感知来评价空间环境的。人眼的视野有一定的范围和距离：水平60°范围内视野最佳；垂直18°～45° 能看清建筑全貌；最佳水平视角是54° ；最佳垂直视角是27° 。

利用这个视觉规律可以帮助我们推敲外部空间的尺度，选择建筑的高度、广场大小和主要视点的位置等。

3.外部空间的创造

外部空间的创造包括空间布局、围合和序列的组织。

（1）空间的布局

空间的布局是外部空间创造的重点，主要考虑以下几方面。

①确定空间大小。根据该空间的功能和目的确定。例如，住宅的庭院，过大就并不一定见得好，毫无意义的大只会使住宅变得冷漠而缺乏亲切感；广场，边长二十几米的空间可以保证人们能互相看清，有舒适亲密感，边长几十米甚至上百米的广场则具有广阔感、威严感；街道，一般愉快的步行距离为300m，景观路、商业步行街应以此为限，最好不超过500m，再长就要分阶段设置，以免产生疲劳感。

②确定不同领域。大多数外部空间都不是单一功能的，而是多功能综合使用。进行外部空间设计就是要把这些不同用途的部分进行区分，从而确定其相应的领域。

③加强空间的目标性。建筑理论家诺柏格·舒尔兹认为，建筑空间具有中心和场所、方向、路线以及领域等要素。中国古典园林中的“对景”“曲径通幽”等即是如此。

（2）空间的围合

空间的围合主要靠侧界面的形式来确定。

①隔断的方式。景墙、柱列、行道树、绿篱、水面等。

②隔断的高度。高度对空间的封闭程度有决定性作用，封闭感实质上是人的一种视觉

感受。

③隔断的宽度。宽度取决于所采取的隔断方式，少则几厘米（如景墙），多则数米（如行道树、水面等）。

（3）空间的序列组织

①空间的顺序。

室内—半室内—半室外—室外；

封闭性—半封闭性—半开放性—开放性；

私密性—半私密性—半公共性—公共性；

安静性—较安静性—较嘈杂—嘈杂；

静态—较静态—较动态—动态。

②空间的层次。用隔断、绿化、高差，形成近、中、远的景致变化，增加空间层次。

4.外部空间的创造手段与技巧

（1）高差的运用。高差可区分不同的领域，如城市下沉式广场。

（2）质感的运用。利用界面不同的质感变化打破空间的单调感，也可产生区域划分的功能。

（3）水、植物等的运用。人工的建筑与植物复杂的优美形态，建筑空间中的直、硬与植物的曲柔产生强烈对比，极好地柔化了空间。

（4）照明的运用。树木景观照明、园路功能照明、雕塑小品景观照明、水景景观照明等。

（5）色彩的运用。

暖色：明度高、纯度高，具有前进性，当空间过于空旷时使用，获得紧凑、亲切感。

冷色：明度低、纯度低，具有后退性，空间较窄拥挤时使用，获得开阔、宽敞感。不同性质的建筑空间采用不同色调。

## 二、风景园林建筑空间的创造

### （一）风景园林建筑空间的创造原则

由于风景园林建筑的特殊性，在创作中除应遵循建筑空间创造的一般原则外，还应遵循以下原则。

1.受造景制约，从景观效果出发

空间的形态、布局、组合方式等各方面，都要受到造景的制约，在某些情况下，要以景观效果为出发点，服从景观创造的需要。

2.景观与功能结合

要在满足景观需要的前提下实现各自的功能。虽然景观效果是首要的，但使用功能是基本的，创作过程就是如何将二者紧密结合，同时满足各种要求。这一点在城市风景园林建筑创作中尤其重要。

3.立意在先

立意为先，根据功能需求、艺术要求、环境条件等因素，勾勒出总的设计意图。

4.观景

某些观景建筑空间的位置、朝向、封闭或开敞要取决于景的好坏，即是否能使观赏者在视野范围内取得最佳的风景画面。

## （二）风景园林建筑空间的创造技巧

中国风景园林建筑空间的创造经验很多，主要手法有空间的对比、空间的“围”与“透”以及空间的序列。

1.空间的对比

风景园林建筑空间布局为了取得多样统一和生动协调的艺术效果，常采用对比的手法，如在不同景区之间，两个相邻而内容不尽相同的空间之间，一个建筑组群中的主、次空间之间。空间的对比主要包括空间大小的对比、空间虚实的对比、次要空间与主要空间的对比、幽深空间与开阔空间的对比、空间形体上的对比、建筑空间与自然空间的对比。

以空间大小对比为例。以小衬大是风景园林空间处理中为突出主要空间而经常运用的一种手法。这种小空间可以是低矮的游廊，小的亭、榭、院，一个以树木、山石、墙垣所环绕的小空间。其设置一般处于大空间的边界地带，以敞开对着大空间，取得空间的连通和较大的进深。而且人们处于任何一种空间环境中，都习惯于寻找一个适合自己的恰当“位置”。人们愿意从一个小空间去看大空间，愿意从一个安全、受到庇护的环境中去观赏大空间中动态、变化着的景物。例如，颐和园的前山前湖景区，以昆明湖大空间为中心的四周，布置了许多小园林空间，如乐寿堂、知春亭等。这些风景点、小园林与大的湖面自然空间相互渗透。当人们置身于小空间内时，既能获得亲切的尺度感，又能使视线延伸到大空间中去，开阔舒展。各小园林空间的具体处理方法各不相同，统一中有变化，空间丰富，景趣多样。

建筑空间虚实的对比也是风景园林惯用的手法。例如，把建筑物内部的空间当作“实”，则建筑、山石、树木所围合的空间可作为“虚”，那么亭、空廊、敞轩等建筑就成半虚半实的空间了。

空间对比的最好的例子是苏州留园的入口。留园入口以虚实变幻、收放自如、明暗交替的手法，形成曲折巧妙的空间序列，引人步步深入，具有欲扬先抑的作用。先是幽闭的曲廊，进入“古木交柯”渐觉明朗，并与“华步小筑”空间相互渗透。北面透过六个图案各异的漏窗，使曲廊与园中山池隔而不断，园内景色可窥一斑。绕出“绿荫”则豁然开朗，山池亭榭尽现眼前，通过对比达到最佳境界。

风景园林建筑空间在大小、开合、虚实、形体上的对比手法经常互相结合，交叉运用，使空间有变化、有层次、有深度，使建筑空间与自然空间有很好的结合与过渡，以符合实用功能与造景两方面的需要。

2.空间的“围”与“透”

风景园林建筑空间的存在来自一定实体的围合或区分。没有“围”，空间就没有明确的界线，就不能形成有一定形状的建筑空间。但只“围”不“透”，建筑空间就会变成一个个独立的个体，形成不了统一而完整的景观空间。就人在景观中的行为来说，也要使空间有“围”有“透”、有分有合。由于风景园林建筑主要是为了满足游赏性的需要，因此，风景园林建筑的空间处理，也应以“透”为主、以“流通”为主、以“公共性”为主。

风景园林建筑空间的“围”与“透”包括建筑内部空间的“围”与“透”处理、建筑内部空间与外部空间之间的“围”与“透”处理，及建筑物外部空间的“围”与“透”处理。而墙、门、窗、洞口、廊则是“围”与“透”的媒介。

3.空间的序列

风景园林景观基本是为人们游览、观赏的精神生活服务的，因此风景园林景观应利用其游览路线对游人加以引导。这就需要在游览路线上很好地组织空间序列，做到“步移景异”，使游人一直保持着良好的兴致。例如，中国传统园林建筑空间序列，是一连串室内空间与室外空间的交错，包含着整座园林的范围，层次多、序列长，曲折变化、幽深丰实。经常表现为两种形式：一种是对称、规整的形式；另一种是不对称、不规则的形式。

对称、规整式以一根主要轴线贯穿，层层院落依次相套地向纵深发展，高潮出现在轴线的后部，或位于一系列空间的结束处，或高潮后还有一些次要空间延续，最后结尾。例如，颐和园万寿山前山中轴部分排云殿—佛香阁一组建筑群：从临湖“云楼玉宇”，排云门、二宫门、排云殿、德辉殿至佛香阁，穿过层层院落，成为序列高潮，也成为全园前湖景区的构图中心，其后部的“众青界”、智慧海是高潮后的必要延续。

不对称、不规则式以布局上的曲折、迂回见长。其轴线的构成具有周而复始、巡回不断的特点。例如，苏州留园入口部分的空间序列，其轴线曲折、围透交织、空间开合、明暗变化运用巧妙。它从园门入口到园内的主要空间之间，由于相邻建筑基地只有一条狭长的引道，建筑空间处理手法恰当、高明，化不利因素为有利因素。把一条50m长的有高墙夹峙的空间，通过门厅、甬道分段组成大小、曲直、虚实、明暗等不同空间，使人通过“放—收—放”“明—暗—明”“正—折—变”的空间体验，到达“绿荫”敞轩后的开敞、明朗的山池立体空间。

### （三）风景园林建筑空间的组织形式

1.独立建筑形成开放空间

独立的建筑物和环境结合，形成开放空间，主要有具有点景作用的亭、榭或单体式平面布局的建筑物。这种空间组织的特点是以自然景物来衬托建筑物，建筑物是空间的主体，因此对建筑本身的造型要求较高。这种手法经常以房屋为主体，用树、花、水、雕塑、广场、道路来陪衬烘托。

2.建筑群形成开放空间

由建筑组群的自由组合而形成开放性空间，建筑组群与周围的园林空间之间可形成多种分隔、穿插，多用于较大规模的风景景观中，如北海、五龙亭、杭州西湖的平湖秋月。这种开放空间多利用分散式布局，并利用桥廊、路、铺地等手段作为建筑之间联系的媒介，但不围成封闭性的院落，建筑之间有一定的轴线关系，可就地形高低随势转折。

3.建筑物围合成庭院空间

由建筑物围合而成的庭院空间是我国古典园林中普遍采用的一种空间组合形式。庭的深度一般与建筑的高度相当或稍大一些。几个不同大小的庭院互相衬托、穿插、渗透。围合庭院的建筑数量、面积、层数可变。视觉效果具有内聚倾向，不突出某个建筑，而是借助建筑物和山水植物的配合来渲染庭院空间的艺术情境。

4.天井式的空间组合

天井也是一种庭院空间，但它体量较小，只宜采取小品性的绿化，在建筑整体空间布局中可用以改善局部环境作为点缀或装饰使用，视觉效果内聚性强。利用明亮的小天井与周围相对昏暗的空间形成对比。

5.分区式

在一些较大型的风景园林中，根据功能、地形条件，把统一的空间划分成若干各具特色的景区或景点来处理，在统一总体布局的基础上使它们互相因借、巧妙联系，有主从和重点，有节奏和规律，以取得和谐统一，如圆明园、避暑山庄、颐和园等。

中国古典园林中井、庭、院、园的概念：

井——深度比建筑的高度小；

庭——深度与建筑物高度相当或稍大些；

院——比庭大些，以廊、墙、轩等建筑环绕，平面布局灵活多样；

园——院的进一步，私家园林或大园林中的园中园。

## 三、基于虚拟现实技术的风景园林建筑空间设计与规划

### （一）虚拟现实技术对自然景观建筑空间规划与设计的影响

1.虚拟现实技术概述

美国的杰伦·拉尼尔（Jaron Lanier）最早提出了虚拟现实的概念。虚拟现实的含义由三方面组成：可实现人体感官与自然环境的交互运动；可通过三维设备完成人机交互；虚拟现实通过计算机生成。其中，虚拟现实具有沉浸、交互、构想三个基本特性，这三个特性使虚拟现实技术的人机交互感官体验非常逼真。

当前，国内外虚拟现实表现技术主要包括V R ML技术、FLASH技术、Viewpoint技术、JAVA技术和Cult3D技术，这些技术和多媒体结合，可表现出多种形式的虚拟场景。

2.虚拟现实技术特性的影响

虚拟现实技术具有良好的交互性和沉浸性特点，和传统的CAD自然景观建筑设计方法相比，虚拟现实技术更具有真实性，其内置的运动建模、物理建模、听觉建模对当前的虚拟感官要求更加适应。与传统设计模型相比，虚拟现实技术具有运动属性、声学属性、光学属性等优点。这些优点可通过虚拟环境中的动态物体、水风等的伴音、亮度变化体现出来。和3D动画技术相比，虚拟现实技术支持实时渲染，便于方案优化设计，而3D技术效率低、交互性能差。基于虚拟现实技术设计的风景园林场景具有以下特点：①根据人体运动、头部摆动和眼睛转动开发的漫游系统，虚拟效果逼真；②游人可直接感受到风景园林的意境范围和场景转换；③基于地理信息系统可对游园位置进行实时定位；④跨越了时间和空间阻碍。

3.虚拟现实技术实现方法的应用比较

当前主流的虚拟现实技术可通过层次分析法进行定性和定量的权重决策分析。其中，层次分析法的层次结构为目标层、准则层、指标评价层三个层次，其主要评价步骤为：建立层次结构→确定判断矩阵→对层次进行单排序→对三个层次进行总的权重排序→权重分析。

采用虚拟现实技术对风景园林进行影响评价时主要考虑其是否具备交互性和沉浸性。根据层次分析法可建立层次结构，确定判断矩阵和权重。将问题涉及的因素分成五个层次，建立多级梯阶的层次结构模型。

对同一层次任意两因素进行重要性比较时，对它们的重要性之比做出判断，给予量化。对同属一层次的各要素以上一级的要素为准则进行两两比较，根据评价尺度确定其相对重要度，据此构建判断矩阵。

计算判断矩阵的特征向量，以此确定各层要素的相对权重。

最后通过综合权重的计算，按照最大权重原则，确定最优方案。

其中交互度、真实度、扩散度、功能度和使用度是软件评价的五个主要指标。

## （二）虚拟现实技术的表现及应用方法

1.人体工程学中人的状况和虚拟现实场景中的控制技术

基于虚拟现实技术的场景制作可通过构建建筑、道路、草坪、地形、植物、天空等不同要素进行组合设计。在具体的虚拟风景园林场景搭建时，需注意以下几方面的设计原则。

（1）体现“人本”原则

人的身高、眼睛高度随年龄的变化：年龄造成的差异也应注意，体形随着年龄变化最为明显的时期是青少年时期。女性在18岁结束增长过程，男性在20岁结束，到30岁才最终停止生长。此后，人体尺寸随着年龄的增加而缩减。45～65岁的人与20岁时相比身高往往减少。未成年人处于年龄与身体尺寸的快速变化期，对尺寸比较敏感。儿童的尺寸对于住宅、娱乐和运动空间的把握至关重要，如只要头部能钻过的间隔，身体就可以过去。儿童在生长过程中，眼睛高度也在随着头部的增长发生变化。根据眼睛距离头顶的高度和不同年龄的身高，就可以推算出不同年龄的眼睛高度。也可以通过身高来计算，正常情况下，眼睛高度是身高的0.937倍左右。

根据人体工程学原理，将人、机、环境三要素进行有机统一，实现全场景、真人视觉漫游效果。在人体工程学中，需要对人体身高和眼睛高度、差异性、地域性等特点进行分析。

（2）体现风景园林意境

使用虚拟现实技术模拟风景园林，具有欣赏客体、欣赏主体、风景园林三者互相融合的优点。可设定园林线条、色彩、感官等来体现风景园林的意境美。

（3）体现风景园林的时效性

自然景观是随着时间和空间的变化而实时变动的。使用虚拟现实技术模拟时，需注意随时间延续而对自然景观的图像信息进行更新。

2.虚拟现实技术在总体方案设计阶段中的应用

在总体方案设计阶段，根据设计任务书要求确定虚拟现实技术的实施步骤。首先，根据真人漫游系统和现实景观确定游园基本路径；根据实际视觉特点，创造自然景观建筑空间。在进行最佳游园路径的确定时，可根据地形地貌、水体、人的动态特性等不同原则进行设定。依据地形地貌需注意道路景观的延展性、可视性和眺望性。依据水体需注意水景、山石高度比例等是否给人带来舒适、亲切的感觉。依据人体动态特性需注意不同道路类型对人体感官的影响差异。

基于虚拟现实技术的最佳漫游路径通过试点动画交互技术实现，设计时需综合考虑道路实时状态、最佳路径确定形式的影响，其中最佳路径确定形式包括距离最优、时间最优、时间距离最优三种形式。在进行具体设计时，在两个地点之间可进行多个视觉点的设置，并将弗洛伊德算法存储到三维信息数组S中，根据数组S的信息绑定视点，即可确定响应试件按钮。

## （三）虚拟现实技术在风景园林建筑空间规划与设计中的应用研究

1.系统及硬件组成

在设计自然景观建筑时，虚拟现实技术需构建两大系统：实时漫游系统和模型环境系统。其中实时漫游系统包括实时漫游和碰撞检测两部分；模型环境包括视觉建模和听觉建模两部分。系统还需具备较高的硬件设备和软件设备。其中本节采用的操作平台是以SGI工作站为代表的高性能PC机，植物建模软件为Tree Professional，建模软件为3DMAX，虚拟浏览场景采用中视典VRP。

2.基本流程

（1）确定项目类型

构建不同类型的虚拟场景会使用到不同的制作技术和建模流程。就虚拟现实技术所需要搭建的场景大小而言，可分为小场景虚拟仿真、中型场景和城市级大型场景。

（2）模型制作

搭建一个好的虚拟现实场景需对场景尺寸、单位、节点编辑、纹理尺寸格式等多个要素进行严格控制。其中，场景尺寸比例需根据CAD图建模；纹理需通过拉伸旋转相关图片获得场景中的纹理；制作材质球需清空材质球对话框，避免材质出现重名或无法导出；MAX材质球需通过UVW修改器调整贴图次数；灯光烘焙可表现出真实的光影效果；镜头设置需在PATH文件中设定坐标点对漫游路径进行固定。

（3）虚拟场景中植物建模

植物三维建模是风景园林设计中非常重要的设计环节，为实现不同角度的观察效果，在进行具体设计时，采用“广告牌”的植入技术。通过对闭合的多边形直接赋予照片效果，实现植被的三维表现。具体操作步骤：确定树木图像比例→构造树木分支结构→核对比例尺寸、垂直构造平面→渲染树木图像素材。

（4）虚拟场景漫游

在进行人机交互时，虚拟现实技术常见的三种漫游形式为查询式、交互式和被动式。这三种交互形式各有优缺点：查询式可自行设定漫游路径，但无法实现场景交互；交互式虽然可以和三维场景进行人机交流，但对场景制作要求较高；被动式无法实现用户控制权，不能自行设定漫游路径。当前虚拟现实技术场景漫游设置主要有两种方法：一种是在软件中通过使用引擎插件得到三维虚拟效果；另一种是利用YRML语言结合相关软件直接创建三维虚拟效果。

### （四）虚拟现实技术应用于建筑规划与设计中的方法

1.虚拟流程及重建方法

虚拟现实技术在建筑规划和设计领域也有广泛的应用，本节以南方某古村落为基本模型进行了虚拟现实场景的搭建。古村落的虚拟场景搭建流程：现场调研、实地策划、纹理采集，确定村落真实场景→几何模型、纹理贴图、构建三维古村落→碰撞检测、飞行漫游、导航漫游。虚拟现实技术在建筑景观设计中有着非常明显的优势，主要包括以下三种优势。

（1）能创造虚拟世界

将虚拟现实技术应用于建筑景观设计中，使设计过程可视化，使建筑师产生一种身临其境的感觉，并对建筑物的布局、功能、优缺点等有详细的了解，从而设计出更加科学的图纸。

（2）有强大的图形处理能力

虚拟现实技术具有强大的计算与图形处理能力。它最大的特点是能够脱离原物体而对其视觉、听觉等进行具体表现。例如，在对已经被毁坏的建筑群进行复原设计时，就可以利用该技术对这些已经不存在的建筑进行复原。

（3）对复杂的施工方案进行计算

利用该技术能够在虚拟环境下对特建场地、机械设备、结构构件等进行创造，形成三维模型，并且模型具有动态性能。然后使模型进行虚拟的模拟操作，如此即可对复杂的施工方案中的具体情况进行观察，并对不合理的地方进行修改。

为了更好地还原古村落的真实面貌，对古村落中被破坏掉的建筑单体进行了拍照取证、实地测绘以及历史记载的相关文献资料查询，还原了部分建筑，以恢复其历史遗貌。

2.数字化构建

数字化构建的视觉效果逼真。此外，为了提高虚拟场景的真实感和视点变化速度，对古村落进行了提高其逼真度的技术处理。采用的方法有纹理映射、环境映照、反走样等。

3.虚拟交互漫游技术

为保证人体的真实感受，在构建虚拟环境时应做实时的碰撞检测，其方法包括层次包围盒法和空间分解法。

# 第二节　风景园林建筑造型设计

建筑物既是技术产品，也是艺术品，因此不仅要满足人们的生活、工作、娱乐、生产等物质功能要求，而且要满足人们精神、文化方面的需要。风景园林建筑的美观问题，在一定程度上反映了社会的文化生活、精神面貌和经济基础。不同类型的建筑对艺术方面的要求不同，有些建筑物特别是风景园林建筑，其形象和艺术效果对建筑整体常常起着决定性作用，成为主要因素。正是建筑的这种物质和精神的双重功能属性，使建筑的造型设计显得十分重要。

风景园林建筑造型的设计包括体型设计和立面设计两个部分，其主要内容是研究建筑物群体关系、体量大小、组合方式、立面及细部比例关系等。建筑物的外部形象是设计者运用建筑构图法则，使坚固、适用、经济和美观等要求不断统一的结果。在本章，我们将逐一介绍如何创造出丰富的风景园林建筑造型。

## 一、风景园林建筑体型和立面设计的影响因素

### （一）建筑功能与建筑造型的关系

建筑是为供人们生产、生活、工作、娱乐等活动而建造的房屋，这就要求建筑设计首先要从功能角度出发，不同的功能要求形成了不同的建筑空间，而不同的建筑空间所构成的建筑实体又形成建筑外形的变化，因而产生了不同类型的建筑造型。与此同时，建筑的造型形象又反映出建筑的性质、类型。形式服从功能是建筑设计必须遵循的原则。一般一个优秀的建筑外部形象必然要充分反映出室内空间的要求和建筑物的不同性格特征，达到形式与内容的辩证统一。风景园林建筑尤其强调建筑功能和建筑造型并重的设计原则。

### （二）材料、结构和施工对建筑造型的制约

建筑是运用大量的建筑材料，通过一定的技术手段建造起来的，可以说，没有将建筑设想变成物质现实的物质基础和工程技术，就没有建筑艺术。因此，它必然在很大程度上受到物质和技术条件的制约。

不同结构形式由于其受力特点不同，反映在体型和立面上也截然不同。如砖混结构，由于外墙要承受结构的荷载，立面开窗就要受到严格的限制，因而其外部形象就显得

厚重；而框架结构由于其外墙不承重，则可以开大窗或带形窗，外部形象就显得开敞、轻巧；空间结构不仅为大型活动提供了理想的使用空间，同时各种形式的空间结构又赋予建筑极富感染力的独特的外部形象。

此外，不同装修材料，如石墙与砖墙的运用，其艺术表现效果明显不同，在一定程度上影响到建筑作品的外观和效果。

### （三）建筑规划与环境对建筑造型的影响

单体建筑是规划群体的一个局部，群体建筑是更大的群体或城市规划的一部分，所以拟建建筑无论是单体还是群体其体型、立面在内外空间组合以及建筑风格等方面都要认真考虑与规划中建筑群体的配合，同时要注意与周围道路、原有建筑呼应配合，考虑与地形、绿化等基地环境协调一致，使建筑与室外环境有机地融合在一起，达到和谐统一的效果。

例如，在山区或坡地上建房，就应顺应地势的起伏变化来考虑建筑的布局和形式，往往会取得高低错落的变化，从而产生多变的体型。

此外，气候、朝向、日照、常年风向等因素也都会对建筑的体型和立面设计产生十分重要的影响。

### （四）建筑标准与经济因素

房屋建筑在国家基本建设投资中占有很大的比例，因此设计者应严格执行国家规定的建筑标准和相应的经济指标，在设计时要区别对待大型公共建筑和大量民用建筑，既要防止滥用高级材料造成不必要的浪费，也要防止片面节约、盲目追求低标准而造成使用功能不合理及破坏建筑形象。同时，设计者应提高自身设计修养和水平，在一定经济条件下，合理巧妙地运用物质技术手段和构图法则，努力创新，设计出适用、经济、美观的建筑。

### （五）精神与审美

建筑的造型还要考虑到人们对于建筑所提出的精神和审美方面的要求。

有史以来，建筑作为一种巨大的物质财富，总是掌握在统治阶级手中，它不仅要满足统治阶级对它提出的物质功能要求，而且必须反映一定社会占统治地位的意识形态。无论是我国气势磅礴的紫禁城和长城，还是古埃及建筑，都以其特有的建筑空间和体型的艺术效果抽象地表达着统治阶级的威严和意志。高耸的教堂，所采用的细而高的比例、竖向线条的装饰尖拱、尖塔等形式，也无不表现了人们对宗教神权的无限向往和崇拜。对于教堂、寺庙、纪念碑等此类建筑，左右其外部形式的与其说是物质功能，毋宁说是精神方面的要求。

此外，在同一时代的建筑之所以风格迥异，是与不同国家、民族、地区的特点与审美观及设计流派密切相关的。

## 二、风景园林建筑造型设计的内容

科学与艺术是建筑所具有的双重性，而风景园林建筑被人们称为“城市的雕塑”。它既注重经济、实用与结构，又以其独特的艺术形象来反映生活，以其深刻的艺术性和思想性来感染人。

### （一）建筑设计与结构造型设计

建筑艺术与其他纯艺术的区别之一，在于它无法建立在空想的基础上，它需借助于技术的支撑，而同时技术的发展也常常给建筑艺术注入新的内容，结构、材料、产品、施工等技术的发展，给建筑师提供了发挥的基础。同时，结构造型本身作为一种重要的表现形式，也越来越受到更多建筑师的青睐。

风景园林建筑设计的立足点在于美学，而结构设计的立足点在于力学，美学与力学的结合并不是现代建筑所特有的新的课题，早在古希腊、古罗马和古代中国的建筑中都可找到其完美结合的例证。现代风景园林建筑中，各种结构和材料技术的迅速发展一次次将新的空间梦想变为现实，又一次次冲击古老的风景园林建筑美学的概念。在很长的一段时间中，建筑师为追求设计美学完美，尽可能利用装修手段将结构隐藏起来。但是，近几十年来，随着通透空间的大量应用，建筑结构所体现的理性和技术的美感被重新认识，结构设计以其特有的理性造型，给建筑设计注入了新的内容。为此，结构造型设计也就应运而生。所谓的结构造型设计是建筑师和结构工程师相互配合的结晶，它并不等同于单纯地暴露结构，暴露的方式、位置、结构形式、构件造型等都必须纳入建筑设计的范畴才能展示其魅力。建立在理性的技术基础上并注入了感性的建筑思维的结构造型设计，在现代风景园林建筑设计中起着不可忽视的作用，它体现出现代空间造型对技术的认同。

### （二）建筑造型与功能

对于风景园林建筑造型与功能的关系，不同的人有不同的看法。美国建筑师沙利文在20世纪初曾提出“形式追随功能”的主张。针对当时复古与折中主义思潮，它是具有革命意义的崭新观念，但随着时代发展，过分强调功能、信条的“现代主义”显露出许多单调、呆板的弊端，满足不了人们对建筑精神与审美方面的高层次需求，所以，倡导“后现代”的人提出了“从形式到形式”的观点，想要冲破“现代主义”的教条束缚，拓展“现代主义”建筑的内涵。事实上，风景园林建筑作为技术、艺术与价值观念的结合体，不但要满足一般的功能要求，还要在空间与造型的创造上为人类提供新的可能，在营造文化品位和场所的氛围上多下功夫，寻找到关于建筑的各种矛盾之间的最佳平衡点，成为一个优秀的风景园林建筑。

### （三）建筑造型与空间组合

独特的结构形式会创造出独特的风景园林建筑造型，在一些大型的体育建筑上很常见，各种形式的空间组合反映到建筑造型上会产生新颖的效果。现代风景园林建筑设计是一个复杂的体系，只有将各种建筑要素综合在一起考虑，才能在设计中把握住方向，得心应手。设计师要注重自身的造型艺术和其他艺术门类的修养，与其他专业密切配合，综合考虑经济、功能、美观等各种条件和制约，以人为本，精心设计和创作。

### （四）建筑造型与尺度

在通常情况下，风景园林建筑所用的尺度层次越丰富，其造型效果就越生动。这种尺度包括亲切尺度和非亲切的尺度。例如，建筑物可以开正常大小的窗，也可开带形窗或做成幕墙等，而带形窗又可做成长的、短的、横的、竖的。以上各种窗的不同形式，表现出的不同尺度，用在同一建筑上就构成了多层次的尺度。在多尺度设计的同时，我们要考虑其他因素，避免造成烦琐、杂乱无章的感觉。例如，柯布西耶的朗香教堂，在外立面上不规则排列的方形窗口使得大片实墙富于变化，又突出教堂的神秘感，而正好处于塔与大面墙之间的门，在光影之下显得十分幽深，依靠点的韵律，使建筑本身略显单调的外表活泼起来。另外，许多人主张在生活中人们经常接触的部位宜采用亲切的尺度，使人感觉到愉悦、亲切和舒适。

### （五）光与色在建筑造型中的运用

光与色是不可分割的整体。柯布西耶说的：“建筑是阳光下各种形体的展示”，也包括了色彩。在造型中，色彩可单独作为一种元素来用，也可同材质等结合起来应用。在光的照射下色彩常展现出难以言喻的意境，为造型增色，而且在空间处理方面也起了很大作用。在设计中，色彩是一种花费少而收效大的处理方式。

色彩的运用不是随心所欲的，要视具体情况而定，色彩可以点、面或体的形式出现，形式不同，产生的效果也不同。贝聿铭是和谐、质朴、怡然、超逸意境的营造者，他设计的北京香山饭店，依靠黑白色调的提炼，使自然环境中的苍松、翠竹、山石、清泉与装修中的竹帘、木椽、水墨画等融为一体，尤其是置于后花园休息厅两侧的赵无极的黑白水墨抽象画与建筑物的完美结合，达到了“此画只应此境有”的境界。

### （六）材质在建筑造型中的运用

在风景园林建筑造型中，运用的材质不同，给人的感受效果也不一样。通过材质的运用，可单独构成协调或对比的效果。粗糙材质，如毛石给人以天然文化的意味，精美的花岗岩给人以坚固华贵的感觉，铝塑板则给人以现代感十足的简洁气息，透明玻璃则给人以通透轻盈之感。对一幢建筑物的不同部分进行材质转换时，可以结合该建筑的体块关系、立面构成等因素进行组合与安排。不同类型的材质组合在一起，常会获得出人预料的效果。有时，设计师所用的材质很少，有时只有一至两种，却能以少胜多，形成独特的意蕴。

### （七）建筑造型与细部设计

风景园林建筑要注重细部，不能粗制滥造。建筑细部涉及节点、小型构件、构造做法、工艺等各方面，如饰面的贴砌与划分方式、窗的分格等都是细部设计，框架若没有精致的细部点缀，则无血无肉、呆板无趣。把细部设计同尺度联系起来，可以看出细部是体现亲切尺度的着手点。进行细部设计时，一定要注意细部与细部之间、细部与整体之间的协调和统一。

## 三、风景园林建筑造型设计的一般规律与手法

### （一）风景园林建筑造型设计的一般规律

建筑构图规律是历代建筑师在长期的实践中通过自身的认识和经验总结出来的精华，这些规律来源于实践又用之于实际设计中，因此对于设计者掌握、研究并充实、完善这些规律是很重要的。

1.统一与变化

统一与变化（统一中求变化）是形式美的根本规律。形式美的其他方面（如韵律、节奏、主从、对比、比例、尺度等）实际上是统一与变化在各方面的体现。

统一与变化缺一不可。建筑如果有统一而无变化就会产生呆板、单调、不丰富的感觉；反过来有变化而无统一，又会使建筑显得杂乱、烦琐、无秩序。两者皆无美感可言。要创造美的建筑，就要学习掌握恰当地运用统一与变化这个美的最基本的法则。

2.主从与重点

在建筑设计实践中，从平面组合到立面处理，从内部空间到外部体型，从细部装饰到群体组合，为了达到统一，都应当处理好主与从、重点与一般的关系。一栋建筑如果没有重点或中心，不仅使人感到平淡无奇，还会由于松散以致失去有机统一性。

设计者可采取的手法有很多。对于由若干要素组合而成的整体，如果把作为主体的大

体量要素置于中央突出地位，而把其他次要要素从属于主体地位，这样就可以使之成为有机统一的整体。同时，充分利用功能特点，有意识地突出其中的某个部分，并以此为重点或中心，而使其他部分明显地处于从属地位，同样可以达到主从分明、完整统一的效果。

3.均衡与稳定

均衡与稳定是人们在长期实践中形成的观念，从而被人们当作一种建筑美学的原则来遵循。所谓均衡是指建筑物各体量在建筑构图中的左右、前后相对轻重关系；稳定是指建筑物在建筑构图上的上下轻重关系。均衡可以分为两大类：一类是对称形式的均衡；另一类是不对称形式的均衡。前者较严谨，能给人以庄严的感觉；后者较灵活，可以给人以轻巧和活泼的感觉。究竟采取哪一种形式的均衡，则要综合地看建筑物的功能要求、性质特征以及地形、环境等条件。

物体的上小下大能形成稳定感的概念早为人们所接受。但随着现代新结构、新材料、新技术的发展，丰富了人的审美观，传统的稳定观念逐渐改变，底层架空甚至上大下小的某些悬臂结构为人们所接受、喜爱。

4.对比与微差

对比指的是要素之间显著的差异。在建筑设计上存在许多对比要素，如体量大小、高低，线条曲直、粗细、水平与垂直、虚与实，以及材料质感、色彩等。微差指的是不显著的差异，它反映出一种性质向另一种性质转变的连续性，如由重逐渐转变为次重和较轻。就形式美而言，这两者都是不可少的。对比可以借彼此之间的烘托陪衬来突出各自的特点以求得变化；微差则可以借相互之间的共同性求得和谐。没有对比会使人感到单调，过分地强调对比以至失去了相互之间的协调一致性，则可能造成混乱。只有把这两者巧妙地结合在一起，才能达到既变化多样又和谐统一的效果。

5.韵律与节奏

韵律与节奏是建筑构图重要的手段之一。韵律美和节奏感在建筑中的体现极为广泛，有人把建筑比作“凝固的音乐”，原因就在于此。

韵律是最简单的重复形式，它是在均匀交替一个或一些因素的基础上形成，在建筑的外貌上表现为窗、窗间墙、门洞等按韵律地布置。

节奏是较复杂的重复。它不仅是简单的韵律重复，还常常伴有一些因素的交替。节奏中包括某些属性的有规律的变化，即它们数量、形式、大小等的增加或减少。有明显构图中心的建筑物，常常有节奏的布置。

6.比例与尺度

比例是建筑艺术中用于协调建筑物尺寸的基本手段之一，是指局部本身和整体之间的关系。任何建筑，都存在长、宽、高三个方向之间的大小关系，比例所研究的正是这三者之间的理想关系。良好的比例可以给人舒适、和谐、完美的感受。

尺度所研究的是建筑物的整体或局部给人感觉上的大小印象和其真实大小之间的关系问题。在设计中，利用一些尺寸保持恒定不变的构件，如栏杆、扶手、踏步等和建筑物的整体或局部做比较，将有助于获得正确的尺度感，也是以人的正常高度与建筑物高度比较所获得的不同尺度感。尺度正确和比例协调，是使立面完整统一的重要方面。

## （二）建筑体型和立面设计手法

1.建筑体型组合方法

体型组合是立面设计的先决条件。建筑体型各部分体量组合是否恰当，直接影响到建筑造型。如果建筑体型组合比例不好，即使对立面进行装修加工也是徒劳的。

（1）体型组合方式

①单一体型。单一体型是指整个建筑基本上是一个较完整的简单几何体型，它造型统一、完整，没有明显的主次关系，在大、中、小型建筑中都有采用。

②组合体型。由于建筑功能、规模和地段条件等因素的影响，很多建筑物不是由单一的体量组成，往往是由若干个不同体量组成较复杂的组合体型，并且在外形上有大小不同、前后凹凸、高低错落等变化。组合体型一般又分为两类：一类是对称式，另一类是非对称式。对称式体型组合主从关系明确，体型比较完整统一，给人庄严、端正、均衡、严谨的感觉；非对称体型组合布局灵活，能充分满足功能要求并和周围环境有机地结合在一起，给人以活泼、轻巧、舒展的感觉。

（2）体量的联系与交接

体型组合中各体量之间的交接直接影响到建筑的外部形象，在设计中常采用直接连接、咬接及以走廊为连接体相连的交接方式。无论哪一种形式的体型组合都首先要遵循构图法则，做到主从分明、比例恰当、交接明确、布局均衡、整体稳定、群体组合、协调统一。此外，体型组合还应适应基地地形、环境和建筑规划的群体布置，使建筑与周围环境紧密地结合在一起。

2.建筑立面设计手法

建筑立面是由门、窗、墙、柱、阳台、雨篷、檐口、勒脚及线角等构件组成，根据建筑功能要求，运用建筑构图法则，恰当地确定这些部件比例、尺度、位置、使用材料与色彩，设计出完美的建筑立面，是立面设计的任务。立面处理有以下几种方法。

（1）立面的比例与尺度

建筑物的整体以及立面的每个构成要素都应根据建筑的功能、材料结构的性能及构图法则而赋予合适的尺度。比例协调、尺度正确，是使立面完整统一的重要因素。建筑物各部分的比例关系以及细部的尺度对整体效果影响很大，如果处理不好，即使整体比例很好，也无济于事。这就要求设计者借助于比例尺度的构图手法、前人的经验以及早已在人们心目中留下的某种确定的尺度概念，恰当地加以运用，从而获得完美的建筑形象。

（2）立面的虚实与凹凸

虚与实、凹与凸是设计者在进行立面设计中常采用的一种对比手法。在建筑立面构成要素中，窗、空廊、凹进部分以及实体中的透空部分，常给人以轻巧、通透感，故称之为“虚”，而墙、垛、柱、栏板等给人以厚重、封闭的感觉，称之为“实”，由于这些部件通常是结构支撑所不可缺少的构件，因而从视觉上讲也是力的象征。在立面设计中虚与实是缺一不可的，没有实的部分整个建筑就会显得脆弱无力；没有虚的部分则会使人感到呆板、笨重、沉闷。只有结合功能、结构及材料要求恰当地安排利用这些虚实凹凸的构件，使它们具有一定的联系性和规律性，才能取得生动的轻重明暗的对比和光影变化的效果。

（3）立面的线条处理

建筑立面上客观存在各种各样的线条，如檐口、窗台、勒脚、窗、柱、窗间墙等，这些线条的不同组织可以获得不同的感受。例如，横向线条使人感到舒展、平静、亲切；而竖线条则给人挺拔、向上感；曲线有优雅、流动、飘逸感。具体采用哪一种应视建筑的体型、性质及所处的环境而定，墙面线条的划分应既要反映建筑的性质，又应使各部分比例处理得当。

（4）立面的色彩与质感

色彩与质感是材料的固有特性，它直接受到建筑材料的影响和限制。一般来说不同的色彩给人的感受是不同的，如暖色使人感到热烈、兴奋、扩张，冷色使人感到宁静、收缩，浅色给人以明快感，深色又使人感到沉稳。运用不同的色彩还可以表现出不同的建筑性质、地方特点及民族风格。

立面色彩处理时应注意以下问题：第一，色彩处理要注意统一与变化，并掌握好尺度；在立面处理中，通常以一种颜色为主色调，以取得和谐、统一的效果；同时局部运用其他色调以达到统一中求变化、画龙点睛的目的。第二，色彩运用要符合建筑性质，如医院建筑宜用给人安定、洁净感的白色或浅色调；商业建筑则常采用暖色调，以增加其热烈气氛。第三，色彩运用要与环境有机结合，既要与周围建筑、环境气氛相协调，又要适应各地的气候条件与文化背景。

材料的质感处理包括两方面：一是可以利用材料本身的固有特性来获得装饰效果，如未经磨光的天然石材可获得粗糙的质感，玻璃、金属则可获得光亮与精致的质感；二是通过人工的方法创造某种特殊质感。在立面设计中，历代建筑大师常通过材料质感来加强和丰富建筑的表现力从而创造出光彩夺目的建筑形象，镜面玻璃建筑充分说明了材料质感在建筑创造中的重要性。随着建材业的不断发展，利用材料质感来增强建筑表现力的前景是十分广阔的。

（5）重点与细部处理

立面设计中的重点处理，目的在于突出反映建筑物的功能使用性质和立面造型上的主要部分，它具有画龙点睛的作用，有助于突出表现建筑物的性质。

建筑立面需要重点处理的部位有建筑物出入口、楼梯、转角、檐口等，重点部位不可过多，否则就达不到突出重点的效果。重点处理常采用对比手法，如采用高低、大小、横竖、虚实、凹凸等对比处理，以取得突出中心的效果。立面的细部主要指的是窗台、勒脚、阳台、檐口、栏杆、雨篷等线脚，以及门廊和必要的花饰，对这些部位做必要的加工处理和装饰是使立面达到简而不陋、从简洁中求丰富的良好途径。细部处理时应注意比例协调、尺度宜人，在整体形式要求的前提下，统一中有变化、多样中求统一。

# 第三章　风景园林植物设计理论

## 第一节　风景园林植物设计原则

### 一、园林植物种植设计的形式美法则

形式美法则是人类在创造美的形式、美的过程中对美的形式规律的经验总结和抽象概括。研究、探索形式美的法则，能够培养人们对形式美的敏感，指导人们更好地去创造美的事物。掌握形式美的法则，能够使人们更自觉地运用形式美的法则来表现美的内容，达到美的形式与美的内容高度统一。

完美的植物景观设计必须具备科学性和艺术性两方面的高度统一，既满足植物与环境在生态适应性上的统一，又要通过艺术构图原理，体现出植物个体及群体的形式美和意境美。作为一个整体，园林植物是园林中不可分割的有机组成部分，而作为一个相对独立的研究对象，园林植物景观之美则与园林美一样是多形态、多层次和多成分的。美是悦人的、具体可感的，它既有内容又有形式，是内容和形式的统一。若没有美的内容，自然不称其为美，而若缺少美的形式，也就失去了美的具体存在。当事物美的形式与内容不直接相干，为非本质的外在形式时，事物的这种相对独立的审美特性就是通常说的广义的形式美。对于园林景观，包括植物景观而言，形式美都具有非常重要的意义。

#### （一）形式美的表现形式

1.色彩

（1）色彩的基础

认识赏心悦目的景物，往往是因为色彩美先引人注目，其次是形体美、香味美和听觉美。园林中的色彩以绿色为基调，配以其他色彩，如美丽的花、果及变色叶，而构成了缤纷的色彩景观。园林植物多为彩色，如红花绿叶等，白、灰、黑色景观则较少，主要是一些白色干皮植物、白色花及黑色果实等。

（2）色彩类型

色彩的类型多种多样。对颜料来说，基本的颜色只有三种，即红色、黄色和蓝色。由于以上三者的不同搭配可以调配衍变出其他各种色彩，如橙红、橙黄、黄绿、蓝绿、蓝紫、紫红等，而其他色彩无法反过来调配出它们，所以色彩学上把它们并称为三原色。实际使用中的色彩除三原色外，大量的是间色和复色。间色不具有原色的唯一性，它是一系列近似色的总称。复色是间色混合的结果，又称为三次色，相对于原色和间色来说要灰暗一些。

植物的色彩类型也非常丰富，几乎可以涵盖整个色彩系统。它既可在叶色上加以体现，也可在花、茎、果色上反映出来。如就叶色而言，有深绿色的罗汉松、圆柏；中绿色的海桐、雪松；浅绿色的雀舌黄杨、香樟；黄色的无患子、金叶女贞；红色的红枫、石楠；白色的菲白竹、花叶假连翘和蓝色的翠蓝柏、翠云草等。但植物是一种有生命的材料，有些色彩只有在一定的季节才会呈现；有些色彩虽存在，但因生态习性等原因无法在某些地区中应用；自然界中，绿色系的植物最多，蓝紫色的植物很少，黑色植物几乎没有。所以，园林种植上的色彩设计要根据植物色彩的特点扬长避短地灵活运用。

（3）色彩要素

色相、明度、彩度（饱和度）被称为色彩三要素。其中，色相，即指各种色彩的外表相貌，是区分色彩的名称，如红色、橙色、黄色、绿色等。明度是指色彩明暗的特质，光照射到物体时会形成阴影，由于光的明暗程度会引起颜色的变化，而明暗的程度即“明度”。白色在所有色彩中明度最高，黑色明度最低，由白到黑，明度由高到低依次排列，构成明暗色阶。明度一般有两重含义：一是不同色相间有明暗差异，如黄花比红花亮、红花又比紫花亮等；二是同一色相在不同受光条件下明暗也是不同的，如同一种植物在裸地和在林下往往有不同的亮度。彩度又称为饱和度，为某种色彩本身的浓淡或深浅程度。艳丽的色彩色系的饱和度高，明度也高。如同为绿色系的罗汉松和雀舌黄杨，其彩度并不一样，前者的彩度更为饱和；而黑、白、灰色无彩度，只有明度。

巧妙地运用艺术语言对色彩要素进行安排就有可能形成高质量的植物色彩景观。成都蒲江石象湖的松林下布置有不同颜色品种的郁金香花田景观，其鲜艳的色彩与松树的墨绿相得益彰，一片片或远或近的花坛，姹紫嫣红，让人惊艳；上海延中绿地的水杉林既高又密，为了打破色彩的沉闷感，林下零星地种植了花色明亮的黄金菊，寂静的森林顿时活跃了起来。

（4）色彩的效应

色彩是对景观欣赏最直接、最敏感的接触。不同的色彩在不同国家和地区具有不同的象征意义，而欣赏者对色彩也极具偏好性，即色彩同形态一样也具有“感情”。不同的植物以及植物的各个部分都显现出多样的光色效果。绝妙的色彩搭配可以使平凡而单调的景观得到升华，“万绿丛中一点红”就将少量红色凸显出来，而“层林尽染”则突出“群色”的壮丽景象。

①不同色彩的“情感”效应。红色与火同色，充满刺激，意味着热情、奔放、喜悦和活力，有时也象征恐怖和动乱。因此极具注目性、诱视性和美感。但是过多的红色，刺激性过强，令人倦怠，心理烦躁，故应用时应该慎重。橙色为红和黄的合成色，兼有火热、光明之特性，象征古老、温暖和欢欣，具有明亮、华丽、健康、温暖、芳香的感觉。黄色明度高，给人以光明、辉煌、灿烂、柔和、纯净的感觉，象征希望、快乐和智慧。同时具有崇高、神秘、华贵、威严等感觉。绿色是植物及自然界中最普遍的色彩，是生命的颜色，象征青春、希望、和平，给人以宁静、休息和安宁的感觉。绿色又分为嫩绿、浅绿、鲜绿、浓绿、黄绿、赤绿、褐绿、蓝绿、墨绿、灰绿等。不同的绿色合理搭配，具有很强的层次感。蓝色为典型的冷色和沉静色，给人以寂寞、空旷的感觉。在景观中，蓝色系植物用于安静处或老年人活动区。紫色是高贵、庄重、优雅之色，明亮的紫色让人感到美好和兴奋。高明度紫色象征光明，其优雅的美适宜营造舒适的空间环境。低明度紫色与阴影和夜空相联系，富有神秘感。白色象征着纯洁和纯粹，感应于神圣与和平，白色明度最高，给人以明亮、干净、清楚、坦率、朴素、纯洁、爽朗的感觉，也易给人单调、凄凉和虚无的感觉。色彩感情的原理已在现代园林种植上得到了广泛应用。如根据色彩有冷暖感的特点，冬春季节花坛宜布置暖色为主的花卉，夏季则最好有冷色调的植物景观，在陵园等肃穆的环境里，一般不宜布置桃花等妖娆的粉色花灌木，而宜配植枫、广玉兰、雪松、圆柏等有较沉静颜色的植物；在我国许多地方，婚庆场所不宜布置大片的白花，而宜用大红、金黄色的花卉作装饰。

②色彩的观赏效应。色彩本来只是一种物理现象，但它刺激人的视觉神经，会使人在心理上产生色彩的温度感、胀缩感、重量感和兴奋感等反应。人们长期生活在色彩世界中，积累着许多视觉经验，一旦知觉经验与外来色彩刺激发生一定呼应时就会在心理上产生某种情感。

A.色彩的温度感。红、橙、黄等暖色系给人以温暖、热闹感；蓝、蓝绿、蓝紫、白色等冷色系给人以冰凉、清静感。根据景观绿地功能要求和环境条件选择冷暖不同的色彩才能达到理想的色彩效果。

B.色彩的重量感。色彩的轻重主要与色彩的明度与纯度有关。色彩明度高感觉轻，色彩明度低感觉沉重，同一色相纯度高显轻，纯度低显重。以色相分轻重的次序排列为白、黄、橙、红、灰、绿、黑、紫、蓝。幽深浓密的风景林，使人产生神秘和胆怯感，不敢深入。例如，配植一株或一丛秋色或春色为黄色的乔木或灌木，如桦木、无患子、银杏、黄刺玫、棣棠或金丝桃等，将其植于林中空地或林缘，即可使林中顿时明亮起来，而且在空间感中能起到小中见大的作用。

C.色彩的兴奋与沉静感。暖色给人以兴奋感，而冷色给人以宁静感。因此在节日期间，文娱活动场地、公园入口或重点地段，布置暖色调植物景观以表达热闹活跃的气氛。冷色通常用于安静环境的创造，如在林中、林缘、草坪或休闲广场，应用冷色花卉，结合设置溪流、水池，给人恬静舒适之感。

D.色彩的距离感。一般暖色、纯色、高明度色、强烈对比色、大面积色、集中色等有接近感觉。相反，冷色、浊色、低明度色、弱对比色、小面积色、分散色等有远离之感。在小庭院空间中用冷色系植物或纯度小、体量小、质感细腻的植物，以削弱空间的挤塞感。林间、崎岖小路的闭合空间，用小色块、淡色调、类似色处理的花境来表现幽深、宁静的山林野趣。

E.色彩的华丽、质朴感。在一般情况下，明度高、纯度高、强对比的色彩感觉华丽、辉煌，如黑色、金色、红色、紫色；明度低、纯度低、弱对比的色彩感觉质朴、古雅，如灰色、纯白色；同时有光感的感觉华丽，无光亮感的则质朴。但无论何种色彩，如果带上光泽，都能获得华丽的效果。在景观中，如上海浦东开发区的陆家嘴绿地中心，整个色调以大片的草地为主，中央碧绿的水面，草地上点缀着造型各异的深绿、浅绿色植物，结合一些白色的景观设施，显得非常质朴和高雅，与周围喧闹的环境形成鲜明对比，给人以休闲感和美的享受。而景观中经常会出现在深浅不同的绿色植物掩映下的白色雕塑突出于人的视野，这种突出给人一种清新、质朴的感觉。若要表达富丽堂皇、端庄华贵的气氛，建筑物可选择高彩度的朱漆彩画，形成景观色彩最华丽的地方，以与山石、林木取得良好的对比效果。

（5）园林种植设计中色彩的运用

由于植物色彩的丰富多变，创造出不同意境空间组合的景观。因色彩搭配与使用的不同及产生的情感不同，能够突出或模糊一个空间所呈现的气氛、立体感、大小比例等。

①色彩植物做主景。山地造景，为突出山势，以常绿的松柏为主景，银杏、枫香、黄连木、槭树类等色叶树衬托，并在两旁配以花灌木，达到层林叠翠，花好叶美的效果；水边造景，用淡色调花系植物做主景，结合枝形下垂、轻柔的植物，体现水景之清柔、静幽。广场上、道路旁的花坛、花境中片植四季花卉，山地上林植枫香、乌桕，色彩突出，引人注目。也可在公园出入口、园路转折处、道路尽头、登山道口等处设置色彩亮丽的植物，标志性强，以吸引视线，引导人流。

②色彩植物做背景。景观中以色彩植物做背景陪衬，可突出主景或中景，协调环境，增加景观构图层次，使整个景观主景突出、鲜明，轮廓清晰，并将植物的自然美与建筑、山石的人工美有机结合成一个整体。通常用绿色灌木、绿色藤本爬墙植物或枝繁叶茂的常绿树群做背景，衬托主景。绿色背景的前景可以是白色雕塑小品、明亮鲜艳的花坛、花境或乔灌木。例如，在白色的教室周围配以紫叶桃、红叶李，在色彩上红白相映，也很

好地突出了“桃李满天下”的主题。

③以色彩表达意境。意境美是中国园林的精髓，自古至今我国园林都以植物造景寓意来表达意境，寄情于景，触景生情。以植物色彩创造意境的也不少，如在南京雨花台烈士陵园中的松柏常青，象征革命先烈精神永驻；春花洁白的白玉兰，象征着烈士们的纯洁品德和高尚情操；枫叶如丹、茶花似血启示后人珍惜用烈士鲜血换来的幸福。西湖景区岳王庙“精忠报国”影壁下的鲜红浓艳的杜鹃，借杜鹃啼血之意表达后人的敬仰与哀思。

④以色块、色带等形式营造图案造型景观。在景观中，适当地运用色块、色带等形式，营造平面图案或立体造型植物景观，可以强调色彩构图之美，表现色彩的明快感及城市的快节奏感。在城市街头、分车带及立交广场上，常用金叶女贞、紫叶小檗、黄金榕、金叶桧、紫叶李、扶桑等常色叶植物及一些常绿花灌木，配成大小不等、曲直不一的色带或色块，突出色彩构图之美。近几年湖南绿地中运用灌木做大色块布置就用了龙柏（深绿）、龟甲冬青（墨绿色）、金叶女贞（黄绿色）、大叶黄杨（绿色）、洒金千头柏（金黄色），用各种绿色配置出各种生动的图案，而不同的季节，颜色也会有深浅的变化。

为表现色彩构图之美，设计者应考虑以下几方面。

A.色块的面积。色块的面积可以直接影响绿地中的对比与调和，对绿地景观的情趣具有决定性作用。一般地，配色与色块体量的关系为色块大，色度低；色块小，色度高；明色、弱色色块大，暗色、强色色块小。如大面积的森林公园中，强调不同树种的群体配植，以及水池、水面的大小，建筑物表面色彩的鲜艳与面积及冷暖色比例等，都是以色块的大小来体现造景原则的方法。

B.色块的浓淡。一般大面积色块宜用淡色，小面积色块宜用深色。但要注意面积的相对大小还与视距有关。对比的色块宜近观，有加重景色的效应，但远眺则效应减弱；暖色系的色彩，因其色度、明度较高所以明视性强，其周围若配以冷色系色彩植物则需强调大面积，以寻得视觉平衡。如园林造景中，经常采用草坪点缀花草，景致宜人，因为草坪属于大面积的淡色色块，而花草多色彩艳丽。

⑤色彩配色原则。园林景观植物是园林色彩构图的骨干，也是最活跃的因素，如果运用得当能达到惟妙惟肖的境界。许多名胜古迹的园林，因为有植物色相的变化而构成可贵的天然画面。

A.色相调和——单一色相调和。在同一颜色之中浓淡明暗相互配合。同一色相的色彩，尽管明度或色度差异较大，但容易取得协调与统一的效果。而且同色相相互调和，意向缓和、和谐、有醉人的气氛与情调，但也会产生迷惘而精力不足的感觉。因此，在只有一个色相时必须改变明度和色度组合，并加之以植物的形状、排列、光泽、质感等变化，以免单调乏味。例如，在花坛内用配以不同颜色鲜花时，如果按照深红、明红、浅红、淡红顺序排列，会呈现美丽的色彩图案，易产生渐变的稳健感。如果调和不当，则显得杂乱无章，黯然失色。在园林植物景观中，并非任何时候都有花开或彩叶，绝大多数时间都是绿色。而绿色的明暗与深浅的“单色调和”加上蓝天白云，同样会显得空旷优美。如草坪、树林、针叶树以及阔叶树、地被植物的深深浅浅，给人们不同的、富有变化的色彩感受。

近色相调和。近色相的配色，仍然具有相当强的调和关系，然而它们又有比较大的差异，即使在同一色调上也能够分辨其差别，易于取得调和色；相邻色相，统一中有变化，过渡不会显得生硬，易得到和谐、温和的气势，并加强变化的趣味性；加之以明度、色度的差别运用，更可营造出各种各样的调和状态，配成既有统一又有起伏的优美配色景观。近色相的色彩，依一定顺序渐次排列，用于园林景观的设计中，常能给人以混合气氛之美感。如红、蓝相混以得紫，红紫相混则为近色搭配。同理，红、紫或黄、绿亦然；欲打破近色相调和之温和平淡，又要保持其统一和融合，可改变明度或色度；强色配弱色，或高明度配低明度，加强对比度效果也不错。

中差色相调和。红与黄、绿和蓝之间的关系为中差色相，一般认为其间具有不调和性，植物景观设计时，最好改变色相，或调节明度，因为明度要有对比关系，可以掩盖色相的不可调和性。中差色相接近于对比色，二者均以鲜明而诱人，故必须至少要降低一方的色度方能得到较好的效果。而如果恰好是相对的补色，则效果会太强烈，难以调和。如蓝天、绿地、喷泉即是绿与蓝两种中差色相的配合，但其间的明度差较大，故而色块配置自然变化，给人以清爽、融合的美感；绿色背景中的建筑物及小品等设施，以绿色植物为背景，避免使用中差色相蓝色。

对比色相调和。对比色因其配色给人以现代、活泼、洒脱、明视性高的效果。在园林景观中运用对比色相的植物花色搭配，能产生对比的艺术效果。在进行对比配色时，要注意明度差与面积大小的比例关系。例如，红绿、红蓝是常用的对比配色，但因其明度都较低，而色度都较高，所以色彩相互影响。对比色相会因为其二者的鲜明印象而互相提高色度，所以至少要降低一方的色度方能达到良好的效果。如果主色恰巧是相对的补色，效果太强烈就会较难调和。

如花坛及花境的配色，为引起游客的注意，提高其注目性，可以把同一花期的花卉以对比色安排。对比色可以增加颜色的强度，使整个花群的气氛活泼向上。花卉不仅种类繁多，同一种也会有许多不同色彩和高度的品种和变种，其中有些色彩冷暖俱全，如三色堇、矮牵牛、四季秋海棠、杜鹃、非洲凤仙花、大丽花等，如果种在同一花坛或花园内会显得混乱。所以应按冷暖之别分开，或按高矮分块种植，可以充分发挥品种的特性，避免造成混乱的感觉。在进行色彩搭配时，要先取某种色彩的主体色，其他色彩则为副色以衬托主色，切忌喧宾夺主。

B.植物色彩规划的原则——主题基调的原则。对于每个栽植空间中的色彩，都需要确定一个主题或者一种色彩基调，如以绿色为基调或以暖色为主题；预先设计主题或基调，可以帮助设计者有序地进行深入设计和创作。例如，暖色的红枫、红叶石楠、黄栌等搭配显得热烈喜庆，冷色的白桦、白皮松、龙柏等组合则清新宜人。

季相规律原则。植物色彩规划最突出的特点就是每一种植物都是有机生命体，它们的形态和颜色随着季节的交替而不断改变，因此规划时要遵循植物季相变化的原则，进行科学搭配。例如，杭州西湖的四季景观，春有柳浪闻莺，夏有曲院风荷，秋有平湖秋月，冬有断桥残雪。

环境色协调原则。在园林中，植物的色彩要和建筑、雕塑等环境的色彩相互协调。如将红色和黄色系列的彩叶树种紫叶李、枫香、南天竹等丛植于浅色系的建筑物前，或以深绿色的针叶树为背景，将花叶系类、金叶系列的植物种类与绿色树丛丛植，均能起到锦上添花的效果。南京玄武湖的翠洲以几株大雪松为背景，在草坪上散植卫矛，秋日卫矛的红叶格外引人注目。苏州园林中的白粉墙常常起到墙纸的作用，通过配置观赏植物，用其自然的姿态与色彩作画，效果奇佳，常用的植物有红枫、芭蕉、南天竹等。

地域性原则。首先，色彩规划一定要符合规划树种的生物学特性。例如，美国红栌要求全光照才能体现其色彩美，一旦处于光照不足的半阴或全阴条件下，则将恢复绿色，失去彩叶效果。紫叶小檗等要求全光照才能体现其色彩美，一旦处于半阴或全阴的环境中，叶片就会恢复绿色，失去彩叶效果；花叶玉簪则要求半阴的条件，一旦光线直射就会引发生长不良，甚至死亡。其次，规划场所也不容忽视。如医院的植物色彩需要给病人制造出安静平和的环境空间，儿童游乐场所却又需要为儿童营造出欢快娱乐的气氛。有些植物色彩在某些特定的地域或场合需要使用，而另外一些场合却禁止使用。设计时需要将这些要素考虑周全，以避免产生不适感。

2.构图形式

（1）点

①点的概念。“点”是一种最简洁的形态，在园林艺术中，点的因素通常是以景点的形式存在。

②点的视觉功能。点除了表示景观元素位置之外，还可以体现其形状和大小。点可以独立地构成景观形象，点之间的聚散、量比和不同形状点所形成的视觉冲击，以及两点之间的视线转换都会在视域里组成连续的视觉形象。

③点的一般形态。点作为景观平面形态的最小单位，不仅具有位置还有具体的形状，包括圆形、三角形、方形、多边形等，不仅有大有小、平面与立体的差异，还有色彩和质地的区别。园林种植设计中的点，在常规尺度下，将黄杨、海桐、红叶石楠、红枫等单株（丛）矮灌木或乔木、小型花坛等植物或种植体可以看成“点”状元素。无论是孤植、丛植、群植还是片植都可以当作点来对待。

④点在园林种植物设计中的应用。任何形式的园林种植形式在特定的空间中都可理解为点，点的优点在于集中，易引起人的注意而成为视觉中心。视觉研究表明，“点”在景观中常成为视觉中心，当场景中同时有两个点时，人的视线会把它们自然地连接起来，两个点不一样大时，大的点首先被人注意，但最终会将视线落在小点上，越小的点凝聚力就越强；同样大小的点由于颜色、明度及环境的不同会产生不一样的视觉效果。点的合理应用是园林设计师创造力的延伸，其手法有自由、排列、旋转、放射等。点是一种轻松、随意的装饰美，是园林种植设计中的一个重要组成部分。

（2）线

①线的概念。几何学中的线是由众多的点沿相同的方向，紧密排列而形成的，即点的运动轨迹。线的特点是具有方向和长度，而不具备宽度和厚度。从感知事物的角度来讲，仅仅从某一点或某一瞬间的观察不可能理解对象的全体，对实体的感知恰是通过运动形成的印象流来完成的，因此，对于园林种植设计而言，线有极其重要的意义。

②线的视觉功能。线在外形上具有长短、粗细、轻重、强弱、转折、顿挫等变化。能够给人以能量、速度、连续、流畅、弹力等感受体验。园林种植设计中具有线状性质的植物景观要素称为线性要素，不同形状的线性要素具有不同的个性，如曲线有阴柔之美，显得丰满、柔软和雅致；垂线有上升、严肃、端正之感；水平线有稳定、静止之感；斜线有动势、不安定感；折线介于动静之间，有阳刚之气，显得直率、利落和肯定，但有时候又显得倔强；粗线有强壮、坚实之感；细线有纤弱之感等。

③线的形态。根据线的运动张力和方向，可以将线分为直线与曲线，而折线、交叉线、抛物线、几何曲线、自由曲线等都是由直线和曲线派生出来的。植物景观中的线不仅有位置、长度、粗细的不同，还有远近、方向、色彩、材质的变化。

④线在园林种植设计中的应用。线是由无数点按线性排列的结果。线比点更具明确的方向感，没有线就谈不上景观造型与构图。在点、线、面造型三元素中，“线”最具方向和力的蕴涵，从线性结构中发生的形式，会使设计平面产生较强的动感。在园林种植设计中线的合理利用，可以让景观更具活力。在园林种植设计中，线状元素相对于“点”来说，水平方向的绿篱、带状草地或花坛、林缘线和林冠线以及垂直方向瘦高的乔木或灌木等可以看成“线”状元素。线的不同组合可以构成许多别致的景观，它们可以单独存在，也可以被组合成更为丰富的景观。

（3）面

①面的概念。面是线移动的轨迹，具有两度空间，有明显、完整的轮廓。通常的视觉上，任何点的扩大和聚集，线的宽度增加或围合都形成了面。在园林设计中，面是指由各种形式的线围合而形成的空间，如草坪、广场、森林等。与点相似，面同样是一个相对的存在，判断一个空间是否为面，取决于与之相比的对象，但是面不能是一个独立的个体，

通常具有一定的面积。

②面的视觉功能。面的形态体现了整体、厚重、充实、稳定的视觉效果。任何面积较大的形体都会在视觉上给人以面的感觉，首尾相接的线条形成的视觉空间也有面的感觉。与其他的视觉因素不同，面具有一定的封闭性，面通常没有固定的方向，主要表现形式有规则面和不规则面两种。规则的面具有秩序感，通常给人一种均衡、稳定的视觉效果；不规则的面富有变化，给人一种动态、活泼的视觉感受。面给人的最重要的感觉是由于面积而形成的视觉上的充实感，在现代园林景观设计中被广泛应用。

③面的基本形态。面的形态分为好多种，有几何形的面、自由形的面、偶然形的面等。几何形的面最容易复制，它是有规律的鲜明的形态，在规整式园林设计中应用较多。自由形的面形态优美，富有想象力，它是自然描绘出的形态，在自然式园林中运用较多，由于其具有洒脱性和随意性，深受人们的喜爱。另外，根据面充实与否，还可将面分为两种类型：一种是内部充实的实面；另一种则是内部空虚的虚面。在园林景观中，公园的地面或草坪可以理解为实面，而跌水或水池可以理解为虚面。面通常体现在平面之中，在三维空间中面也同样存在。面可以是水平的也可以是垂直或倾斜的。不同的面可以进行相离、相遇、相融、相切的方法处理，利用面的近似进行重合、组合，或者对面进行色彩改变都能使面发生变化。

④面在园林种植设计中的应用。园林设计中的面，是为了便于我们理解和分析景观格局，从美学角度抽象出来的元素，它没有厚度，只有长度和宽度。绿墙的立面、大面积花坛、草坪和灌木色块可以看成“面”状元素。“面”经常被作为空间的限定因素，对景观空间的形成作用重大。面有规则和不规则之分，圆形、正方形是最基本的规则面，以此为基础的加减、叠合可以衍生出无数变化的面；自由面变化多端，难以归纳，但自然界许多有机的形状，如树叶、云朵等，常给设计师以启示。规则面显得简洁、明了和富有秩序；自由面则柔和、轻松和生机勃勃。面给人以平实感，有驻足停留的余地；面也可以构成许多富有意味的景观。

（4）体

①体的概念。体是几何图形在三维空间中的运动，由不同的面与不同方向边缘相连所形成，并随空间而变化，是形状在空间中的延伸。随着面和线的使用逐渐增多，体也成为景观造型、公共建筑经常用到的元素。从局部或小尺度的空间来看，一切植物或园林种植体都有一定的体积，都可以看成“体”状元素，点、线、面只是它的一个组成元素而已。但从更大尺度的整体来看，一些植物或园林种植体又分明具有点、线、面的特征，只有那些体积感强烈的乔灌木、树丛、树群、风景林才有“体”的感觉。

②体的视觉功能。体在景观设计中能与平面上的图像相呼应，使人在视觉上感到舒适。公共景观空间中经常看到的体表现为假山、雕塑、建筑、造型植物等。在光线的明暗

变化影响下，人对形体的观察能够产生丰富的层次变化。因此，许多大型的景观设计作品中都采用了几何形态与有机形态融合使用的方式，几何形态简洁的线条能够向人们传达现代主义的信息，体现出城市景观的现代感。另外，几何形体和自然形体的结合在景观设计中会产生较好的视觉效果，形体具有的简洁形态和完美外形能为现代景观设计增添审美趣味。例如，位于美国华盛顿的越战纪念碑就是由自然形体与几何形体融合设计的，自然形态与规则的形体融合在一起，主要体现在自然生长的植物与硬质的砌块同时出现，既有硬朗的几何棱角，又有柔和的自然景色。

③体的形态造型。体的形态多样，有规则的几何形体，如球体、柱体、锥体等，也有自然的有机体和人工造型形成的体。当人们追求明快的结构和视觉形体强度的同时，会选择简洁的基本形体（如球体、立方体等）作为造型外观。这些基本形体都具有丰富的对称性，经过进一步加工可以创造出新的造型。对景观设计而言，充满美感魅力的造型是景观设计的灵魂。因此，对于基本形体的研究也显得更为重要。在景观中基本形体主要体现在景观的结构、景观空间的塑造，大面积的体块结合技术手法上，如开孔透光性的手法让形态变得轻快，或者运用材料的材质特性，使形体的肌理感更强。使用几何造型中的形体元素能达到最大限度的张扬效果，也是增加景观造型体积和表现力的有效方法。

体是立体空间呈现给人的最终效果，为了达到这种效果，对几何形体进行加工已经成为必要手段。在植物景观中，对植物进行造型设计亦能创造出美好的艺术景观形象。例如，植物雕塑、植物建筑、植物图案等，造型必须巧妙地利用各种植物形体和色彩，根据独具匠心的构思，采用科学的造型设计、栽培、修剪、攀扎、镶嵌、管理等技巧，才能创造出美妙的艺术景观形象。

“体”有虚实之分。植物及其各类种植体（如树丛、树群等）称为实体，由它们组成的空隙称为虚体，也称为空间。在种植设计中，实体既是围合物又和空间一起构成植物景观；空间既是活动的场所，也是欣赏实体所必需的美学距离。只有虚实相结合，园林种植的各种功能才能最大限度地得以发挥。

④体在园林种植设计中的应用。体在园林种植设计中的应用最直接的表现是植物造型设计，包括植物雕塑、植物建筑、植物图案等类型。

A.植物雕塑的应用。植物雕塑是指利用单株或几株植物组合，通过修剪、嫁接、绑扎等园艺方法来创造的各种造型，主要包括几何造型、动物造型和其他奇特造型等。

B.植物建筑的应用。植物建筑就是运用大量的植物进行大规模的植物造型，组成类似于建筑的各种造型，主要有绿篱造型、攀缘植物形成的棚架等。

C.植物图案的应用。植物图案主要是指彩结合模纹花坛，它们形成各种各样的图案，产生不同的景观效果。现在常用的植物材料主要有乔灌类植物和花卉植物。乔灌类植物主要以观叶为主，植物修剪要求一致平整，选用叶色不同的植物可以表现精美细致、变化多样的图案，如花叶式、星芒式、多边式、自然曲线式、水纹式、徽章式、文字式等。在造型前根据设计好的图案样式标记栽植的植物，然后进行修剪，注意修剪需仔细平整，并做好植物的养护管理工作。

### （二）形式美法则

1.统一与变化

变化与统一又称为多样统一，是形式美的基本规律。统一的布局会产生整齐、庄严和肃穆的感觉，但过分的统一又显得呆板和单调。任何物体形态总是由点、线、面、三维虚实空间、颜色和质感等元素有机地组合而成为一个整体。变化是寻找各部分之间的差异、区别，统一是寻求它们之间的内在联系、共同点或共有特征。变化与统一是园林种植设计形式美的基本构图法则。在园林种植设计中，植物的形貌、色彩、线条、质感及相互组合都应具备一定的变化，以显示差异性，同时要使它们之间保持一定的一致性，以求得统一感。一致性的程度不同，引起统一感的强弱也就不同。对于以和谐完美取胜的植物景观来说，统一本身就是一种美，因此园林植物种植设计除了需要丰富的变化以外，也十分讲究统一。

运用重复的方法最能体现植物景观的统一感。如街道绿带中行道树绿带，用等距离配植同种、同龄乔木树种，或在乔木下配植同种，同龄花灌木，这种精确的重复最具统一感。在一座城市中进行树种规划时，分为基调树种、骨干树种和一般树种。基调树种种类少，但数量大，形成该城市的基调及特色，起到统一作用；而一般树种，则种类多，每种量少，五彩缤纷，起到变化的作用。长江以南，盛产各种竹类，在竹园的景观设计中，众多的竹种均统一在相似的竹叶及竹竿的形状及线条中，但是丛生竹与散生竹有聚有散；高大的毛竹、钓鱼慈竹或麻竹等与低矮的箐竹配植则高低错落；龟甲竹、人面竹、方竹、佛肚竹则节间形状各异；粉单竹、白杆竹、紫竹、黄金间碧玉竹、碧玉间黄金竹、金竹、黄槽竹、菲白竹等则色彩多变。这些竹种经巧妙配植，很能说明统一中求变化的原则。

裸子植物区或俗称松柏园的景观保持冬天常绿的景观是统一的一面。松属植物都是松针、球果，但黑松针叶质地粗硬、浓绿，而华山松、乔松针叶质地细柔，淡绿；黑松树皮褐色粗糙，华山松树皮灰绿细腻，白皮松干皮白色、斑驳，富有变化，美人松树皮棕红若美人皮肤。柏科中都具鳞叶、刺叶或钻叶，但尖峭的台湾桧、塔柏、蜀桧、铅笔柏，圆锥形的花柏、凤尾柏，球形、倒卵形的球桧、千头柏，低矮而匍匐的匍地柏、砂地柏、鹿角桧却体现出不同种的姿态万千。只有合理地运用多样与统一，才能创造出既丰富又具有整体美的环境景观。

2.对比与调和

对比和调和，是事物存在的两种矛盾状态，它体现出事物存在的差异性，所不同的是，“调和”是在事物的差异性中求“同”，“对比”是在事物的差异性中求“异”。在园林构图中，任何两种景物之间都存在一定的差异性，差异程度明显的，各自特点就会显得突出，对比鲜明；差异程度小的，显得平缓、和谐，具有整体效果。所以，园林景物的对比到调和统一，是一种差异程度的变化。

园林种植设计中通过色彩、形貌、线条、质感、体量和构图等的对比能够创造强烈的视觉效果，激发人们的美感体验。而调和则强调采用类似的色调和风格，显得含蓄而优雅。若缺乏对比，则构图上欠生动；若忽视了调和，则又难达到静谧安逸的效果。在植物景观中二者的表现都是多方面的，包括大与小、直与曲、虚与实及不同形状、不同方向、不同色调、不同质地间的并置等。如平坦的草地与垂直的树木或葱郁的森林与色彩鲜艳的花上只有一株孤立木，万绿丛中才有一点红等。总体而言，绿色是园林植物景观的调和剂，无论形、色如何千差万别，也总能取得调和的共性。

（1）对比

对比是指正反对立或显著差异的形式因素之间的排列组合。对比能够使物象产生富有活力的生动效果，使人兴奋，提高视觉力度。对比是差异性的强调，是利用多种因素的互比互衬来达到量感、虚实感和方向感的表现力。对比基本上可以归纳为形式的对比和感觉的对比两方面。形式的对比以大小、明暗、粗细、多少等对照来加强视觉效果，对比形成的效果鲜明、刺激、响亮、力度感强；感觉的对比，是指心理和生理上的感受，多从动静、轻重、软硬、刚柔、快慢等方面给人以各种质感和快感的深刻印象。在园林造景中，往往通过形式和内容的对比关系而更加突出主体，产生强烈的艺术感染力。园林种植设计中的对比主要包含以下几种。

①形象的对比与调和。园林植物一般具有圆形、方形和三角形三种基本形状。

A.圆形。圆形具有自然、流畅、柔和的外观感觉，象征着朴素、简练，具清新之美而无冗长之弊，显示内敛含蓄的美感。自然界中具天然圆形成分的植物姿态如圆球形、半圆球形及圆锥形等。另外，因其圆润之美，大家常喜欢将植物修剪成圆形，如黄杨球、小檗球等，这种形式在日本园林中尤为常见。

B.方形。方形是由一系列直线构图而成，是和人类关系甚为密切的形状，因其便于加工和相互连接，在西方古典园林中经常用修剪成方形的树篱围成各种几何构图。天然的方形植物并不存在，但在一些国家和地方常有把高大的行道树修剪成整整齐齐的。我国各地常见的绿篱也大多被修剪成方形。

C.三角形。三角形是由不在同一直线上的三条线段首尾顺次连接组成的封闭图形。三角形具有牢固、稳定的特征，在景观中经常作为个性的代表。三角形的面在现代景观设计中常用来作为景观的铺装和个性化的景观造型，它具有的稳固形状给人一种稳定、敏感、醒目的感觉。三角形是圆形和方形之间的过渡，它既不像圆形那样含蓄紧凑、略显散漫，也不像方形那样规规矩矩、缺乏灵性。在植物构图中，三角形往往会给人以强烈的情绪感，一些具有尖塔形树冠的乔木呈三角形状，如雪松、水杉等。

在园林种植设计中，若要达到形象的对比和调和，需要潜心琢磨植物的自然与人工造型及其周围建筑的造型。乔木的高大和灌木的矮宽、尖塔形树冠与卵形树冠，可形成明显的对比，利用外形相同或者相近的植物可以达到植物组团外观上的调和，如球形、半球形植物最容易调和，形成统一的效果。

②体量的对比与调和。体量的对比指景物的实际大小、粗细和高低的对比关系。其对比是相对的，目的是相互衬托。在各种植物材料中，有着体量上的很大差别，如高大乔木与低矮的灌木及草坪地被形成高矮的对比。即使同一种植物，不同年龄的体量也存在较大的差异。

利用体量对比可取得不同的景观效果，如以假槟榔和蒲葵对比，也可以蒲葵和棕竹对比，很能突出假槟榔和蒲葵，而它们的姿态以及叶形又都是调和的。如果在大面积的草坪中央植以几株高大的乔木，空旷寂寥，又别开生面，是因为高度和面积的巨大差异给人的感觉；而在林缘或林带中高低错落地搭配乔灌，宜形成起伏连绵而富有旋律的天际曲线。同样，对于体量不同的建筑，也需要体量适宜的植物材料进行搭配。大型公共建筑适宜搭配高大乔木，一般在大空间中选择体量大的植物，而在小空间如小型庭院则应选择体量较小的乔木。

③色彩的对比和调和。在园林种植设计中可以根据色彩调和和对比的基本理论，辨别色彩间的差别，并在规划设计中予以借鉴利用。精确测定某种植物的色相、明度、彩度，然后加以利用可能有一定困难，但设计师若能定性地了解植物的季相变化，参考色彩理论，选择适当的植物，就可以创造出色调更为和谐、赏心悦目的景观。

在色相环中，相对的色即为对比色，也称为补色，如品红色与绿色、黄绿色与红紫色。对比色间的距离最大，对比效果最强，虽然性质截然相反，但在视觉上相辅相成、鲜明活泼，在园林景观中运用对比色的彩叶植物进行搭配，能够提高和强调视觉景观，从而吸引游人的注意，如北京植物园中绚秋园的一处草坪处的植物景观配置，便巧妙地运用了对比效果强烈的紫红色与黄绿色进行搭配组合。紫红色的美国白蜡与黄绿色的“金枝”槐及矮小灌木八宝景天、金焰绣线菊等，在视觉上形成了强烈的冲击。

在运用对比色植物时需要注意配色设计，这不单是植物和植物之间，有时还涉及周边环境。需要根据园林绿地功能要求、环境条件选择色彩，如在春秋寒冷地带适宜多用暖色系植物，在夏季或炎热地带多用冷色或中性色植物，以调剂人们的心理感受，从而达到怡人的景观效果。

对比中以红、黄、蓝以及橙、绿、紫的反差大，这种色彩的组合效果如果运用得当，会取得明快、悦目的艺术效果。例如，紫色的三色堇与黄色的金盏菊组合的花坛，或在草坪上栽植红色碧桃、红枫等色叶植物，都会收到强烈而活跃的效果。

在秋季，运用紫红色的红花檵木与金黄色的金叶假连翘配置，再用颜色亮绿的绣叶木犀榄等营造景观，带有强力的视觉冲击，可以削减秋季的萧瑟之感。

植物叶色大部分为绿色，但也不乏红、黄、白、紫各色。植物的花色之丰富多彩也是无与伦比的。运用色彩对比可获得鲜明而吸引人的良好效果。运用色彩调和则可获得宁静、稳定与舒适优美的环境。

进行植物色彩搭配时，应该注意尺度的把握，不要使用过多过强的对比色，对比色的面积要有所差异，否则会显得杂乱无章。当使用多种色彩时应该注意按照冷色系和暖色系分开布置，为了避免反差过大，可以在它们之间利用中间色或者无彩色（白色、灰色）进行过渡。总之，无论怎样的园林风格都要始终贯彻调和与对比原则。

④虚实的对比。植物有常绿与落叶之分，常绿为实，落叶为虚；树木有高矮之分，树冠为实，冠下为虚；园林空间中林木葱茏是实，林中草地则是虚。植物与水体配置景观时，岸上景观为实，水中倒影为虚。实中有虚，虚中有实，才使园林空间有层次感，有丰富的变化。

⑤开闭的对比与调和。在园林中有意识地创造既有封闭又有开放的空间，有的局部空旷，有的局部幽深，是园林高于自然的一面。在自然森林中，空间大多封闭，少有空旷之处，不免使人心寒胆战，这是自然风景的不足之处。园林环境中既有封闭又有空旷空间，互相对比，互相烘托，可起到引人入胜、流连忘返的效果。如颐和园中苏州河的河道由东向西，随万寿山后山脚曲折蜿蜒，河道时窄时宽，两岸古树参天，影响的空间时开时合、时收时放，交替向前通向昆明湖。来到昆明湖，则更感空间之宏大，湖面之宽阔，水波之浩渺，使游赏者的情绪由最初的沉静转为兴奋。这种对比手法在园林景观空间的处理上是变化无穷的。

⑥高低的对比与调和。园林景观很讲究高低对比、错落有致，除行道树忌讳高低之外，一律利用植物的高低不同，组织成有序列的景观，但又不能是均匀的波形曲线，而应该说成优美的天际线，即线形优美的林冠线，在晚霞或晨曦的映衬下悠远宁静。另外，利用高耸的乔木和低矮的灌木整形绿篱种植在一个局部环境中，垂直向上的绿柱体和横向延伸的绿条，会形成鲜明对比，产生强烈的艺术效果。

⑦明暗的对比与调和。“山重水复疑无路，柳暗花明又一村”描述的即是景观空间的明暗对比，光线的强弱会形成空间明暗对比，一般来说，对比强烈的空间景物易使人振奋，对比弱的空间景物易使人宁静。游人从暗处看明处，景物越显瑰丽；从明处看暗处则景物越显深邃。明暗对比手法在植物空间营造中表现得十分明显。林木森森的闭合空间显得幽暗，由草坪或水体构成的开敞空间则显得明朗。

（2）调和

调和是表现形式之间的协调性。从差异中达到统一的重要方法。调和是近似性的强调，是使两个以上的要素相互具有共性，形成视觉上的统一效果。调和是综合了对称、均衡、比例等美的要素，从变化中求统一。巧妙地应用调和能满足人们心理潜在的对秩序的追求。调和也可以从很多方面来强调类似性，如大小、形态、色彩、位置、方向等。园林景观要在对比中求调和，调和中求对比，这样景观才既丰富多彩而又主题突出，风格一致。

3.对称与平衡

（1）对称

对称是指以一条线为中轴，使相同或相似的物体分别处于相反的方向和位置上的排列组合。对称既含有一致性的因素，又含有差异性的因素。

（2）平衡

平衡是指重力支点位于大小、位置、形状、色彩等不同的物体之间，且支点两边的分量相等的排列组合。平衡大体上有三种表现：第一种为重力平衡，其原理类似于力学上的力矩平衡；第二种为运动平衡，即物体在运动中所实现的平衡，它往往要经历一个从平衡到不平衡再到平衡的过程；第三种为对称平衡。平衡比对称更自由活泼而富有变化，往往能给人以静中有动的感觉。平衡在各类艺术中得到了广泛应用。

平衡（包括动态和静态）是一切物体能够处于某种形态或状态的先决条件。实现平衡的手法可以是多种多样的，在园林种植上常用的方法是均衡。所谓均衡是指在特定的空间范围内，形式诸要素之间保持的平衡关系。审美上的均衡观念是人们从长期的审美经验中积累形成的。均衡有两种基本形式：一种是静态均衡形式；另一种是动态均衡形式。

①静态均衡形式。即前面所说的对称，本身体现出一种严格的制约关系，对称是表现平衡的完美形态。对称能表达秩序、安静、稳定、庄重与威严等心理感受，并能给人以美感。西方园林所体现的是人工美，不仅布局对称、规则、严谨，就连花花草草都修剪得方方正正，从而呈现出一种几何图案美，因此在造园手法上更注重静态的均衡。

②动态的均衡。动态的均衡是指不等质和不等量的形态求得非对称形式，它是对称的变体，与对称相比较，它是不以中轴来配置的另一种形式格局。在设计上，通常是利用形状、色彩、位置和面积等要素，结合虚实气势达到呼应和谐一致，造成视觉上的平衡。比之于对称在心理上偏重于理性，均衡则在心理上偏重于感性与灵活，具有鲜明的动势感，它的应用能在设计上带来更多的变化。在景观设计中根据功能、地形等不同，自然布局，在无形的轴线两边布置不同的景观，在视觉上使游人感觉到均衡，这种景观通常活泼自然，具有亲切感。中国古典园林讲求自然美，在构图中则侧重于动态的均衡，如对植是园林设计中植物种植的常用手法，是指用两株树按照一定的轴线关系相互对应或均衡的种植

方式，主要用于强调公园、建筑、道路、广场的入口等。

在园林种植设计中，植物素材都是由一定的体量和材料组成的实体，这种实体都会给人们一定的体量感、重量感和质感。人们在习惯上要求景观完整，而在力学上要使人们感到均衡，从而给人以安全、稳定之感。

## 二、园林植物种植设计的基本原则

### （一）功能性原则

园林绿地具有景观、生态、经济、防灾避险等功能，在进行园林植物配置时，应根据城市性质或绿地类型明确园林植物所要发挥的主要功能，做到有明确的目的性。不同性质的绿地选择不同的树种，体现不同的园林功能，才能创造出千变万化、丰富多彩又与周围环境相辅相成的植物景观。例如，以工业为主的地区，在进行植物种植设计时，就应先充分考虑到树种的防护功能，而在一些风景旅游城市，树木的绿化美化功能就应得到最好的体现。

植物种植设计要根据不同绿地环境的特点和人们的需求，建植不同的植物景观类型。街头绿地与住宅绿地、校园绿地与城市广场绿地，不同的绿地形式选择不同的植物进行景观设计。例如，在污染严重的工业区应选择抗性强、对污染物吸收强的植物种类；医院、疗养院应重点选择具有杀菌和保健功能的植物种类；街道绿化要选择抗逆性强，移栽容易，对水、土、肥要求不高，耐修剪，枝叶茂密，长势迅速而健壮的树种；山体绿化要选择耐旱、耐瘠薄的树种；水边绿化要选择耐水湿的树种等。

植物种植设计还要根据绿地的性质选择植物种类。例如，庭院绿化，要选择花、果、叶等观赏价值高且寓意吉祥美好的植物；在进行幼儿园种植设计时，则要考虑选择色彩丰富的植物，如八角金盘、紫叶李、十大功劳等，不能选择有刺、有毒、落果的植物，如夹竹桃、枸骨等植物；又如烈士陵园绿化，适宜选择常绿树，如广玉兰、白皮松、圆柏等，既体现陵园庄严肃穆的气氛，还能表达烈士的革命精神永存天地间的寓意。

### （二）生态性原则

随着生态园林的深入发展及景观生态学、环境生态学等多学科的引入，植物种植设计不再是仅仅利用植物来营造视觉艺术效果的景观，生态园林建设的兴起已经将园林从传统的游憩、观赏功能发展到维持城市生态平衡、保护生物多样性和再现自然的高层次阶段。

1.坚持以“生态平衡”为主导，合理布局园林绿地

系统生态平衡是生态学的一个重要原则，其含义是指处于顶极稳定状态的生态系统，此时系统内的结构与功能相互适应与协调，能量的输入和输出之间达到相对平衡，系

统的整体效益最佳。在生态园林的建设中，强调绿地系统的结构与布局形式与自然地形地貌和河湖水系的协调以及与城市功能分区的关系，着眼于整个城市生态环境，合理布局，使城市绿地不仅围绕在城市四周，而且把自然引入城市中，以维护城市的生态平衡。近年来，中国不少城市开始了城郊结合、森林园林结合、扩大城市绿地面积、走生态大园林道路的探索，如北京、天津、合肥、南京、深圳等。

2.遵从“生态位”原则，搞好植物配置

城市园林绿化植物的选配，实际上取决于生态位的配置，直接关系到园林绿地系统景观审美价值的高低和综合功能的发挥。生态位概念是指一个物种在生态系统中的功能作用以及它在时间和空间中的地位，反映了物种与物种之间、物种与环境之间的关系。

在城市园林绿地建设中，应充分考虑物种的生态位特征，合理选配植物种类，避免种间直接竞争，形成结构合理、功能健全、种群稳定的复层群落结构，以利植物种间互相补充，既充分利用环境资源，又能形成优美的景观。在特定的城市生态环境条件下，应将抗污吸污、抗旱耐寒、耐贫瘠、抗病虫害、耐粗放管理等作为植物选择的标准。如在上海地区的园林绿化植物中，槭树、马尾松等生长状况不良，不宜大面积种植；而水杉、池杉、落羽杉、女贞、广玉兰、棕榈等适应性好、长势优良，可以作为绿化的主要种类。

在绿化建设中，可以利用不同物种在空间、时间和营养生态位上的分异来配置植物。例如，杭州植物园的槭树、杜鹃园就是这样配置的，槭树树干直立高大、根深叶茂，可吸收群落上层较强的直射光和较深层土壤中的矿质养分；杜鹃是林下灌木，只吸收林下较弱的散射光和较浅层土中的矿质养分，较好地利用槭树林下的阴生环境；两类植物在个体大小、根系深浅、养分需求和物候期方面的有效差异较大，按空间、时间和营养生态位分异进行配置，既可避免种间竞争，又可充分利用光和养分等环境资源，保证了群落和景观的稳定性。春天杜鹃花争奇斗艳，夏天槭树与杜鹃乔灌错落有致、绿色浓郁，组成了一个清凉世界；秋天槭树叶片转红，在不同的季节里给人以美的享受。

3.遵从“互惠共生”原理，协调植物之间的关系

“互惠共生”指两个物种长期共同生活在一起，彼此相互依存，双方获利。如地衣即是藻与菌的结合体，豆科、兰科、杜鹃花科、龙胆科中的不少植物都有与真菌共生的例子；一些植物种的分泌物对另一些植物的生长发育是有利的，如黑接骨木对云杉根的分布有利，皂荚、白蜡与七里香等在一起生长时互相都有显著的促进作用。但另一些植物的分泌物则对其他植物的生长不利，如胡桃和苹果、松树与云杉、白桦与松树等都不宜种在一起，森林群落林下蕨类植物狗脊和里白则对大多数其他植物幼苗的生长发育不利，这些都是园林绿化工作中必须注意的。

4.保持“物种多样性”，模拟自然群落结构

物种多样性理论不仅反映了群落或环境中物种的丰富度、变化程度或均匀度，也反映

了群落的动态与稳定性，以及不同的自然环境条件与群落的相互关系。生态学家们认为，在一个稳定的群落中，各种群对群落的时空条件、资源利用等方面都趋向于互相补充而不是直接竞争，系统越复杂也就越稳定。因此，在城市绿化中应尽量多造针阔混交林，少造或不造纯林。

城市具有人口密度高、自然地貌单一、立地条件较差的特点，而城市中的植物配置由于地理条件因素的制约，物种种类较少，植物群落结构单调，缺少自然地带性植被特色。单一结构的植物群落，由于植物种类较少，形成的生态群落结构很脆弱，极容易向逆行方向演替，其结果是草坪退化，树木病虫害增加。人们为了维持这种简单的植物生态结构，必然强化肥水管理、病虫害防治、整形修剪等工作，导致成本加大。

（1）挖掘植物特色，丰富植物种类

物种多样性是生物多样性的基础。植物配置为了追求立竿见影的效果，轻易放弃了许多优良的物种，否定某些不能达到设计效果的植物，否定慢生树种，抛弃小规格苗木都是不尽合理的配置方法。其实，每种植物都有各自的优缺点，植物本身无所谓低劣好坏，关键在于如何运用这些植物，将植物运用在哪个地方以及后期的养护管理技术水平。因此，在植物配置中，设计师应该尽量多挖掘植物的各种特点，考虑如何与其他植物搭配。如某些适应性较强的落叶乔木有着丰富的色彩，较快的生长速度，就可与常绿树种以一定的比例搭配，一起构成复层群落的上层部分。落叶树可以打破常绿树一统天下（四季常绿、三季有花）的局面，为春天增添嫩绿的新叶，为夏天增添阴凉，为秋天增添丰富的色相，为冬天增添阳光。还有就是要提倡大力开发运用乡土树种，乡土树种适应能力强，不仅可以起到丰富植物多样性的作用，还可以使植物配置更具地方特色。

（2）构建丰富的复层植物群落结构

构建丰富的复层植物群落结构有助于生物多样性的实现。单一的草坪与乔木、灌木、复层群落结构不仅植物种类有差异，而且在生态效益上也有着显著的差异。草坪在涵养水源、净化空气、保持水土、消噪吸尘等方面远不及乔、灌、草组成的植物群落，并且大量消耗城市水资源、养护管理费用很大。良好的复层结构植物群落将能最大限度地利用土地及空间，使植物能充分利用光照、热量、水势、土肥等自然资源，产出比草坪高数倍乃至数十倍的生态经济效益。乔木能改善群落内部环境，为中、下层植物的生长创造较好的小生境条件；小乔木或者大灌木等中层树可以充当低层屏障，既可挡风又能增添视觉景观；下层灌木或地被可以丰富林下景致，保持水土，弥补地形不足。同时复层结构群落能形成多样的小生境，为动物、微生物提供良好的栖息和繁衍场所，配置的群落可以招引各种昆虫、鸟类和小兽类，形成完善的食物链，以保障生态系统中能量转换和物质循环的持续稳定发展。

5.强调植物分布的地带性，适地适树

一方水土养一方植物，每个地方的植物都是经过该地区生态因子长期适应的结果。这些植物就是地带性植物，即乡土树种。俞孔坚教授曾指出“设计应根植于所在的地方”，就是强调设计应遵从乡土化原理。随着地球表面气候、环境的变化，植物类型呈现有规律的带状分布，这就是植物分布的地带性规律。

许多设计师在进行景观设计时，为了追求新奇的效果，大量从外地引进各种名贵树种，结果导致植物生长不良，甚至死亡，原因就是在植物配置时没有考虑植物分布的地带性和生态适应性。因此，在植物配置时应以乡土树种为主，适当引进外来树种，适地适树，如荷兰雅克·蒂何塞公园在为公园选择树种时，其设计师布罗尔斯深受该地区自然与半自然的景观和当地植物群落的启发，采用了赤杨、白杨、桦树、垂柳等乔木和水生薄荷、湿地勿忘我、野兰花、纸莎草和芦苇等草本植物，并把它们组成了能很好地适应浸水或贫瘠环境生长的植物群落。这种“自然公园”的种植和一般的公园植物配置很不一样，前者是动态发展的，而后者常稳定不变。虽然“自然公园”景观的形成可能需要几十年的时间，但正是这一点使植被充满了生机，城市游客为此而流连忘返。

## （三）艺术性原则

园林种植设计要具有园林艺术的审美观，把科学性和艺术性相结合。种植设计是一种艺术创造过程，必然在设计中存在设计者的审美观点。由于每个人的生活环境、成长过程、知识水平等方面的差异，往往会造成园林审美观的差异，存在众口难调的现象。一个好的园林种植设计作品，有以下两方面的要求必须遵循。

1.满足园林设计的立意要求

中国园林讲究立意，这与我国许多绘画的理论相通。艺术创作之前需要有整体思维，园林及其意境的创作也同样如此，必须全局在握，成竹在胸。晋代顾恺之在《论画》中说“巧密于精思，神仪在心”。唐代王维在《山水论》中说过“凡画山水，意在笔先”。即绘画、造园首先要认真考虑立意和整体布局，做到动笔之前胸有成竹。由此可见立意的重要性，立意决定了设计中方方面面的构思。不先立意就谈不上园林创作，立意不是凭空乱想，随心所欲，而是根据审美趣味、自然条件、功能要求等进行构思，并通过对园林功能空间的合理组织以及所在环境的利用，叠山理水，经营建筑绿化，依山而得山林之意境，临水而得观水之意境，意因景而存，景因意而活，景意相生相辅，形成一个美好的园林艺术形象。意境是由主观感情和客观环境相结合而产生的，设计者把情寓于景，游人通过物质实体的景，触景生情，从而使得情景交融。但由于不同的社会经历、文化背景和艺术修养，游人往往对同一景物会有不同的感想，如面对一株梅花，会有“万花敢向雪中开，一枝独先天下春”的对梅品格的称赞，也会有“疏影横斜水清浅，暗香浮动月黄昏”对隐逸的表达；同样在另一些人眼里，只不过是花的一种而已。在整体意境创造的过程中，要充分考虑植物材料本身所具有的文化内涵，从而选择适当的材料来表现设计的主题和满足设计所需要的环境氛围。

围绕立意和主题展开的种植设计有很多，如北京为中国六大古都之一，历经辽、金、元、明、清等朝代，留下了宏伟壮丽的帝王园林及寺庙园林，在这种背景下，其植物材料的选择也多体现了统治阶级的意愿，大量选用松、柏以体现其统治稳固，经久不衰，如松柏之长寿和常青；选用玉兰、海棠、牡丹等体现玉棠富贵。而私家园林追求的是朴素淡雅的城市山林野趣，在咫尺之地突破空间的局限性，创作出“咫尺山林，多方胜景”的园林艺术，倚仗于植物花草树木的配置，贵精不在多，重姿态轻色彩。

再如节日广场的花坛设计，植物配置则是以色彩取胜，用色彩烘托节日气氛。为了充分表达节日的欢乐喜庆的氛围，多采用开花植物和色叶植物，使用以黄、红、粉、绿为主色彩的植物来布置，以暖色调为主，同时以不同色彩的花卉混搭，以达到凸显节庆热烈氛围的目的。

2.创立保持各自的园林特色

没有个性的艺术是没有生命力的，没有特色的公园和景区将是乏味的。根据不同的区域、园林的主题及植物种植设计的具体环境，确定种植设计的植物主题和特色，形成具有鲜明风格的植物景观。如杭州具有众多的公园和景点，四季游人如织，对景观的要求是四时有景，多方景胜，既要与西湖整体风景区的园林布局相统一，又要具有不同的个性和特点，这样既能具有“主旋律”，又能做到“百花齐放”，个性与共性形成统一。

杭州具有众多以季相景观著称的景区和景点，如体现春季景观的有“苏堤春晓”，苏堤风光旖旎，晴、雨、阴、雪各有情趣，四时美景也不同，尤以春天清晨赏景最佳，间株杨柳间株桃，绿杨拂岸，艳桃灼灼，晓日照堤，春色如画，故有“苏堤春晓”之美名，其配植多为垂柳、桃花和春季花卉，而太子湾公园则是以郁金香为主调的春季景观，同样是春景，植物配植不同效果也就不同；体现夏季景观的有“曲院风荷”“接天莲叶无穷碧，映日荷花别样红”，以木芙蓉、睡莲及荷花玉兰（广玉兰）作为主景植物，并配植紫薇、鸢尾等使夏景的色彩不断；体现秋景的有“平湖秋月”，突出秋景，以达到赏月、闻香、观色等目的，在景区中种植了红枫、鸡爪槭、柿树、乌桕等秋色叶树种以观色，再植以众多的桂花，体现“月到仲秋桂子香”的意境；体现冬季景观的有孤山的放鹤亭，孤山位于西湖西北角，四面环水，一山独特，山虽不高，却是观赏西湖景色最佳之地。放鹤亭位于东北坡，是为纪念宋代隐居诗人林和靖而建，他有“梅妻鹤子”之传说。亭外广植梅花，形成冬季赏梅的重要景点。此外还有灵峰探梅，也是冬季观梅的好去处，这一景点植物配植的关键就是营造一个“探梅”的环境氛围。利用竹林、柏木、马尾松等常绿树形成一个相对郁闭的背景环境，以不同品种的梅花成丛配植，整个环境朴素、大方、古雅，把梅花的艳而不娇表达出来。

此外，利用植物特色而形成的西湖景观区也有许多。如西湖十景之“云栖竹径”“一径万竿绿参天，几曲山溪咽细泉”“万千竿竹浓荫密，流水青山如画图”充分体现了云栖的特色，竹林满坡，修篁绕径，以竹景清幽著称。春天，破土竹笋，枝梢新芽，一派盎然生机；夏日，老竹新篁，丝丝凉意；秋天，黄叶绕地，古木含情；冬日，林寂鸣静，飞鸟啄雪，四季景观也突出。西湖十景之“满陇桂雨”多植桂花（品种丰富），西湖满觉陇一带，满山都是老桂，连附近板栗树上的栗子也带有桂花香味，所以杭州的桂花栗子远近闻名。每到桂花成熟季节，满觉陇的茶农们在树下撑起帐子，小伙子们爬到树上用力摇晃，金黄色的桂花像雨点一样纷纷落下，被称为“桂花雨”。像这种以一种植物为主题的公园还有不少，如北京的柳荫公园，以不同品种的柳树为特色；玉渊潭的樱花园以春季赏樱花为主；紫竹院以不同种类的竹子为特色；香山则以“西山红叶好，霜重色愈浓”的黄栌著称。

### （四）经济性原则

经济性原则就是做到在种植的设计和施工环节上能够从节流和开源两方面，通过适当结合生产以及进行合理配植，来降低工程造价和后期养护管理费用。节流主要是指合理配植、适当用苗来设法降低成本；开源就是在园林植物配植中妥善合理地结合生产，通过植物的副产品来产生一定经济收入，还有一点就是合理选择提高环境质量的植物，提高环境质量，也是增强了环境的经济产出功能。但在开源和节流两方面的考虑中，要以充分发挥植物配植主要功能为前提。

1.通过合理地选择树种来降低成本

（1）节约并合理使用名贵树种

在植物配植中应该摒弃名贵树种的概念，园林植物配植中的植物不应该有普通和名贵之分，以最能体现设计目的为出发点来选用树种。所谓的名贵树种也许具有其他树种所不具有的特色，如白皮松，树干白色（越老越白），而其幼年生长缓慢，所以价格也较高。但这个树种的使用只有通过与大量的其他树种进行合理搭配，才能体现出该树种的特别之处。如果园林中过多地使用名贵树种，不仅增加了造价，造成浪费，而且使得珍贵树种也显得平淡无奇了。其实，很多常见的树种如桑、朴、槐、楝、悬铃木等，只要安排、管理得当，都可以构成很美的景色。例如，杭州花港公园牡丹亭的10余株悬铃木丛植，具有相当好的景观效果。当然，在重要风景点或建筑物迎面处等重点部位，为了体现建筑的重要或突出，可将名贵树种酌量搭配，重点使用。

（2）以乡土植物为主进行植物配植

各地都具有适合本地环境的乡土植物，其适应本地风土能力最强，而且种源和苗木易得，以其为主的配植可突出本地园林的地方风格，既可降低成本，又可以减少种植后的养护管理费用。当然，若外地的优良树种在经过引种驯化成功后已经很好地适应本地环境，也可与乡土植物配合应用。

（3）合理选用苗木规格

用小苗可获得良好效果时，就不用或少用大苗。对于栽培要求管理粗放、生长迅速而又大量栽植的树种，考虑到小苗成本低，应该较多应用。但重点与精细布置的地区应当别论。另外，当前种植中往往使用大量的色块，需考虑到植物日后的生长状况，开始时不要过密栽植，采用科学的栽植密度，可有效地降低造价。

（4）适地适树，审慎安排植物的种间关系

从栽植环境的立地条件来选择适宜的植物，避免因环境不适宜而造成植物死亡；合理安排种植顺序，避免无计划地返工；同时合理进行植物间的配植，避免几年后计划之外的大调整。至于计划之内的调整，如分批间伐“填充树种”等，则是符合经济原则的必要措施。

2.妥善结合生产，注重提高环境质量的植物配植方式

园林植物具有多种功能，如环境功能、生产功能及美学功能，进行园林种植设计时，在实现设计需要的功能前提下，即达到美学和功能空间要求的前提下，可适当种植具有生产功能和净化防护功能的植物材料。

结合生产之道甚多，在不妨碍植物主要功能的情况下，要注意经济实效。例如，可配植花、果繁多，易采收、药用价值较高者，如凌霄、广玉兰之花及七叶树与紫藤种子等；栽培粗放、开花繁多、易于采收、用途广、价值高者，如桂花、玫瑰等；栽培简易、结果多、出油高者，如南方的油茶、油棕、油桐等，北方的核桃（尤其是新疆核桃）、扁桃、花椒、山杏、毛楝等；在非重点区域或隙地、荒地可配植适应性强、用途广泛的经济树种，如河边种杞柳、湖岸道旁种紫穗槐、沙地种沙棘、碱地种柽柳等；选用适应性强，可以粗放栽培、结实多而病虫害少的果树，如南方的荔枝、龙眼、橄榄等，北方的枣、柿、山楂等，可以很好地把观赏性与经济产出结合起来。在实现美化环境的同时，发挥园林植物自身的各种生产功能，搞各种“果树上街、进园、进小区”，如深圳的荔枝公园，以一片荔枝林为主体植物；用杜果、扁桃做行道树；小区绿化用洋蒲桃、龙眼等，既搞好了绿化，又有水果的生产（当然只是小规模的），如南宁的街道上种植杜果、人心果、橄榄等，既具有观赏效果又有经济产出功能的树种，达到了园林与生产良好的结合。其他诸如玫瑰园、芍药园、草药园都可以带来一定的经济收益。还可以合理利用速生树种，将其作为种植施工时的填充树，先行实现绿化效果，以后分批逐渐移出。如南方的楝树、女贞，北方的杨树、柳树，将树木适当密植，以后按计划分批移栽出若干大苗。同时，在小气候和土壤条件改善后再按计划分批栽入较名贵的树种等，这些也是结合生产的一种途径。

当今日益重视环境，人为环境也是一种生产力，良好的环境也是一种重要的经济贡献。而且植物所具有的改善环境的功能，也有很多人对其进行了经济上的核算，不管其具体结果如何，可以肯定的是通过植物的吸收和吸附作用，其改善环境的作用能减少采用其他人工方法改善环境的巨大投入。因此，在保证种植设计美学效果和艺术性要求的前提下，合理选择针对主要环境问题具有较好改善效果的植物，如厂区绿化中多采用对污染物具有净化吸收作用的树种，其实就是一种经济的产出，这也应该是经济原则的体现。

除此以外，在进行园林种植设计的过程中还要综合考虑其他因素。要考虑保留现场，尽力保护现有古树、大树。改造绿地原地貌上的植物材料应大力保留，尤其观赏价值高、长势好的古树大树。古树、大树一方面已经成材，可以有效地改善周边小环境；另一方面其本身就是设计地历史的缩影，很好地体现了历史的延续性，因此要尽力保护好场地内现有的古树、大树。同时保留现场的树木可以减少外购树木数量，也是经济性的重要体现。

# 第二节　风景园林植物养护发展

## 一、园林植物养护的主要影响因素

### （一）影响园林植物养护的自然因素

1.气候因素

植物的分布规律能够反映该地的气候特点，气候条件是影响植物生长发育的最主要因素，也是影响园林植物养护工作的最主要因素。从目前全球范围来看，许多国家和地区的气候正在发生非常大的变化，全球气候变暖，海平面上升已是世界性问题，这些气候变化将会导致植物种的分布向高海拔和高纬度地区迁移。为适应特定的气候条件，植物必须经过长期发展进化，经过无数代的变异和自然选择，才能使自身的生长规律和植物特性与气候相符，以达到正常生长和繁殖的要求。气候变化是改变植物分布格局的主要原因，比如，在气候变化下原先干旱区的降水量增加，则充足的水分更适宜其他植物生长，这会导致荒漠植物与其他植物存在竞争形成劣势，进而导致分布格局改变。反之，在气候变化下降雨量减少致使以前的湿润区变成了干旱区，荒漠植物的分布将可能扩展到以前的湿润区。由于温度过高或过低，降水量过大或过小，气候综合指标不适宜等情况会限制部分植物的分布，在气候变化下这些限制因素的改变将会使这些植物分布范围扩展，也可能使植物的分布范围进一步缩小。许多地区气候变化的快速与植物适应新环境能力的薄弱构成了矛盾，植物养护只能局部改善某些植物的生存环境，这种大范围的矛盾很难通过植物养护的方法来解决。

2.天灾因素

天灾也就是自然灾害，包括地震、火山、旱灾、洪涝、冻害、台风、雹灾、风暴潮、海啸、泥石流、农林病虫害等，是会在世界范围内出现的自然现象。例如，1998年长江特大洪水、2001年中国辽宁省出现的蝗灾、2008年的汶川地震、2010年的印尼海啸等。这些自然灾害会在很大范围内破坏当地的生态平衡，对植物的破坏有时甚至是毁灭性的。

3.其他因素

除了气候因素和天灾因素外，还有一些非常偶然的因素，比如外来物种的入侵、野生动物的攻击或踩踏等。

### （二）影响园林植物养护的人为因素

1.社会因素

自园林行业发展以来，园林植物养护方面一直处于被忽视和遗忘的地位，随着园林行业的发展和逐步完善，虽然园林植物养护的重要性正日益受到重视，但在实际操作中养护资金的投入、人员安排、设备配置等方面仍然受到制约。这是园林植物养护长期受到压制的结果，而要改变这一现状不可能一蹴而就，只能积极发展理论，与实践结合，逐步提升园林植物养护的品质和其在整个行业中的地位。

2.技术因素

技术因素是指在违反自然规律的情况下，为使植物表现出理想的景观效果，养护人员在养护工作中采取的技术措施，具体体现在以下几方面：一是引入外种。人们为满足某些设计需求，不得已将部分具有园林观赏效果的植物移栽至其他与原环境有差异的地方，这也构成了植物与气候之间的矛盾，致使植物无法适应新环境而无法正常生长。在这种情况下要使植物表现出正常的生理特性，就需要园林植物养护人员人为地为植物创造适合其生长发育的小气候，如搭建遮阳网、防风屏。二是反季节栽植。就是在不适合植物栽植的季节进行的栽植活动。虽然反季节栽植违反了植物的生长发育规律，但现代城市建设发展迅速，如果一味考虑植物的生长规律，严格按照植物生长特性进行栽植活动，那么园林建设就无法跟上城市建设的步伐，所以反季节栽植在加快园林建设方面起着很重要的作用。为了使植物在不适宜栽植的季节成活，就须加强栽植后的养护管理工作，除了在水、肥、修剪等方面要更细致外，还要尽量创造适宜植株成活的小环境，使植株能够不受大环境的影响。三是大树移栽。大树移栽能够在很短的时间内形成或接近预期的景观效果，这个优点促使其在房地产行业中被大规模使用。大树一般从农村或山区移栽进城市，城市的气候、湿度、温度、土壤等环境条件与农场或山区差别很大，大树移栽后一般很难适应新环境，加之路程遥远、运输艰难，运输途中会对大树造成一定的损害，如水分大量缺失、磕碰造成的物理损伤等。大树移栽需要投入大量的人力、物力、财力，而且大树的生态效应是其他物种无法取代的，但栽植和养护过程稍有不慎便很难成活，造成的损失无法估量。虽然整体看来大树移栽弊大于利，但目前人们出于对速度的追逐而对大树移植的应用越来越多。

### （三）影响园林植物养护的问题因素

理论上，园林建设中的设计、施工和养护三方面应当是相互关联、紧密联系的，相当于一株植物体上发挥不同功能的各个器官，既是独立的，拥有自身的能力和职责范围，又与其他器官相联系，共同维持植株整体的生理活动。但在现实操作中，这三者之间脱节比较严重，相互联系不够，往往只顾自身职责而不顾对其他环节的影响，时常造成“一步错，步步错”的连锁反应。例如，在设计时，设计人员选择了易碎材料，便会加大施工过程中的材料损耗，并形成垃圾，垃圾如果清理不及时或不彻底就会对周围的植物造成影响，加重植物养护的负担。

## 二、园林植物养护存在的主要问题与解决方法

### （一）避免设计不合理造成的养护问题

我们需要对园林规划设计的步骤有所了解：第一步，接受设计任务书，收集相关基础资料，现场实地踏勘；第二步，向甲方提交初步规划资料，提出总体概念性设计及规划目标；第三步，进一步编制详细规划设计方案并召开评审会，由甲方组织的评审专家集中时间召开评审会，根据专家评审组意见，对规划设计方案进行调整和修改；第四步，进行扩初设计和细节设计，提交工程概算书；第五步，再次进行基地的踏勘以及施工图的设计；第六步，施工图预算编制和交底，施工图的最终审核；第七步，图纸转交施工单位，设计师的施工配合。

1.设计是否人性化将影响后期人为破坏的程度

建造园林绿地的目的就是美化环境，给人们提供不同于工作和学习场所的适于休息放松的绿色空间。但是大多的设计者却忽略了这一点，单凭自己的意愿进行设计，导致在绿地投入使用后发生踩踏草坪、开辟捷径之类的人为破坏事件。造成这种破坏的使用者在主观上并没有恶意，只是由于绿地本身没有达到舒适的要求，甚至对使用者造成某种程度上的不便，他们才会通过破坏部分植物或设施的方法来满足舒适和便利的要求，这也是对绿

地非人性化设计的抗议。为维持绿地的观赏效果，在遭到人为破坏后就必须补充或更换被破坏的植物和硬件设施。如果这种非人性化的设计不及时更正，破坏—补救—再破坏，这种恶性循环将一直持续下去，给养护造成长期的负担。这种破坏行为的动机是使绿地更加舒适与便利，所以要减少类似的非恶意人为破坏事件，坚持人性化设计就显得尤为重要。所谓人性化设计就是以人为出发点和中心，在达到美观要求的同时满足使用者的功能诉求和心理需求，时时处处遵循以人为本的原则，以舒适为最终目的，打造令人愉悦的休憩场所。对于已经造成的这类破坏，不仅要更换已经损坏的部分，更要从根源入手，即修改不当设计，重新施工，避免同类破坏事件再次发生。

2.防止盲目借鉴

许多设计者在设计过程中只看图纸，闭门造车，常将已有设计稍做修改就安放到设计区，不考虑养护上是否困难，在进入养护阶段后才发现有些方案的不合理，不得不进行部分设计变更和重新施工，从而拖延养护周期，造成人力、财力的浪费。虽然草坪施工相对简单，但是其植物品种单一，群落抗逆性差，地表水分流失严重，易生杂草，退化快，特别是西北部城市，气候干燥，为维持草坪的观赏效果而投入的养护费用远远高于乔、灌、草搭配的自然式绿地的养护费用，并且会引起水资源消耗、农药污染、土壤板结等弊端。因此，许多大面积草坪在投入使用后不久，便因无法负担高额的养护费用而被放弃，取而代之的是植物群落特性相对稳定的多种植物搭配的自然式绿地。这就是不顾自身的实际情况，盲目借鉴他人设计的结果。作为园林设计工作者要从中吸取经验教训，充分认清自身的气候环境条件，不盲目跟随潮流，将设计、施工和养护紧密结合，在掌握设计知识的同时，积累施工和养护经验，这样才能在设计时考虑更全面，判断更准确，减少养护损失。盲目借鉴同行的做法不可取。对于国外优秀的园林绿地的案例，首先要分析其成功的原因，弄清楚其成功的条件以及人们喜欢它的理由，然后理智地分析我国是否具备建造相同或相似绿地的条件，我国人民是否会以同样的理由喜欢这类绿地。将这些弄清楚后，能否在某城市或地区借鉴国外的成功案例便一目了然。对各项条件都符合的案例，可考虑适当引入，但切忌照搬照抄，而应当融入中国元素，使之成为具备我国特色的园林绿地；对于条件不符合的案例可以在理论上进行学习和研究，但不应当在建设上予以考虑。要学会尊重园林植物在人类的作用下的发展和演变，适应甚至推动自然发展，使人造“自然”与原生自然和谐统一，达到相同的效果。源于自然、高于自然的园林景观设计即体现于此。我们必须摒弃那些过于强调人工视觉效果、大肆改造自然环境、人为痕迹明显的景观设计，应最大限度地向自然学习，以生态学等基本原则为指导，利用生态学原理提升自然或人工生态环境质量，最终达到使环境最大限度地适合人类居住需要的目的。

3.提高设计人员的设计水平

植物的配置、园路的设计、植物种类的选择、苗木规格的确定、地形的设计等一系列工作都必须由园林设计人员决定，而能否做好这些工作会直接或间接影响到植物的生长状况。许多设计决定看上去都是琐碎的细节，却对植物能否正常生长影响极大。因此，设计人员能否做出全面合理的决定，在很大程度上影响着养护投入的多少。正由于设计时要考虑的因素非常烦琐，所以提高设计人员的素质没有捷径可走，只能在增加理论知识的同时不断积累实践经验，将理论与实践相结合，养成严谨的作风，循序渐进，逐渐提高自身的综合素质，在作出合理判断的前提下，展示个人的设计意图。这里以植物种植密度设计为例，园林植物的植物配置设计中，植物的间距设计是否合理非常关键，对设计意图的表达和实际景观效果的展现起到重要的作用。我国植物资源丰富，种类繁多，生物学特性差别很大。在进行种植间距设计时要综合考虑植物生物学特性和景观功能要求。种植密度过小时，植株枝叶稀疏，达不到理想的绿化效果，后期养护需要通过补苗来增加植株密度，满足绿化要求；而种植密度过大时，枝叶过于密集，不仅浪费植物材料，还会造成透光性、通风性差，加重植株之间水分、养分、光照和生存空间的竞争，并且长期潮湿的环境会成为许多病虫害的温床，易引发某些病虫害的发生且会加重病虫害传播，此时就需通过加大修剪力度或间苗的措施来补救，降低植株密度或直接减少枝叶数量，以保证植物从内部的透光性和通风性，保持内部干燥、清洁的环境条件，既能促进植株生长也能有效防止病虫害的发生。因此，要掌握不同植物种类的最合理种植间距，既要满足绿化的短期视觉效果又要兼顾长远利益，这样才能在一定程度上减少养护管理的工作量和费用。而要做到这一点光有理论知识是不够的，必须加上丰富的实践经验，才能根据气候、土壤、水分的具体条件判断出合理的种植密度。

植物配置时对植物间的相生相克原理的应用。相生相克也称为生化他感或化学交感，是指一种植物通过向环境中释放直链醇、脂肪酸、醛、酮、生物碱等植物次生物质，在该植物周围形成一个次生物质包围的微环境区域，在此区域内次生物质能够抑制或促进其他植物生长的现象。相生相克现象在生物界是广泛存在的，在园林应用中应遵循以下原则：一是要使园林植物充分展示其美感并给人们带来美的享受；二是要以遵循生态学原则为前提，不能违反植物的生理特性。比如，百合与玫瑰、旱金莲与柏树、紫罗兰与葡萄两两种在一起会提高品质，延长花期。铃兰与丁香为邻时会造成丁香迅速枯萎。种在楝树、桉树、洋槐林下的灌木和草坪会生长不良。只有充分认识植物之间的相生相克现象，将植物的相生相克作用与植物景观、生态功能放在与植物配置同等的地位，才能在规划设计时使植物搭配更科学、更合理、更持久。例如刺槐根部有根瘤菌可固氮，和杨树、松树、枫树种在一起能为其他树种提供肥料，达到改良土壤的目的。避免柏树和苹果树、梨树种在一起，因为柏树是苹果、梨锈病菌的中间寄主。用高粱秆制作成堆肥施用于苹果园，可使杂草量减少85%～90%，并且对果树无害。芍药是我国名花，但它与松树是相克关系，不可相邻栽植，因为松树会诱发芍药锈病。柳杉能够分泌和释放出杀菌素，具有强力的驱虫作用，我们可以利用这个特性集中种植柳杉以营造小范围的无蚊环境，创造出有益的休闲放松的氛围。一个好的种植设计，不光只求图纸上的光鲜亮丽，而且要考虑图纸上看不到的问题，做到合理利用植物间相生相克的关系，遵循生物间共生与竞争的基本原则，避免人为造成相克的植物相邻的环境条件。

## （二）避免施工不合理造成养护问题

园林绿化施工的工程管理具有非常强的实践性，同时具有技巧性和艺术性。在施工管理过程中，既要掌握施工的基本原理和具体操作流程，又要进行现场管理和技术指导，不断调整具体的施工进度，严格控制工程质量，只有这样才能在保证施工质量的基础上，展现工程施工的技术性、艺术性和科学性，创造出生态、景观、文化和谐统一的优质工程。由于施工问题而造成的养护困难主要有以下几点。

1.不能为抢工期而忽视施工质量

施工时间短，工程量大是现在园林建设中普遍存在的现象。在工期紧张时，施工重点往往放在了表面，不易察觉的地方则敷衍了事，部分操作不按相关规定进行，其主要体现在以下两方面：一是植物栽植过程不按规定进行，忽视某些必要步骤。比如在植物栽植回填种植土的过程中，如果不是边回填边踩实，浇水后内部土壤会出现空洞，根系不能很好地跟土壤接触，无法吸收水分和养分。此时植物会出现假活现象，即在养分供应不足的情况下地上可观测部分靠自身储藏的营养发芽生长，最终植物耗尽营养物质而死亡。虽然用挖开部分根系的方法可以判断植物是否成活，但此方法过于烦琐，在养护面积大时不易实现，往往只能在假活植株出现死亡迹象时才进行填土追肥等补救措施，而这类措施通常作用不大，更多时候只能在植株死亡后进行植物更换。不仅浪费了人力、物力，而且更换的植株与已经成活的植株之间的长势差异会对整个绿地的景观效果造成很大影响。二是偷工减料给后期养护带来很大麻烦。比如，需要进行土壤改良的地方不按规定进行换土，而只是部分换土或者不换土。在植物种植后土壤状况就被暂时隐藏了，但是土壤是植物生长发育的基础，供给植物正常生长发育所需要的水、肥、气、热等，土壤肥力不足直接造成植物营养不足，植物往往无法正常生长。在解决这类问题时不仅要把偷工减料的部分补足，受到影响的植物也要进行更换，以免造成双重损失。

虽然保证足够的施工时间是改善这类现象的主要途径，但是很多情况下施工期限是无法延长的，此时就需要加大技术人员的投入与先进设备的应用，严格按正常程序进行施工，同时保证施工的进度与质量，而不是用牺牲施工质量和养护费用来满足暂时的“按期交工”，这具体体现在以下几方面：一是组织专门人员严格监督施工步骤，制定专门的有针对性的考核标准，明确奖惩制度，将每一个程序都落实到位，不可投机取巧，将施工建设的质量品质放在首位，避免给将来的工作埋下隐患。二是严格控制新栽植物的修剪，对常绿植物不能重剪，特别要注意对主干顶端的保护，顶端折损后植株将很难保持挺拔的树姿。对新栽植的落叶植物则应适当重剪，此时植物根系受到不同程度的损伤，其功能尚未恢复，吸收水分能力薄弱，减少枝叶量能尽量减少蒸腾作用的失水。三是严格控制土壤质量，对于含建筑垃圾和病菌多的土壤要坚决予以更换，杜绝由于土壤问题而导致的返工现象。四是注重施工人员之间的配合，减少做无用功。这就是要加强领导的统筹协调能力和施工队伍内部团结协作的能力。作为领导要考虑如何安排人员、资金、设备才能最大限度地发挥各自的作用，做到人尽其职，物尽其用，从而达到省时省力的目的。作为具体工作的实施者，则要服从领导的安排，在与其他工作人员保持高度配合的前提下，认真完成本职工作。

2.严把施工材料的质量关

园林绿地建设的施工材料是园林绿地的基本组成元素，包含了有生命的植物材料和无生命的硬质景观设施材料，这些材料的质量问题直接关系到绿化质量和后期养护的难易程度。如果材料质量不过关，材料在施工过程中和交付使用后的非人为损坏程度会提高，加大了补充材料或重新施工的费用，造成人力、物力、财力的浪费；而且会产生大量垃圾，如不彻底清理会对周围植物的生长造成不良影响；如果是景墙等出现问题，甚至会对游人的生命健康财产安全造成危害。植物材料把关不严，主要体现在施工人员对苗木的现场质量验收不严格，使带病植株或损伤严重的苗木进场进行栽植。苗木质量低劣，栽植后成活困难，即使成活其绿化效果也较差，只能进行苗木更换来改善景观效果。硬质设施材料把关不严，不仅表现为材料质量不过关，同时材料种类选择不当也是重要问题。硬质材料的问题不会直接影响植物的生长状况，但是它会通过改变植物的生长条件间接对植物造成影响。比如，灌溉用输水管型号选择偏大，会造成灌溉时水流量大，冲刷表层土壤，造成土壤流失，甚至会冲毁地表栽植的植物，而且过多的水分会妨碍植物根系的呼吸作用，不仅浪费了水土资源，植物也无法正常生长。

要把好质量关，我们应该做到以下几点：一是要培养工作人员鉴别植物优劣真伪的能力。苗木质量的好坏直接影响栽植的成活率、后期养护成本及绿化效果。高质量的苗木应具备根系发达、苗壮通直、冠根比适当、无枝干损伤和病虫害等条件。栽植前的苗木准备工作主要包括对枝叶的修剪、对根系的处理等。苗木质量高低与绿化效果的快慢显现有密切关系。高质量的苗木，栽植后成活率高，生长迅速旺盛，能很快形成绿荫如盖、花团锦簇的优美景观。苗木质量低劣，栽植后成活困难，或即使成活而生长效果也较差，只能对苗木进行补植以改善景观效果，从而加重了养护管理工作量。这样不但浪费人力和物力，在经济上也会造成损失，更主要的是影响观赏效果，推迟工程或绿地发挥效益的时间。高质量的苗木，可以加快园林绿化建设的速度。因此，在园林绿化栽植过程中，必须严格选择高质量的苗木并进行有效的苗木准备。二是要严厉打击工作人员与材料供应商的私下利益往来，避免为了个人私利而放纵以次充好的行为，保证苗木质量和施工的顺利进行。组织一支监督队伍，制定监督制度，对已经接收的材料进行不定期、不定量的抽查，对抽查合格率达标的单位予以表扬或奖励，对合格率不达标的单位予以通报批评或罚款，情节严重的可辞去负责人职务。三是虽然供应商诚信与否不是施工方能左右的，但是能够通过充分的调查对供应商的信誉值做出正确的判断，找到值得信赖的供应商并建立长期合作关系是减少材料损失的有效途径。资历雄厚的园林建设企业或公司都有自己比较固定的材料供应关系网，都是在长期的合作中建立的，对对方的诚信度等有较深了解，对对方的长处和缺点也比较熟悉，因此在需要材料供应的时候能快速合理地选择最适合的供应商。

3.处理施工垃圾

垃圾处理不当是当前园林建设施工中普遍存在的现象，其中最主要的错误处理方式是不论什么垃圾都就地填埋。垃圾就地填埋可以带来的短暂“利益”：垃圾不用向垃圾站运输，省去了收集、运输和倾倒垃圾的人力、物力、财力；可以用垃圾代替部分填土，节省了购买和运输填土的费用；最主要的是节省了处理垃圾的时间，为按时交工提供了方便。园林绿地施工过程中会产生两类垃圾：一类是植物自身产生的垃圾；另一类是土壤无法降解的水泥、石灰、废弃塑料等人为形成的垃圾。

（1）对植物自身产生的垃圾的处理

对于植物自身产生的垃圾，也就是植物的落叶、枯枝、落果等，在确定无病虫害感染时可以进行就地填埋处理，既节省了运送垃圾的费用，还可以增加土壤蓄水和保水的能力，腐烂后还可作为肥料为土壤提供有机质，提高土壤肥力。但一般情况下，养护工作没有条件和精力对枯枝落叶是否带有病虫害做出精密的测定，而要防止病虫害的发生就必须把枯枝落叶这一可能带有病虫害的载体，或可能成为传播途径的媒介除去，所以植物自身产生的垃圾一般收集后或焚烧或运出绿地范围制成堆肥或者花泥，这样造成的绿地土壤肥力流失通过人为施肥来补充。

（2）对人为产生的无法降解的垃圾处理

对于土壤无法降解的水泥、石灰、废弃塑料等垃圾，在就地填埋处理后，虽然地表看不出异常，但会破坏土壤结构，影响水肥分布，使地下水变成高浓度溶液，甚至会和土壤元素发生化学反应。这些变化短期内不会对地上部分造成明显的不良反应，但长期就会影响到周围植物根系的生长。植物根系无法伸展，不能正常吸收水分和养分，而某些化学元素会破坏植物的重要生理机能，这些都会影响植物的正常吸收和代谢，使植物形状无法正常表达，最终导致植物观赏效果降低甚至死亡。而且如果不对土壤进行彻底处理，即使更换了已经失去观赏效果的植物，这种情况还是会反复出现，要根除这一现象就必须合理处理施工垃圾。因此，在垃圾彻底清理方面绝不能手软，必须有专门的资金和设备投入，由专人负责，对于石灰、水泥、碎石、碎砖、废弃塑料等土壤难以降解的垃圾必须运出工地，运入垃圾处理厂进行处理，不能图一时方便而使养护工作无法正常进行。

4.提高施工人员的技术水平

提高施工人员的技术水平，在这里是指要求施工人员能够严格遵守施工规范，正确操作施工器械，防止施工过程不规范或者器械操作不正确而对植物造成物理损伤和生存条件的改变。施工步骤依时间顺序依次为前期准备、地表准备、地形处理、苗木进场、种植养护、现场清理、竣工资料汇编和竣工验收九步。在园林工程的规模日趋扩大的当今社会，设计、施工、养护一般分别委托给不同的单位，在相互沟通上存在一些问题。从设计到施工阶段，都应当着眼于完工后的景观效果，总目标都是为游人创造良好的园林绿化空间。为了减少不必要的后期养护工作，园林施工人员要注意以下几点：一是要加强机械操作熟练度和对原有树木的保存。施工器具主要有挖掘机、土方及苗木运输车辆、压路机、电动打夯机、手推车及小型手工工具（铁锹等）。在土建施工以前，要对原有树木采取保存措施，防止机械损伤树干、树皮，一般用草袋包裹保护。在施工过程中先将树穴用土护起，做成30cm以下的土丘，避免石灰侵入。对行道树来说有时由于更换便道板或树穴板，需要做垫层，如果垫层需要浇水养护，应及时将树穴围起。石灰和水泥都会改变土壤pH值，造成土壤碱化，危害树木正常生长。如果不采取保护措施，容易造成物理损伤，降低植物的可观赏性，同时增加了植物发生病虫害的概率。二是土壤碱化直接破坏了植物内部的酸碱平衡，甚至会腐蚀根系，后期必须使用溶液调整土壤pH，严重时必须更换种植土。三是严格要求表土的采取和复原工作。土壤是花草树木生长的基础，土壤中的土粒最好是构成团粒结构。适宜植物生长的团粒大小为1～5mm，小于0.01mm的空隙，根毛不能侵入。在一般情况下，表土具有大量养料和有用的土壤团粒结构，而在改造地形时，往往剥去表土，这样不能确保植物有良好的生长条件，因此应保存原有表土，在栽植时予以有效利用。在表土的采取及复原过程中，为了防止重型机械进入现场压实土壤，避免团粒结构遭到破坏，最好使用倒退铲车掘取表土，并按照一个方向进行，表土最好直接平铺在预定栽植的场地，不宜临时堆放，防止地表固结。掘取、平铺表土作业不能在雨后进行，施工时的地面状况应该十分干燥，机械不得反复碾压。如果由于机械重压造成土壤板结，则须采取深耕方法让土地达到膨软，如果下层土质不好，应改良土壤，深度以80～100cm为宜。四是要特别注意土建与绿化的交叉施工。土建与绿化由不同单位交叉施工时非常容易出现问题，特别是在砌筑路边石、植物护框等细小环节上。路边石一般使用石材或预制混凝土制品，为了保证施工质量，必须按要求在路边石内侧（绿地内）接缝处用混凝土加固，保持稳定。但混凝土的形状和尺寸在达到稳定的前提下应加以控制，能够使草坪或色块等植物在正常生长后达到郁闭，避免出现缺苗现象而进行补苗。路边石还应向栽植地面引导雨水，要注意周围部分的排水坡度和约束能力，提前设置倒水假接缝等。

# 第三节　风景园林植物景观营造养护研究

## 一、植物景观类别

### （一）人工植物景观

人工植物景观主要是通过设计组合的方式栽培乔、灌、草等，把繁多的植物进行配置，将其构成不同林相、植物群落、季相的景色。通过感官的方式，让人们感受植物景观带来的美感和对美好事物的联想。在人工植物景观中，规模化的植物景观设计体现在城市公园绿地中，在功能上可减少热岛效应，促进城市的可持续发展。城市植物景观对城市功能维护具有多方面功能，其重点体现在生态、防尘、降噪、保健等功能方面。其生态功能具有稳定的生态性，城市人居环境的改善和保护集中体现在调节功能气候、提高环境质量、提高美感、降低养护难度等。作为生态链条的其中一个环节，植物景观的植物以及植物群落具有丰富性，其充分体现在植物景观的多样性以及城市环境的稳定性上，从而缓解城市环境问题。

### （二）野生植物景观

在传统的景观生态学研究领域中，野生植物景观的类型划分与分布主要是按照绿地类型来进行分析与研究的，主要植物的繁育来自对自然环境中具有观赏性的物种进行驯化和引种，通过人工栽培、自然选择和人工选择，使得非本地的植物种类或者品种能够适应本地的栽培环境，能够满足日常的生产和生活，在此之上再加以规划设计，形成野生植物景观。相较于人工植物景观，野生植物景观适应性更强，管理上也可以相对粗放一些。

### （三）景观生态修复

景观生态修复设计是从自然生态的角度进行人性化的城市景观生态修复规划，可以有效地改善城市中生态失衡的现象，改善人与人、人与环境之间的关系，这是当代城市发展历程中的一种健康时尚，也是工业文明发展到现阶段的必然选择。随着城镇化的推进和城市的快速扩张，许多原先的工厂和企业逐渐迁出城区，曾经的工业和生产用地在一定程度上受到了污染和破坏，难以再次利用，变成了“棕地”。大量的棕地在一定程度上阻碍了城市的规划设计，对城市而言也是一种资源浪费。所以如何解决棕地问题引起了国内外众多风景园林师的关注。

自然恢复植物景观运用生态学的相关理论，充分利用生物多样性，建立起一种良性的植物景观群落。在群落内部，可实现每一种植物景观的健康生长，可进一步减小人类对植物景观群落的外部干预，降低后期养护管理的难度，形成区域性小气候，提高城市的宜居性。在现代科学技术的发展过程中，植物景观对城市居住环境下的压力有很好的缓解作用。经过科学的研究论证，植物景观对城市居民健康帮助体现在多个方面：一是激励锻炼作用；二是积极引导作用；三是避免外界干扰作用；四是城市噪声减少作用。在自然恢复植物景观的社会功能方面，自然恢复植物景观具有优美的形态、丰富的彩色，也是城市环境美化不可或缺的重要元素，进而形成一种独具文化特色的自然景观意识或情感，借助自然植物景观可抒发各种表征含义。

## 二、植物景观养护及其方法

城市园林生态系统容易受到人为干扰，所以园林植物需要人为悉心养护，从而提高其观赏效果。“三分栽植，七分养护。”养护工作在树木定植后就应该进行，但养护工作要根据树木的生长特性、季相变化等采取相应的养护措施。下面将从立地条件研究、施肥要素研究、病虫害防治要素研究三个方面进行分析，研究植物景观养护的选择方法。

### （一）立地条件研究

立地条件主要是针对一些外来新品种树和特殊状态下的植物需求，例如“立体绿化”就是目前大家比较青睐的一种绿化形式。这种形式主要的植物都是以草本花卉为主，建设时间短、见效快，在优化城市生活空间、拓展绿化空间及范围的基础上，对提升城市的立体空间、绿化成效等起到很好的促进作用。在实际的应用中，城市建筑与绿化模式要进行有机地融合，可预留部分空间对城市围墙、立柱等进行特殊处理，增强城市绿化氛围，营造良好的城市绿化空间，这同样也属于植物景观一种人为拓展的“养护”方法。现阶段，系统性研究立体绿化的理论及实践案例相对较少，南京市在城市环境中植物景观改造及设计中需要进一步提升在此方面的应用。虽然南京市立体绿化植物资源较为丰富，但投入城市应用中的非常有限，所以需要对景观植物应用现状进行分析改造，建立起完整的立体绿化植物评价系统，最大限度地改善南京市多重空间绿化景观呈现效果。

### （二）施肥要素研究

在施肥现状方面，有些地区土壤盐碱度对植物景观生长、发育来说比较关键，这也是植物景观养护管理工作的重要环节之一。如果存在施肥缺位的情况，土壤肥力就会下降，存在无法满足营养的情况，导致植物生长受到限制。一般而言，如存在缺少氮肥的情况，可能会出现植物叶小色淡，植物的叶片稀疏，分枝较少，这一情况较为明显。如果是缺少磷肥，则会导致植株相对矮小，叶片也会显得灰暗，植物表面缺少光泽。

在植物景观中，由于土壤缺少钾元素，会导致植株存在倒伏，盐碱度过高也会使得植物吸水产生困难，最终使叶片变得焦枯。在施肥过程中，由于施肥不当造成土壤毛细管被切断，土壤中的水分蒸发，进而导致土壤的通气性受到诸多阻碍，植被周围产生杂草，使得植物养护管理缺少施肥效果。在一些根深性木本植物占多数的情况下，这些类型的植物生长期相对较长，存活时间会受到一定的影响。为充分保证植物的存活时间以及生长时间，需要持续对植物进行养分供给，植物要充分依托原有的土壤成熟度，保证植物营养物质的充足。由于植物出于存活的本能，一些根系植物也成为营养物质吸收的关键来源，为避免水汽肥比例失衡，原有的土壤结构受到破坏，需要充分考虑到土壤养分的点效性，避免其发生内部养分结构的变化。

### （三）病虫害防治要素研究

病虫害的防治一直是困扰植物景观养护管理者的关键问题，其需要在日常巡查基础上，加强对景观植物生长状态的观察和记录，重视病虫害防治问题。植物景观的病虫害如不在短时间内加以遏制，其会存在暴发、蔓延的风险，甚至形成短期内的恶性资源浪费。南京市一些植物景观经常会受到病虫害的困扰，比如广玉兰、大叶黄杨、五针松等植物因受到病虫害的困扰，其可能会在短时间内出现植株生长不良，罗汉松、银杏、女贞等也会因病虫害问题出现类似的情况。在城市区域范围内，其面临天牛等虫害问题，病害上主要受到白粉病、溃疡病的困扰，紫薇、木模、紫叶李等植物出现蚧壳虫问题，大叶黄杨会出现病虫危害，天牛这一虫害会出现在法国冬青、紫薇等植物上，白粉病会阻碍月季的健康生长。

根据对部分城市环境中植物景观养护现状的调查，现有植物景观病虫害大多集中在天牛、红蜘蛛上，白粉病、溃疡病等成为常见的病虫害，这在一定程度上与城市环境的不断恶化存在一定的关联性。在城市道路周围，大叶黄杨、广玉兰、月季、桂花等大多出现植株的病虫害，在一些互动区域，龟背竹叶斑病也较为常见。在城市环境植物景观养护管理措施中，需要对苗木进行补植，补植有很多方面，其包括对重点城市植物景观区域的补植，该类区域无论是在植株数量还是在种类上，相对占比较高，也是日常植物景观养护中的一项工程量较大的工作。因植物景观种植的品种与当地生态环境匹配性较低，遭遇病虫害的侵袭后极大可能会出现植株直接死亡，需要在对植物景观进行选择、设计、配置中准确判断实地环境及周围条件。对某些路段未能应用适宜的树种，产生植株死亡、未理想化的景观效果，应避免对植物景观产生损害，避免对补植工作产生负面影响。

## 三、植物景观扩展性养护探索

城市公共绿地景观的营造是美化城市的必要手段，而园林绿化工程养护管理则是对景观环境的基本保障。它是一种持续性、多效性的工作，需要在植物病虫害防治、绑扎修剪、浇水施肥、日常管理等方面进行养护管理。下面将从多重空间变化、植物景观与色彩搭配、温度与群落景观、边缘性设计与植物景观设计方面探索如何在保有绿化审美效果的基础上，充分体现和发挥植物的景观性、生态性和人文价值。

### （一）多重空间变化

城市绿化有多重空间变化，城市立体绿化就是众多空间形式之一，它旨在采用立面的形式，增加城市绿化面积，丰富绿化景观，改善局部地区的生态环境。它在一定程度上丰富了城市绿化的艺术效果，有利于进一步吸尘滞尘、减少噪声、缓解城市热岛效应。平面绿化之外其他所有形式的绿化都可以称为立体绿化，其中垂直绿化、屋顶绿化、护坡绿化、墙面绿化以及高架绿化等绿化形式最为常见。立体绿化还可以被称为建筑绿化，因为大部分立体绿化都是基于建筑之上的。面对城市扩张和快速发展带来的一系列城市问题，立体绿化无疑是解决城市绿化量不足的理想方法。所以，发展立体绿化是未来植物景观扩展的趋势所在。

城市环境中植物景观在绿化调查分类上，选择南京市城区范围内植物景观的历史发展趋势，需充分结合南京市城区植物景观的绿化模式。将绿化状况较好的绿地模式分为基本绿地、植物绿地、景观绿地三种，参与调研的形式包括交通绿地、立体绿地、广场绿地、公园绿地等。从目前的绿化趋势看，建筑外部空间的绿化与立体绿化结合越来越多，这种植物景观模式从墙面的装饰入手，其绿化模式大多依附在城市建筑物外部空间，在南京城市氛围内的许多建筑周围墙面，增加不少建筑的装饰美感，也增加了绿化面积，不断增强植物对环境的适应、调控能力，为城市环境带来巨大的生态效益。有的城市环境中的植物景观也采用护栏绿化模式，这一形式主要采用分车绿带模式，其主要应用在分流模式上，栏杆强调小型模式化种植槽、立体花箱等模式，其主要运用一些抗旱性、浅根性等能力较强的植物造景。运用坡面绿化的形式成为城市添绿的一个重要模式，以南京市火车站为例，在火车站南出口地区、道路样点、虎踞路清凉山地区采用护坡绿化模式，其采用一种有效的防护坡面绿化模式和生态护坡模式。在植物选择的基础上，选择大量的红叶石楠、大花六道木、千叶兰等常绿植物，不仅可以覆盖及美化护坡环境，还能大量减少雨水冲刷及水土流失造成的对植物景观的冲击。在清凉山地区，大量种植了络石、地锦、蔷薇等攀缘植物，这种植物景观养护模式较为常见。在植物景观的范围推广上，立体花坛采用绿带立体花箱模式，采用节点沿街设置的模式分拆街头、绿岛等，形成各种植物景观模式。在植物景观的分拆节点上，运用草本植物、小灌木、二维立体、植物艺术造型、立体绿雕等模式，充分结合各类艺术主题，运用丰富的植物形成花坛、花镜结合模式，将人工、自然等绿化模式相互结合，营造出各类绿化景观模式。

## （二）植物景观与色彩配置

色彩包括饱和度、色相和明度三种属性，三属性的关系变化组合形成了不同的景观特色。如中国古典园林中，朴素的色相和弱化的纯度使得植物景观色彩呈现简洁、淡雅、深远的意蕴，衬托出深远的意境，而西方古典园林欣赏植物注重明艳色彩搭配带来的变化。植物景观呈现的色彩感觉概括为温和雅致和绚烂多彩两类，设计中可根据色彩调和的原理进行植物配置。单一色相和近似色的搭配往往可以带来温和雅致的效果。同色调色彩相互调和不仅容易取得协调与整体的感觉，而且意象缓和、和谐。而中差色、对比色等强对比色调均产生鲜明、具有冲击力的色差，给人以现代、活泼、洒脱的感受，突出对比的艺术效果。

在植物搭配和应用中需要考虑与背景的和谐与协调，主要体现在大小、色彩、体量、规模等方面。一般来说，深色的植物需要浅色的背景，否则会被忽视。如绿色可增强亮丽花色的对比效果，但如果绿色背景较深，且前面植物为饱和度较低的紫叶李和红枫，就要栽植在明亮的地方。相反，浅色或有亮丽花叶的植物应使用深色的背景，如以松柏等常绿树为背景，可配以浅亮的植物。植物色彩对人产生心理暗示作用，因而具有一定的象征意义，从而使人们展开联想。通过植物色彩搭配，有的能给人华丽而漂亮的感觉，有的让人感受到朴素和优雅。熟悉和掌握各种色彩的特点及属性有利于绿化植物的选择和搭配，从而营造出设计需要的环境氛围。

## （三）温度与群落景观

温度是影响气候的主要因素，温度是植物生长的一个环境要素。只有温度在合适范围内，植物才能正常生长。温度对植物补植的影响，需要充分满足植物生长的需求，温度过高、过低都不是理想状态。如果温度过低，可能会发生冻害问题，甚至造成植株死亡。调查中发现，南京市江北地区某些植物受到低温的影响，出现了冻害及死亡现象，地区之间低温天气的差异，为本地区植物景观的养护管理带来了更艰巨的挑战。客观而言，如本地区的温度较低，该地区植物景观的绿化景观、植物景观效果也会受到损害，对于该地区的植物景观选择、配置，需要选用一些抗寒、耐冻的植物种类。在群落景观中，植物景观率可以从公园植物景观、其他植物景观、生产植物景观、附属植物景观、防护植物景观五个类别进行评价，其评价的结果存在优、中、良、差四个等级，其主要判断因素包括游园植物景观的优势度、聚集度、均匀度、分离度四项指标。植物景观类型存在五种分类，总体植物景观服务功能价值最高的为公园植物景观，其次为其他植物景观，排名第三的是附属植物景观，最后两名分别为生产植物景观与防护植物景观。虽然从面积的比例与植物景观的破碎度角度分析而言，其他植物景观占据一定的优势，但从整体区域植物景观率的比较分析而言，其他植物景观并没有占据很高的优势度。作为评价中等的附属植物景观，虽然其植物景观率的分布相对较广，但从景观格局的分布来看，其存在分布较为分散且不均匀的问题。综上所述，虽然这两种植物景观随着城市的不断发展与扩张，会在基本的植物景观系统结构中发生一定的变化，但其在植物景观系统构建中还需要采取切实有效的措施加以健全与改善。

### （四）边缘性设计与植物景观

边缘空间是与中心一起被人们提出的，任何有形的空间都有边缘，而任何两个或两个以上的空间之间都存在边缘空间。边缘空间的作用并非只是用于过渡，它还可以是活动的激发点，可以成为设计的焦点所在。边缘性景观设计，就是充分挖掘、利用边缘空间，丰富边缘空间的设计手法、层次设计。

有些景观模式采用立柱绿化模式进行应用，立交桥的立体绿化植物应用可以在桥体应用方面进行应用。在立交桥的两侧建立特色植物景观模式，比如采用垂挂吊篮、常春藤等耐旱攀缘植物来进行城市绿化，这一措施不仅可以降低局部温度、增加空气湿度、吸附灰尘，还能在一定程度上降低噪声，有效地增加绿化面积。在立交桥的植物景观绿化模式上，强调在塑料、铁丝网的下方种植凌霄、爬山虎等攀缘植物，形成桥墩、立柱立面模式，不但可以美化立交桥外形，还可以有效避免直射混凝土材料的桥体表面，达到一定的降温防护作用。例如，在盐仓桥广场凯旋门高架处，需充分运用大量的立体绿化植物模式，强调运用植物景观包裹，不断丰富立交桥枢纽的植物景观，最终提升整体城市形象。在除草方面，南京城市的植物景观除草要覆盖地表，形成景观的全覆盖。植物景观还需要为所在地提供水土保持率，要不断改善本地区的自然条件、生态环境，除草要作为日常养护管理的重要内容，要重点解决城市环境内的植物景观杂草问题。除草工作要重点从日常养护管理内容入手，解决树木杂草问题，为树木提供充足的养分支撑。养护部门的相关技术工作人员要选择合适的时间开展施肥工作，为植物景观保持充足的养分，不给杂草留存滋生空间。在城市的一些交叉区域、互通区域，由于上述区域的面积较大，其所需的植物景观的数量、密度相对较大，对区域重视力度不够，会产生较为严重的杂草、杂树情况。杂草侵入会导致野漆树、黄连木、葛藤、禾本科等植物景观的观赏效果大打折扣。在南京市中央门车站周围的植物景观调查中发现，该地区的苗木补植成活率普遍偏低，其主要原因有如下三个：一是该地区的车流量较大，汽车尾气的大量排放会对植物生长产生诸多影响。二是植物景观养护管理方法欠缺，每一次开展补植工作的时机不够适宜，存在季节矛盾、不够明显的问题。补植流程往往只是根据需求，没有根据该地区的植物生长环境，在一定程度上也提高了植物景观的养护管理成本，更提升了植物景观的养护管理难度。三是该地区的中央分隔带土壤肥力不够充分，受到周边建筑的影响，地质环境、水质、气候条件普遍较差。

综上所述，在上述的互通区域内，杂草、杂树侵染问题层出不穷，存在生长速度过快、不能及时拔除的情况。这会影响植物景观的整体效果。绿化植物的生长如受到限制，隔离栅外植物也会受到影响。以南京市梧桐树景观为例，梧桐树的特点是树形高大、生长速度较快。

# 第四章 园林工程施工设计概论

## 第一节 园林工程施工特点及要点

### 一、园林工程施工项目及其特点

#### （一）园林工程施工具有综合性

园林工程具有很强的综合性和广泛性，不仅是简单的建筑或者种植，还要在建造过程中，遵循美学特点，对所建工程进行艺术加工，使景观达到一定的美学效果，从而达到陶冶情操的目的。同时，园林工程因为具有大量的植物景观，所以工程相关人员还要具备园林植物的生长发育规律及生态习性、种植养护技术等方面的知识，这势必要求园林工程人员具有很高的综合能力。

#### （二）园林工程施工具有复杂性

我国园林大多是建设在城镇或者自然景色较好的山、水之间，而不是广阔的平原地区，所以其建设位置地形复杂多变，因此对园林工程施工提出了更高要求。在准备期间，一定要重视工程施工现场的科学布置，以便减少工程期间对于周边居民的影响和成本的浪费。

#### （三）园林工程施工具有规范性

在园林工程施工中，建设一个普普通通的园林并不难，但是怎样才能建成一个不落俗套，具有游览、观赏和游憩功能，既能改善生活环境又能改善生态环境的精品工程，就成了一个具有挑战性的难题。因此，园林工程施工工艺总是比一般工程施工的工艺复杂，对于其细节要求也就更加严格。

### （四）园林工程施工具有专业性

园林工程的施工内容较普通工程来说相对复杂，各种工程的专业性很强。不仅园林工程中亭、榭、廊等建筑的内容复杂各异，现代园林工程施工中的各类点缀工艺品也各自具有其不同的专业要求，如常见的假山、置石、水景、园路、栽植播种等工程技术，其专业性很强。这些都需要施工人员具备一定的专业知识和专业技能。

## 二、园林工程建设的作用

园林工程建设主要是通过新建、扩建、改建和重建一些工程项目，特别是新建和扩建，以及与其有关的工作来实现。

园林工程施工是完成园林工程建设的重要活动，其作用可以概括为以下几个方面。

### （一）园林工程建设计划和设计得以实施的根本保证

任何理想的园林建设工程项目计划，任何先进科学的园林工程建设设计，均须通过现代园林工程施工企业的科学实施，才能得以实现。

### （二）园林工程建设理论水平得以不断提高的坚实基础

一切理论都来自于实践，来自于最广泛的生产实践活动。园林工程建设的理论自然源于工程建设施工的实践过程。而园林工程施工的实践过程，就是发现施工中的问题并解决这些问题，从而总结和提高园林工程施工水平的过程。

### （三）创造园林艺术精品的必经之途

园林艺术的产生、发展和提高的过程，就是园林工程建设水平不断发展和提高的过程。只有把经过学习、研究、发掘的历代园林艺匠的精湛施工技术及巧妙手工工艺与现代科学技术和管理手段相结合，并在现代园林工程施工中充分发挥施工人员的智慧，才能创造出符合时代要求的现代园林艺术精品。

### （四）锻炼、培养现代园林工程建设施工队伍的最好办法

无论是对理论人才的培养，还是对施工队伍的培养，都离不开园林工程建设施工的实践锻炼这一基础活动。只有通过实践锻炼，才能培养出作风过硬、技艺精湛的园林工程施工人才，以及达到走出国门要求的施工队伍。也只有力争走出国门，通过国外园林工程施工的实践，才能锻炼和培养出符合各国园林要求的园林工程建设施工队伍。

## 三、园林施工技术

### （一）园林施工要点与内容

1.园林施工要点

中华人民共和国行业标准《城市绿化工程施工及验收规范》的颁布，为城市绿化工程施工与验收提供了详细具体的标准。按照规范，严格按批准的绿化工程设计图纸及有关文件施工，对各项绿化工程的建设全过程实施全面的工程监理和质量控制。

任何工程在施工前都应该做好充分的准备，园林工程施工前的准备主要是熟悉施工图纸和施工现场。施工图纸是描述该工程工作内容的具体表现，而施工现场则是基础。因此，熟悉施工图纸及施工场地是一切工程的开始。熟悉园林施工图纸要了解如何施工，而且要领悟设计者的意图及想达到的目的；熟悉园林施工图纸可以了解该工程的投资要点、景观控制点，施工过程中加以重点控制。熟悉施工图纸与施工现场情况，并充分地把两者结合起来，在掌握设计意图的基础上，根据设计图纸对现场进行核对，编制施工计划书，认真做好场地平整、定点放线、给排水工程前期工作。

在施工过程中要做到统一领导，各部门、各项目要做到协调一致，使工程建设能够顺利进行。

2.根据园林工程的实际特点，园林工程的施工组织设计应包含以下内容

一是做好工程预算，为工程施工做好施工场地、施工材料、施工机械、施工队伍等方面的准备。

二是合理计划，根据对施工工期的要求，组织材料、施工设备、施工人员进入施工现场，计划好工程进度，保证能连续施工。

3.施工组织机构及人员

施工组织机构需明确工程分几个工程组完成，以及各工程组的所属关系及负责人。注意不要忽略养护组，人员安排要根据施工进度计划，按时间有序安排。

园林施工是一项严谨的工程，施工人员在施工过程中必须严格按照施工图纸进行施工，不可按照自己的意愿随意施工，否则将会对整个园林工程造成不可挽回的后果。园林工程施工就是按设计要求设法使园林尽可能地发挥自身作用。所以说设计是园林工程的灵魂，离开设计，园林工程的施工将无从下手，如不严格按照施工图纸施工，将会歪曲整个设计意念，影响绿化美化效果。施工人员对施工意图的掌握、与设计单位的密切联系、严格按图施工，是保证园林工程质量的基本前提。

### （二）苗木的选择

在选择苗木时，先看树木姿态和长势，再检查有无病虫害，应严格遵照设计要求，

选用苗龄为青壮年期有旺盛生命力的植株；在规格尺寸上应选用略大于设计规格尺寸的苗木，这样才能在种植修剪后，满足设计要求。

1.乔木干形

乔木主干要直，分枝均匀，树冠完整，忌弯曲和偏向，树干平滑无大结节（大于直径20mm未愈合的伤害痕和突出异物）。

叶色：除叶色种类外，通常叶色要深绿，叶片光亮。

丰满度：枝多叶茂，整体饱满，主树种枝叶密实平整，忌脱脚（脱脚即指枝叶离地面超过1cm）。

无病虫害：叶片通常不能发黄发白，无虫害或大量虫卵寄生。

树龄：3~5年壮苗，忌小老树，树龄用年轮法抽样检测。

2.灌木干形

分枝多而低为好，通常第1分枝应在3枝以上，分枝点不宜超过30cm。

叶色：绿叶类叶色呈翠绿、深绿，光亮，色叶类颜色要纯正。

丰满度：灌木要分枝多，叶片密集饱满，特别是一些球类或需要剪成各种造型的灌木，对枝叶的密实度要求较高。

无病虫害：植物发病叶片由绿转黄，发白或呈现各色斑块，观察叶片有无被虫咬，有无虫子或大量虫卵寄生。

### （三）绿化地的整理

绿化地的整理不只是简单地清掉垃圾、拔掉杂草，该作业的重要性在于为树木等植物提供良好的生长条件，保证根部能够充分伸长、维持活力、吸收养料和水分。因此在施工中不得使用重型机械碾压地面。

确保根域层应有利于根系的伸长平衡：一般来说，草坪、地被根域层生存的最低厚度为15cm，小灌木为30cm，大灌木为45cm，浅根性乔木为60cm，深根性乔木为90cm；而植物培育的最低厚度在生存最低厚度基础上草坪、地被、灌木各增加15cm，浅根性乔木增加30cm，深根性乔木增加60cm。

确保适当的土壤硬度：土壤硬度适当可以保证根系充分伸长和维持良好的通气性和透水性，避免土壤板结。

确保排水性和透水性: 填方整地时要确保团粒结构良好, 必要时可设置暗渠等排水设施。

确保适当的pH：为了保证花草树木的良好生长，土壤pH最好控制在5.5~7，或根据所栽植物对酸碱度的喜好而做调整。

确保养分：适宜植物生长的最佳土壤是矿物质45%、有机质57%、空气20%、水分30%。

### （四）苗木的栽植

栽植时，在原来挖好的树穴内先根据情况回填虚土，再垂直放入苗木，扶正后培土。苗木回填土时要踩实，苗木种植深度保持原来的深度，覆土最深不能超过原来种植深度5cm；栽植完成后由专业技术人员进行修剪，伤口用麻绳缠好，剪口要用漆涂盖。在风大的地区，为确保苗木成活率，栽植完成后应及时设置支撑；栽完后要马上浇透水，第二天浇第二遍水，第3～5天浇第三遍水，一周后浇水转入正常养护，常绿树及在反季节栽植的树木要注意喷水，每天至少2～3遍，减少树木本身水分蒸发，提高成活率；浇第一遍水后，技术人员要及时对歪树进行扶正和支撑，对于个别歪斜相当严重的需重新栽植。

### （五）苗木的养护

园林工程竣工后，养护管理工作极为重要，树木栽植是短期工程，而养护则是长期工程，各种树木有着不同的生态习性、特点，要使树木长得健壮，充分发挥绿化效果，就要给树木创造满足需要的生活条件，如满足其对水分的需求，既不能缺水干旱，也不能因水分过多使其遭受水涝灾害。

灌溉时要做到适量，最好采取少灌、勤灌的原则，必须根据树木生长的需要，因树、因地、因时制宜地合理灌溉，保证树木随时都有足够的水分供应。当前生产中常用的灌水方法是树木定植以后，一般乔木需连续灌水3～5年，灌木最少5年，土质不好或树木因缺水而生长不良以及干旱年份，则应延长灌水年限。每次每株的最低灌水量——乔木不得少于90%，灌木不得少于60%。灌溉常用的水源有自来水、井水、河水、湖水、池塘水、经化验可用的废水。灌溉应符合的质量要求有：灌水堰应开在树冠投影的垂直线下，不要开得太深，以免伤根；水量充足；水渗透后及时封堰或中耕，切断土壤的毛细管，防止水分蒸发。

盐碱地绿化最为重要的工作是后期养护，其养护要求较普通绿地标准更高、周期更长，养护管理的好坏直接影响绿化效果。因此，苗木定植后，要及时抓好各个环节的管理工作，通过疏松土壤、增施有机肥和适时适量灌溉等措施，可在一定程度上降低盐量。冬季风大的地区温度低，上冻前需浇足冻水，确保苗木安全越冬。由于在盐分胁迫下树木对病虫害的抵抗能力下降，需加强病虫害的治理力度。

# 第二节 园林工程总平面图及局部详图设计

园林工程总平面图是表达园林工程总体布局的专业图样，它是将视点放在设计区域的上空，向下俯瞰并以正投影原理绘制出的地形图。园林设计平面图中表明园林设计对象所在的基地范围内的总体布置、环境状况、地形与地貌、标高等信息，并按一定比例绘制已有的、新建的和拟建的建筑物、构筑物、绿化、水体及道路等。园林工程总平面图是新建工程施工放线、土方施工的依据，也是绘制园林工程局部施工图、管线图等专业工程平面图的依据。

园林设计是一项多层次、多步骤的复杂工作。一般来说，园林设计及其图纸的绘制需经历方案设计阶段、工程设计（施工图）阶段等。由于设计对象情况与设计要求不同，园林工程总平面图的图纸也有相应区别，但总体来说，每个阶段的图纸都需要符合一定的设计标准。同时，由于篇幅所限，一张园林设计总平面图往往无法完整清晰地表达所有信息，因此，需要有一定数量的局部平面图加以配合。

## 一、园林方案设计阶段总体设计的主要内容

园林方案阶段总体设计是一项具有较强综合性的设计工作，涉及水文、地质、规划、建筑、植物、建设技术等多方面知识，也与社会经济、环境艺术等学科有着密切联系，这些学科在园林设计的过程中，相互影响、相互制约，形成一个系统的工程体系，共同发挥着重要作用。

园林设计工作与项目所在地政府的工程计划建设费用、建设速度有关，需要与城市规划、市政工程等政府部门协调统一，设计方式与成果也要符合国家有关的方针政策。园林设计要以设计对象所在区域的自然条件为方案设计的前提，此外，还要充分考虑所处的地区及城市的面貌，要适应周围的环境与建筑风格，符合地方的风俗习惯，并尽可能地挖掘当地的地方特色。园林设计方案一旦实施建设，将在相当长的时间内对整个区域环境的面貌有重大影响，所以，在设计时，应具有一定的前瞻性，需充分预测当地的经济发展和技术进步，使设计兼具稳定性和灵活性，为将来的发展留有余地。

在进行园林方案设计阶段的工作时，首先要根据任务书所要求的内容、基地现状与环境条件等做深入的资料收集与分析；接下来确定设计的概念与主题、设计指导思想、原则及手法，做出整个园林的用地规划整体布置，并完成主要的功能分区；最后再经权衡选择

一个或结合几个较好的设计做出确定性的方案并完成此阶段设计文件的制定。

### （一）园林方案阶段总体设计的文件、图纸所包含的内容

明确与城市规划的关系；确定性质、内容和规模；现状分析与处理，平衡园内主要用地比例；初步设置停车场、餐厅、小卖部、厕所、座凳、管理房等常规设施；容量计算；确定总体布局与分区；竖向控制。

### （二）园林方案阶段的设计文件与常用的图纸类型

设计说明书，包括各专业设计说明以及投资估算等；总平面图以及局部设计图纸；现状图、规划图、分析图、方案构思图、功能关系图、交通图；设计委托书或设计合同中规定的透视图、鸟瞰图等。

## 二、园林工程设计阶段的总平面图设计

### （一）园林工程设计阶段总平面图的组成

在园林工程设计（施工图）阶段，总平面的专业设计文件应包括图纸目录、设计说明、设计图纸及计算书。其中设计图纸包括总平面图、竖向设计图、土方图、绿化布置图、小品建筑布置图、道路平面图、管道综合图等。具体来说，这些图纸需要表达以下信息。

（1）保留的地形和地物；

（2）场地测量坐标网、坐标值；

（3）场地边界的测量坐标（或定位尺寸），道路红线和用地界线的位置与道路、水面、地面的关键性标高；

（4）场地四邻原有及规划道路的位置（主要坐标值或定位尺寸），以及主要建筑物和构筑物的名称或编号、位置、层数、室内外地面设计标高；

（5）建筑物、构筑物（人防工程、地下车库、油库、储水池等隐蔽工程以虚线表示）的名称或编号、层数、定位（坐标或相互关系尺寸），建筑物、构筑物使用编号时，应列出“建筑物和构筑物名称编号表”；

（6）广场停车场、运动场地的定位与设计标高，道路、无障碍设施、排水沟、挡土墙的定位，护坡的定位（坐标或相互关系）尺寸；

（7）道路、排水沟的起点、变坡点、转折点和终点的设计标高（路面中心和排水沟顶及沟底）、纵坡度、纵坡距、关键性坐标，道路要标明双面坡或单面坡，必要时标明道路平曲线及竖曲线要素；

（8）挡土墙、护坡或土坎顶部和底部的主要设计标高及护坡坡度；

（9）用坡向箭头表明地面坡向，当对场地平整要求严格或地形起伏较大时，可用设计等高线表示；

（10）20m×20m或40m×40m方格网及其定位，各方格点的原地面标高、设计标高、填挖高度、填区和挖区的分界线，各方格土方量、总土方量；

（11）土方工程平衡表；

（12）各管线的平面布置，注明各管线与建筑物、构筑物的距离和管线间距；

（13）场外管线接入点的位置；

（14）管线密集的地段适当增加断面图，表明管线与建筑物、构筑物、绿化之间及管线之间的距离，并注明主要交叉点上下管线的标高或间距；

（15）绿化总平面布置；

（16）绿地（含水面）、人行步道及硬质铺地的定位；

（17）建筑小品的位置（坐标或定位尺寸）、设计标高、详图索引；

（18）指北针或风玫瑰图；

（19）注明园林工程施工图设计的依据、尺寸单位、比例、坐标及高程系统（如为场地建筑坐标网时，应注明与测量坐标网的相互关系）；

（20）注明尺寸单位、比例、补充图例等。

## （二）园林工程设计阶段总平面图的特点

由于具有极高的专业性和巨大的信息量，因此，园林工程设计阶段总平面图往往表现出以下特点。

1.量化

园林工程设计阶段总平面图上所表达的信息具有明显的量化特点。因为图纸是施工阶段的标准和参照，如果在制图阶段不做到矢量化和精确化，那么在施工阶段就很可能会出现差之毫厘、谬以千里的错误。因此，园林工程总平面图必须以数据说话，所包含的信息表现为准确的矢量化数据。图中的坐标标高、距离宜以米为单位，并应至少取至小数点后两位，不足时以“0”补齐。详图以毫米为单位。

2.标准化

园林工程设计阶段图纸的绘制是一项具有标准化特点的工作，在这方面国家相关部门早已制定了严格规范。标准化的过程就是整个园林、建筑等行业工作效率提高的过程，同时各相关工种的衔接配合也在不断优化。在园林工程设计阶段图纸绘制中，线型、图例等相关参数应依照中华人民共和国《总图制图标准》为规范完成制图工作。

3.实用性

园林工程图纸是为施工服务的，有着明确的服务目标与服务人群，因此，具有极强的实用性。在图纸设计及绘制中，相关人员要如实反映设计、符合设计，表述准确，对施工有清晰的指导性，且条理清楚、符合存档要求。

4.高效性

在园林工程设计及施工中，工作效率与效益是直接相关的。一方面，在园林工程图纸设计中要做到内容准确、图面清晰简明，以提高制图效率；另一方面，以高效的图纸指导高效地施工，提高整个项目的效能水平。

5.兼容性

园林工程设计包含土方、给排水、道路、种植、照明等多方面内容，此外还涉及规划、生态、建筑、结构、施工、测量、管线等学科，多学科、多工种在设计过程中需要不断沟通、交流。图纸作为设计表达的媒介，其设计语言应具有兼容性，也应符合其他学科标准，符合国家现行的其他相关强制性标准的规定。

6.分层表现

由于园林总体设计内容复杂，同一区域内往往有多元角度的设计内容需要传达，但在同一张图纸上无法清晰表明，因此，在工程设计阶段常常分层绘图，来表达不同项目的总平面设计。

## （三）园林工程设计阶段总平面图的信息表达

园林工程设计阶段总平面图包含总体布置、地形、标高等信息，是工程施工的依据，其表达方式如下。

1.平面定位——坐标注法（测量坐标加建筑坐标）

总图应按上北下南方向绘制。根据场地形状或布局，可向左或向右偏转，但不宜超过45°。总图中应绘制指北针或风玫瑰图。

坐标网格应以细实线表示。测量坐标网应画成交叉十字线，坐标代号宜用“X”“Y”表示；建筑坐标网应画成网格通线，坐标代号宜用“A”“B”表示。坐标值为负数时，应注“－”号；为正数时，“＋”号可省略。

总平面图上有测量和建筑两种坐标系统时，应在附注中注明两种坐标系统的换算公式。

表示建筑物、构筑物位置的坐标，宜注其三个角的坐标，如建筑物、构筑物与坐标轴线平行，可注其对角坐标。

在一张图上，主要建筑物、构筑物用坐标定位时，较小的建筑物、构筑物也可用相对尺寸定位。

建筑物、构筑物、铁路、道路、管线等应标注下列部位的坐标或定位尺寸：建筑物、构筑物的定位轴线（或外墙面）或其交点；圆形建筑物、构筑物的中心；管线（包括管沟、管架或管桥）的中线或其交点；挡土墙墙顶外边缘线或转折点。

坐标应直接标注在图上，如图面无足够位置，也可列表标注。在一张图上，如坐标数字的位数太多时，可将前面相同的位数省略，其省略位数应在附注中加以说明。

2.竖向定位——标高注法及等高线法

应以含有±0.00标高的平面作为总图平面。

总图中标注的标高应为绝对标高，如标注相对标高，则应注明相对标高与绝对标高的换算关系。

建筑物、构筑物、道路、管沟等应按以下规定标注有关部位的标高：建筑物室内地坪，标注建筑±0.00处的标高，对不同高度的地坪，分别标注其标高；建筑物室外散水，标注建筑物四周转角或两对角的散水坡脚处的标高；构筑物标注其有代表性的标高，并用文字注明标高所指的位置；道路标注路面中心交点及变坡点的标高；挡土墙标注墙顶和墙趾标高；路堤、边坡标注坡顶和坡脚标高；排水沟标注沟顶和沟底标高；场地平整标注其控制位置标高；铺砌场地标注其铺砌面标高。

## 三、园林工程设计阶段的局部详图设计

### （一）局部平面图的特点

园林工程图纸（施工图纸）的编制是一个设计深度、图面表达深度、索引关系层级递进的过程，前后信息有着紧密的逻辑关系，以便于有关人员阅读和迅速查找所需的信息。总平面由于图幅的限制（最大为A0加长）及比例较小，只能表示出关键性的、控制性的信息，与表达具体细节的详图之间需要一个中间环节来推进图纸表达的深度，连接总图与详图之间的索引关系的中间环节即局部平面图。

局部平面图相对于总平面图而言，是以较大的比例绘制的总平面的某个局部的平面图，一般具有以下特征：包含节点，诸如建筑、铺装、花池、座椅、墙体、水池灯柱与景观柱等内容（只需具备其中一项内容即可）的场地；有明确、完整的边界；出图比例通常在1：500以上；不具有重复性，必须单独绘制并加以描述。

### （二）局部平面图的编制方法

根据当前行业的实践状况来判断，园林工程图纸的编制在索引形式上大致分为两种情况：分块编制和分层编制。

这两种编制方法各有利弊：分块编制的图纸索引清晰，容易阅读，即使图纸目录丢

失，仍不妨碍对图纸的理解，但不利于控制相同属性的内容，保持统一的风格及相同的设计深度；分层编制的图纸的利弊与分块编制的正好相反，便于查阅相同属性的内容，易于保持设计的整体性，但图纸索引的连续性不强，一旦目录及图例说明文件丢失，将无法阅读其余图纸。但无论采用哪种编制方法，局部平面都是无法省略的环节。

### （三）局部平面图的作用

园林工程局部平面图主要有以下作用。

连接总图与详图之间的索引，目的是帮助有关人员快速查阅工程图纸中的特定信息。总平面索引图一般只能对主要的景点、景区进行索引，对细部的索引由于图幅的限制及文字与图形的比例等问题无法全部展开，因而缺少关于细部详图的索引。局部平面不仅可以完善、细化总图的索引内容，同时展开对细部详图的索引，形成总图—局部平面—详图的层级递进的索引关系。

推进图纸表达的深度，总图表达的是具有控制性的信息，仍带有规划的性质，比如总图中竖向设计图解决的主要是园林内外高差的衔接、园内地表排水、地形改造等问题，所标注的仅仅是控制点的高程，而对于细节性的高程数据难以标注清晰。除此之外，园林内各要素的位置关系、铺装的细节等均需要进一步描述，这些内容可以在局部平面中得以清晰、精确地表达。

### （四）局部平面图的表达深度与设计内容

总图的图纸表达以准确为主。出图比例在1∶500以上的局部平面图的图纸内容表达以精确为主，所有内容比总图设计阶段推进一个层次。

1.局部平面索引图

局部平面索引图索引所有的节点（铺装、花池、座椅、墙体、水池、灯柱与景观柱等），一般索引到这些节点平面所在的图纸页码上。

2.局部平面定位图

局部平面定位图与总图采取一致的定位网格和坐标原点，定位网格应进一步细分，大小根据场地尺度调节。局部平面定位图应精确标示出场地内各要素的位置关系。建筑物应画出底层平面图，精确标出其出入口、窗户、平台等要素。小品画出俯视图，其位置和尺寸应明确标注。

3.局部平面铺装图

设计师应画出铺装分隔线与种植池、小品、建筑之间的衔接关系，尽量采取边界对齐、中心对齐等方式，以形成精确细致的对位关系，加强场地的整体感。铺装分隔线内的填充材料尺寸较小时，可以放大绘制或省略，并在详图中进一步扩大比例表示。

4.竖向设计图

总图部分的竖向图仅标注关键点的高程，并且这些数值带有控制性，并不一定是最后的施工标高。局部平面图的竖向设计图，采用标高标注、等高线标注和坡度标注相结合的标注方式，应标注如下内容：场地，应标出场地边界角点，与道路交接时道路中心线与场地边界的交点，排水坡度；建筑，应标注建筑底层室内外高差，并考虑台阶排水坡度引起的高程变化，标明排水方向和坡度；坡道，应标注斜坡两端的标高，并注明坡度；墙体和花池，应标注顶和底部的标高；排水明沟，应标注沟底和顶部的标高，并标注底部的坡度。

## 四、图签、图纸目录与总说明

### （一）图签

园林工程图纸中图签的主要内容包括：项目名称、图名、图号、比例、时间、设计单位。

此外，签字区应有相应责任人亲笔签署的姓名，而一些需要相关专业会签的园林工程施工图还应设置会签栏，注明会签人员的专业名称、姓名、日期等。

### （二）图纸目录

图纸目录的编制主要是为了表明此项园林工程的施工图由哪些专业图纸构成，从而便于图纸的查阅、修改和存档。图纸目录应排在整套施工图纸的最前面，且不计入图纸的序号之中，一般以列表的方式呈现。

园林工程设计阶段总平面图的图纸目录包括设计单位名称、工程名称、子项目名称、设计编号、日期、图纸编制等主要内容，图纸绘制单位可根据实际情况对具体项目进行删减调整。在图纸编制上，一般由序号、图号、文件（图纸）名称、图纸张数幅面、备注等栏目组成。图纸的先后次序应先排列总体图纸、后排列分项图纸；先排列新绘制的图纸，后排列标准图或重复利用的图。图纸的编号可由各设计单位自行规定，如“施工（+字母）+序号”的方式。

### （三）施工总说明

园林工程设计阶段的设计总说明包括以下内容：工程概况、设计依据及主要经济技术指标、数据；设计标高、尺寸单位等；混凝土、砖、水泥砂浆、结构配筋、铺装等材料说明；绿化配植说明与植物统计表；水景、照明等技术说明；其他专项说明等。

# 第三节 园林工程施工技术

## 一、园林土方工程施工

### （一）施工前的准备工作

在园林土方工程施工前要先进行施工前的准备工作，为后续的土方施工打下基础。

1.场地清理

场地清理就是在土方施工范围内，将场地地面和地下一些影响土方施工的障碍物进行清理，比如一些废旧的建筑物拆除，通信设备、地下建筑、水管的改建，已有树木的移植，池塘的挖填，等等。这些工作应由专业拆卸公司进行，但必须得到业主单位的委托，由于旧有的水电设施可能已经拆除或改建，因此，需要为土方施工修建临时的水电设施和临时道路，然后施工方还要为施工材料和施工机械的进场做准备。

2.排水

施工场地内一些坑坑洼洼的部分会有积水，这将影响工程的施工质量，在开工之前，应将这些积水排除，保持场地的干燥。在进行排水时，最好设置排水沟将水排到场外，而排水沟应设置在场地的外围，以免影响施工。如果施工区域的地形比较低，则还要修建挡水土坝，用来隔断雨水。

3.定点放线

按照前期规划的设计图纸，在施工区域利用测量仪器进行定点放线。定点放线工作能够确定施工区域以及区域内的挖填标高。测量时应保证数据的精确，不同的地形放线方法也不同。

### （二）园林土方工程施工

土方工程施工包括挖、运、填、压四方面内容。其施工方法可采用人力施工，也可采用机械化或半机械化施工。这要根据场地条件、工程量和当地施工条件决定。在规模较大、土方较集中的工程中，采用机械化施工较经济；但对工程量不大，施工点较分散的工程或因受场地限制、不便采用机械施工的地段，应该采用人力施工或半机械化施工，以下按上述四方面内容简单介绍。

1.施工准备

有一些必要的准备工作必须在土方施工前进行，如施工场地的清理；地面水排除；临时道路修筑；油燃料和其他材料的准备；供电线路与供水管线的铺设；临时停机棚和修理间的搭设等；土方工程的测量放线；土方工程施工方案编制等。

2.土方调配

为了使园林施工的美观效果和工程质量同时符合规范要求，土方工程要涉及压实性和稳定性指标。施工准备阶段，要先熟悉土壤的土质；施工阶段要按照土质和施工规范进行挖、运、填、堆、压等操作。施工过程中，为了提高工作效率，要制定合理的土石方调配方案。土石方调配是园林施工的重点部分，施工工期长，对施工进度的影响较大，一定要做好合理的安排和调配。

3.土方的挖掘

（1）人力施工

施工工具主要是锹、钢钎等，人力施工不但要组织好劳动力，而且要注意安全和保证工程质量。

（2）机械施工

机械施工的主要施工机械有推土机、挖土机等，在园林施工中推土机应用较广泛，例如在挖掘水体时，以推土机推挖，将土推至水体四周，再行运走或堆置地形。最后岸坡用人工修整。

4.土方的运输

一般竖向设计都力求土方就地平衡，以减少土方的搬运量，土方运输是较艰巨的劳动，人工运土一般都是短途的小搬运。车运人挑，这在有些局部或小型施工中还经常采用。

运输距离较长的，最好使用机械或半机械化运输。不论是车运还是人挑，运输路线的组织都很重要，卸土地点要明确，施工人员随时指点，避免混乱和窝工。如果使用外来土垫地堆山，运土车辆应设专人指挥，卸土的位置要准确，否则乱堆乱卸，必然会给下一步施工增加许多不必要的小搬运，从而浪费人力、物力。

5.土方的填筑

填土应该满足工程的质量要求，土壤的质量要根据填方的用途和要求加以选择，在绿化地段土壤应满足种植植物的要求，而作为建筑用地则要求以将来地基的稳定为原则。利用外来土壤堆山，对土壤进行检测，劣土及受污染的土壤不应放入园内，以免将来影响植物的生长和妨害游人健康。

6.土方的压实

人力夯压可用夯、破、碾等方式；机械碾压可用碾压机或用拖拉机带动的铁碾等机械。小型的夯压机械有内燃夯、蛙式夯等。如土壤过分干燥，需先洒水湿润后再行压实。

7.土壁支撑和土方边坡

土壁主要是通过体内的黏结力和摩擦阻力保持稳定的，一旦受力不平衡就会出现塌方，不仅会影响工期，还会造成人员伤亡，危及附近的建筑物。

8.施工排水与流沙防治

在开挖基坑或沟槽时，往往会破坏原有地下水状态，可能出现大量地下水渗入基坑的情况。雨季施工时，地面水也会大量涌入基坑。为了确保施工安全，防止边坡垮塌事故发生，必须做好基坑降水工作。此外，水在土体内流动还会造成流沙现象。如果动水压力过大，则在土中可能发生流沙现象，所以防止流沙就要从减小或消除动水压力入手。防治流沙的方法主要有：水下挖土法、打板桩法、地下连续墙法、井下降水等。

水下挖土法的基本原理是使基坑内外的水压互相平衡，从而消除动水压力的影响。如沉井施工、排水下沉、进行水中挖土、水下浇筑混凝土等均是防治流沙的有效措施。

打板桩法的基本原理是将板桩沿基坑周遭打入，从而截住流向基坑的水流。但是此法需注意板桩一定要深入不透水层才能发挥作用。

地下连续墙法是指沿基坑的周围先浇筑一道钢筋混凝土的地下连续墙，以此起到承重、截水和防流沙的作用。

井下降水法虽然施工复杂，造价较高，但会对深基础施工起到很好的支护作用。

以上这些方法都各有优势与不足。由于土壤类型颇多，现在还很难找到一种方法可以一劳永逸地解决流沙问题。

## 二、园林绿化工程施工

园林工程包括水景、园路、假山、给排水、造地型、绿化栽植等多项内容，无论哪一项工程，从设计到施工都要着眼于完工后的景观效果，营造良好的园林景观。绿化工程是园林工程的主体部分，其具有调节人类生活和自然环境的功能，发挥着生态、审美、游憩三大效用，起着悦目怡人的作用。它包括栽植和养护管理两项工程，这里所说的栽植是指广义上的栽植，其包括“起苗”“搬运”“种植”三个基本环节。绿化工程的对象是植物，有关植物材料的不同季节的栽植、植物的不同特性、植物造景、植物与土质的相互关系、依靠专业技术人员施工以及防止树木植株枯死的相应技术措施等，均需要认真研究，以发挥良好的绿化效益。

园林绿化工程的实施对象具有特殊性，由于园林绿化工程的施工对象以植物居多，而这些都是有生命的活体。在运输、培植、栽种和后期养护等各个方面都要有不同的实施方案，也可以通过这种植物物种丰富的多样性和植被的特点及特殊功效来合理配植景观。这需要施工和设计人员具有扎实的植物基础知识和专业技能，对其生长习性、种植注意事项、自然因素对其的影响等都了如指掌，才能设计出最佳作品。这些植物的合理设计和栽种可以净化空气、降温降噪等，并且还可以为喧嚣的人们提供一份宁静与安逸，这也是园林绿化工程跟其他城市建设工程相比具有突出特点的地方。

园林绿化工程的重要组成部分就是一些绿化种植的植被。因此，其季节性较强，具有一定的周期，要在一定的时间和适宜的地方进行设计和施工，后期的养护管理也一定要做到位，保证苗木等植物的完好和正常生长。这是一个长期的任务，也是比较重要的环节之一，这种养护具有持续性，需要有关部门合理安排，才能确保景观长久地保存，以创造最大的景观效益。

## 三、园林假山工程施工

在中国传统园林艺术理论中，素有“无园不石”的说法，假山在园林中的运用在中国有着悠久的历史和优良的传统，随着人们休闲环境意识的增强，假山更是走进无数公园、小区，假山元素在园林中的应用更为广泛。人们通常所说的假山实际上包括假山和置石两个部分，假山依照自然山水为蓝本，经过艺术夸张和提炼，是人工再造的山水景物的通称；置石，是指以山石为材料做独立造景或附属造景布置，主要表现山石的个体美或局部山石组合，不具备完整的山形。中国园林要求达到“虽由人作，宛自天开”的艺术境界，要求假山能更加贴近自然，更加真实，要求人工美要服从于自然美。

### （一）假山的材料选择

我国幅员辽阔，地质变化多端，为园林假山建设提供了丰富的材料。古典园林中对假山的材料有着深入的研究，充分挖掘了自然石材的园林制造潜力，传统假山的材料大致可分为以下几大类：湖石（包括太湖石、房山石、英石、灵璧石、宣石）、黄石、青石、石笋，以及其他石品（如木化石、石珊瑚、黄蜡石等）。这些石种各具特色，有自己的自然特点，根据假山的设计要求不同，采用不同的材料，这些天然石材经过组合和搭配，构建起各具特色的假山，如太湖石轻巧、清秀、玲珑，在水的溶蚀作用下，纹理清晰，如天然的雕塑品，其中形体险怪、嵌空穿眼者常被选为特制石峰；又如宣石颜色洁白可人，且越久越白，有着积雪一般的外貌，成为构筑冬山的绝佳材料。

现代以来，由于资源的短缺，国家对山石资源进行了保护，自然石种的开采量受到了很大限制，不能满足园林假山的建设需要。随着技术的日益发展，在现代园林中，人工塑石已成为假山布景的主流趋势，由于人工塑石更为灵活，可根据设计意图自由塑造，所以取得了很好的效果。

### （二）施工前的准备工作

施工前首先应认真研究和仔细会审图纸，先做出假山模型，方便之后的施工，做好施工前的技术交底，加强与设计方的交流，充分正确了解设计意图。其次，准备好施工材料，如山石材料、辅助材料和工具等。还应对施工现场进行反复勘察，了解场地的大小，当地的土质、地形、植被分布情况和交通状况等方面。制定合适的施工方案，配备好施工机械设备，安排好施工管理和技术人员等。

### （三）假山施工流程

假山的施工是一个复杂的工程，一般流程为：定点放线—挖基槽—基础施工—拉底—中层施工（山体施工、山洞施工）—填、刹、扫缝—收顶—做脚—竣工验收—养护期管理—交付使用。其中涉及许多方面的施工技术，不同环节都有不同的施工方法，在此，将重点介绍其中的一些施工方法。

1.定点放线

首先要按照假山的平面图，在施工现场用测量仪准确地按比例尺用白石粉放线，以确定假山的施工区域。线放好后，接着标出假山每一部位坐标点位。坐标点位定好后，还要用竹签或小木棒钉好，做出标记，避免出差错。

2.基础施工

假山的基础如同房屋的地基一样都非常重要，应该引起重视。假山的基础主要有木桩、灰土基础、混凝土基础三种。

木桩多选用较平直又耐水湿的柏木桩或杉木桩。木桩顶面直径以10～15cm为宜。平面布置按梅花形排列，故称为“梅花桩”。桩边至桩边的距离约为20cm，其宽度视假山底脚的宽度而定。桩木顶端露出湖底十几厘米至几十厘米，并用花岗石压顶，条石上面才是自然的山石，自然山石的下部应在水面以下，以减少木桩腐烂。

灰土基础一般采用“宽打窄用”的方法，即灰土基础的宽度应比假山底面积的宽度宽出0.5cm左右，保证基础的受力均匀。灰槽的深度一般为50～60cm。2m以下的假山一般是打一步素土，打一步灰土。一步灰土即布灰30cm，踩实到15cm再夯实到10cm左右。2～4cm高的假山用一步素土、两步灰土。石灰一定要新出窑的块灰，在现场泼水化灰，灰土的比例采用3：7。

混凝土基础耐压强度大，施工速度快。陆地上厚度为10～20cm，水中约为50cm。陆地上选用不低于C10的混凝土。水中假山基础采用M15水泥砂浆砌块石，或C20的素混凝土做基础为妥。

3.拉底

拉底就是在基础上铺置最底层的自然山石，是叠山之本。假山的一切变化都立足于这一层，所以底石的材料要求大块、坚实、耐压。底石的安放应充分考虑整座假山的山势，灵活运用石材，底脚的轮廓线要变平直为曲折，变规则为错落。大小石材呈不规则的相间关系，安置要根据皴纹的延展来决定，并使它们紧密互咬、共同制约，连成整体，使底石能垫平安稳。

4.中层

中层是假山造型的主体部分，占假山中的最大体量。中层在施工中除要尽量做到山石上下衔接严密之外，还要力求破除对称的形体，避免成为规规矩矩的几何形态，而是因偏得致，错综成美。在中层的施工中，平衡的问题尤为明显，可以采用“等分平衡法”等方法，调节山石之间的位置，使它们的重心集中到整座假山的重心上。

5.收顶

收顶即处理假山最顶层的山石。从结构上来讲，收顶的山石要求体量大的，以便收压，一般分为分峰、峦和、平顶三种类型，可在整座假山中起到画龙点睛的效果，应在艺术上和技术上给予充分重视。收顶时要注意使顶石的重力能均匀地分层传递下去，所以往往用一块山石同时镇压住下面的山石，如果收顶面积大而石材不够时，可采用“拼凑”的施工方法，用小石镶缝使成一体。

## （四）假山景观的基础施工

假山景观一般堆叠较高、重量较大，部分假山景观又会配以流水，加大对基础的侵蚀。所以首先要将假山景观的基础工程搞好，减少安全隐患，这样才能造就出各种假山景观造型。基础施工应根据设计要求进行，假山景观基础有浅基础、深基础、混凝土基础、木桩基础等。

1.浅基础的施工

浅基础的施工程序为：原土夯实—铺筑垫层—砌筑基础。浅基础一般是在原地面上经夯实后而砌筑的基础。此种基础应事先将地面进行平整，清除高垄，填平凹坑，然后进行夯实，再铺筑垫层和基础。基础结构按设计要求严把质量关。

2.深基础的施工

深基础的施工程序为：挖土—夯实整平—铺筑垫层—砌筑基础。深基础是将基础埋入地面以下的基础，应按基础尺寸进行挖土，严格掌握挖土深度和宽度，一般假山景观基础的挖土深度为50～80cm，基础宽度多为山脚线向外50cm。土方挖完后夯实整平，然后按设计铺筑垫层和砌筑基础。

3.混凝土基础

目前大中型假山多采用混凝土基础、钢筋混凝土基础。混凝土具有施工方便、耐压能力强的特点。基础施工中对混凝土的标号有着严格的规定，一般混凝土垫层不低于C10，钢筋混凝土基础不低于C20，具体要根据现场施工环境决定，如根据土质、承载力、假山的高度、体量的大小等决定基础处理形式。

4.木桩基础

在古代园林假山施工中，其基础形式多采用杉木桩或松木桩。这种方法到现在仍旧有其使用价值，特别是在园林水体中的驳岸上，应用较广。选用木桩基础时，木桩的直径范围多在10～15cm，在布置上，一般采用梅花形状排列，木桩与木桩之间的间距为20cm。打桩时，木桩底部要达到硬土层，而其顶端则至少需高于水体底部十几厘米。木桩打好后要用条石压顶，再用块石使之互相嵌紧。这样基础部分就算完成了，可以在其上进行山石的施工。

## （五）山体施工

1.山石叠置的施工要点

（1）熟悉图纸

在叠山前一定要把设计图纸读熟，但由于假山景观工程的特殊性，它的设计很难完全一步到位。一般只能表现山体的大致轮廓或主要剖面，为了方便施工，一般先做模型。由于石头的奇形怪状，而不易掌握，因此，全面了解和掌握设计者的意图是十分重要的。如果工程大部分是大样图，无法直接指导施工，只有通过多次制作样稿，多次修改，多次与设计师沟通，才能摸清设计师的真正意图，找到最合适的施工技巧。

（2）基础处理

大型假山景观或置石必须有坚固耐久的基础，现代假山景观施工中多采用混凝土基础。

2.山体堆砌

山体堆砌是假山景观造型最重要的部分，根据选用石材种类的不同，要艺术性地再现自然景观，不同的地貌有不同的山体形状。一般堆山常分为底层、中层、收顶三部分。施工时要一层一层做，做一层石倒一层水泥砂浆，等到稳固后再上第二层，如此至第三层。底层，石块要大且坚硬，安石要曲折错落，石块之间要搭接紧密，摆放时大而平的面朝天，好看的面朝外，一定要注意放平。中层，用石要掌握重心，飘出的部位一定要靠上面的重力和后面的力量拉回来，加倍压实做到万无一失。收顶，石材要统一，既要相同的质地、相同的纹理，色泽一致，严丝合缝，浑然一体，又要有层次有进深。

3.置石

置石一般有独立石、对置、散置、群置等形式。独立石，应选择体量大、造型轮廓突出、色彩纹理奇特、有动态的山石。这种石多放在公园的主入口或广场中心等重要位置。对置，以两块山石为组合，相互呼应，一般多放置在门前两侧或园路的出入口两侧。散置，几块大小不等的山石灵活而艺术地搭配，聚散有序，相互呼应，富于灵气。群置，以一块体量较大的山石作为主石，在其周围巧妙置以数块体量较小的配石组成一个石群，在对比之中给人以组合之美。

（1）山石的衔接

中层施工中，一定要使上下山石之间的衔接严密，这除了要进行大块面积上的改进，还需防止在下层山石上出现过多破碎石面。只不过有时候，出于设计者的偏好，为体现假山某些形状上的变化，也会故意预留一些这样的破碎石面。

（2）顶层

顶层即假山的最上面部分，是最重要的观赏部分，这也是它的主要作用，无疑应做重点处理。顶层用石，应选用姿态最美观、纹理最好的石块，主峰顶的石块体积要大，以彰显假山的气魄。

### （六）假山石景的山体施工

一座山由峰、峦、岭、台、壁、岩、谷、壑、洞、坝等单元组合而成，而这些单元是由各种山石按照起、承、转、合的章法组合而成。

1.安稳

安稳是对稳妥安放叠置山石手法的通称，将一块大山石平放在一块或几块大山石之上的叠石方法叫作安稳，安稳要求平稳而不能动摇；右下不稳之处要用小石片垫实刹紧。一般选用宽形或长形山石，这种手法主要用于山脚透空叵右下需要做眼的地方。

2.连

山石之间水平方向的相互衔接称为连。相连的山石连接处的茬口形状和石面皴纹要尽量相互吻合，如果能做到严丝合缝，那么就很理想，但多数情况下，只要基本吻合即可。对于不同吻合的缝口应选用合适的石刹紧，使之合为一体，有时为了造型的需要，做成纵向裂缝或石缝处理，这时也要求朝里的一边连接好，连接的目的不仅在于求得山石外观的整体性，更主要的是使结构上凝为一体，以能均匀地传达和承受压力。连合好的山石，要做到当拍击山石一端时，应使相连的另一端山石有受力之感。

3.接

接是指山石之间的竖向衔接，山石衔接的茬口可以是平口，也可以是凹凸口，但一定是咬合紧密而不能有滑移的接口，衔接的山石，要依皴纹连接，至少要分出横竖纹路来。

4.斗

斗以两块分离的山石为底脚，头顶相互内靠，如同两者争斗状，并在两头顶之间安置一块连接石；或借用斗拱构件的原理，在两块底脚石上安置一块拱形山石。

5.挎

挎即在一块大的山石之旁，挎靠一块小山石，犹如人肩之挎包一样。挎石要充分利用茬口咬压，或借用上面山石之重力加以稳定，必要时应在受力之隐蔽处，用钢丝或铁件加上固定连接。挎一般用于山石外轮廓形状过于平滞而缺乏凹凸变化的情况。

6.拼

将若干小山石拼零为整，组成一块具有一定形状大石面的做法称为拼，因为假山景观不是用大山石叠置而成，石块过大，对吊装、运输都会带来困难，因此需要选用一些大小不同的山石，拼接成所需要的形状，如峰石、飞梁、石矶等都可以采用拼的方法而组成；有些假山景观在山峰叠砌好后，突然发现峰体太瘦，缺乏雄壮气势，这时就可将比较合适的山石拼合到峰体上，使山峰雄厚壮观起来。

### （七）假山景观山脚施工

假山景观山脚施工直接落在基础之上的山林底层，它的施工分为拉底、起脚和做拉底。

1.拉底

拉底是指用山石做出假山景观底层山脚线的石砌层。

拉底的方式：有满拉底和线拉底两种。满拉底是将山脚线范围之内用山石满铺一层。这种方式适用于规模较小、山底面积不大的假山景观，或者有冻胀破坏的北方地区及有震动破坏的地区。线拉底按山脚线的周边铺砌山石，而内空部分用乱石、碎砖、泥土等填补筑实。这种方法适用于底面较大的大型假山景观。

拉底的技术要求：底脚石应选择石质坚硬、不易风化的山石。每块山脚石必须垫平垫实，用水泥砂浆将底脚空隙填实，不得有丝毫摇动感。各山石之间要紧密咬合，互相连接形成整体，以承托上面山体的荷载分布。拉底的边缘要错落变化，避免做成平直和浑圆形状的脚线。

2.起脚

拉底之后，开始建筑假山景观山体的首层山石层叫作起脚。起脚边线的做法常用的有：点脚法、连脚法和块面法。

### （八）施工中的注意事项

施工中应注意按照施工流程的先后顺序施工，自下而上，分层作业，必须在保证上一层全部完成且胶结材料凝固后方可进行下一层施工，以免留下安全隐患。

施工过程中应注意安全，“安全第一”的原则在假山施工工程中应受到高度重视。对于结构承重石必须小心挑选，保证有足够的强度。在叠石的施工过程中应争取一次成功，吊石时在场工作人员应统一指令，叠石打扣起吊一定要牢靠，工人应穿戴好防护鞋帽，保证做到安全生产。

要在施工的全过程中对施工的各工序进行质量监控，做好监督工作，发现问题及时改正。在假山工程施工完毕后，对假山进行全面的验收，应开闸试水，检查管线、水池等是否漏水漏电。竣工验收与备案程序应按法规规范和合同约定进行。

假山景观是人工将各种奇形怪状、观赏性强的石头，按层次、特点进行堆叠而形成山的模样，再加以人工修饰，达到置一山于一园的观赏效果。在园林中假山景观的表现形式多种多样，可作为主景也可以作为配景，以划分园林空间、布置道路、连廊等。再配以流水、绿草更能增添自然的气息。

## 四、园林铺装工程施工

### （一）施工工艺流程

现代园林绿化中的铺装工程施工工艺为：砼基层施工——侧石安装——板材铺装施工。

1.砼基层施工

为保证砼搅拌质量，砼工程应遵循以下原则。

测定现场砂、石含水率，根据设计配合比，送有关单位做好砼级配，并按级配挂牌示意；

每天第一次搅拌砼时，水泥用量应相对增倍；

平板振捣器震动均匀，以提高砼的密实度；

严格控制砂石料的含泥量，选用良好的骨料，砂选用粗砂，砂含泥量小于3%、石子不超过10%；

减少环境温度差，提高砼抗压强度，浇筑后应覆盖一层草包在，12h后浇水养护以防气温变化的影响。砼养护时间不小于7天。

2.侧石安装

在砼垫层上安置侧石，先应检查轴线标高是否符合设计要求，并校对。圆弧处可采用20～40cm长度的侧石拼接，以利于圆弧的顺滑，严格控制侧石顶面的标高，接缝处留缝均匀。外侧细石混凝土浇筑紧密牢固。嵌缝清晰，侧角均匀、美观。侧石基础宜与地床同时填挖碾压，以保证有整体的均匀密实性。侧石安装要平稳牢固，其背后要应用灰土夯实。

3.板材铺装施工

地面的装饰依照设计的图案、纹样、颜色、装饰材料等进行地面装饰性铺装，其铺装方法请参照前面的有关内容。首先，铺砌广场砖、花岗岩板材料时，灰泥的浓度不可太稀，要调配成半硬的黏稠状态，铺砌时才易压入固定而不致陷下。另外，为使块材排列整齐，每片的间距为1cm，要利用平准线。于铺设地点四角插好木桩，有绳拉张作为铺块材平准线。除了纵横间隔笔直整齐外，另需要一条高度准绳，以控制瓷砖面高度统一。但为使面层不因下雨积水，有必要在施工时将路面做出两侧1.5%～2%的斜度。地面铺装应每隔2m设基座，以控制其标高，石材板应根据侧石路标高，且路中高出3%横坡。板材铺设前，先拉好纵横控制线，并每排拉线。铺设时用橡胶敲击至平整，保证施工质量优良。片块状材料面层，在面层与基层之间所用的结合层做法有两种：一种是用湿性的水泥砂浆、石灰砂浆或混合砂浆作为材料，另一种是用干性的细沙、石灰粉、灰土（石灰和细土）、水泥粉砂等作为结合材料或垫层材料。

## （二）园林铺装工程施工技术

园林铺装工程主要是指园林建园中的园路和广场的铺装，而在园林铺装中又以园路的铺装为主。园路作为园林必不可少的构成要素之一，是园林的骨架和网络。园林道路在铺装后，不仅能在园林环境中起到引导视线、分割空间及组织路线的作用，空地和广场为人们提供良好的活动和休息场所，还能直接创造出优美的地面景观，增强园林的艺术效果，给人以美的享受。园林铺装是组成园林风景的要素，像脉络一样成为贯穿整个园区的交通网络，成为划分及联系各个景点、景区的纽带。园林中的道路也与一般交通道路不同，交通功能需先满足游览要求，即不以取得捷径为准则，但要利于人流疏导。在园林铺地设计中，经常与植物、景石、建筑、湖岸相搭配，充满生活气息，营造出良好的气氛，使其充满人与自然的和谐关系。在园林建设中有各种各样的铺装材料，与之对应的施工方法和工艺也有所不同，下面就园路的铺装技术进行详细的探讨。

1.施工准备

（1）材料准备

园路铺装材料的准备工作在铺装工程中属于工作量较大的任务之一，为防止在铺装过程中出现问题，须提前解决施工方案中园路与广场交接处的过渡问题以及边角的方案调节问题，为此在确定解决方案时应根据道路铺装的实际尺寸在图上进行放样，待确定解决方案后再确定边角料的规格、数量以及各种花岗岩的数量。

（2）场地放样

施工人员以施工图上绘制的施工坐标方格网作参照，在施工场地测设所有坐标点并打桩定点，然后根据广场施工图以及坐标桩点，进行场地边线的放设，主要边线包括填方区与挖方区之间的零点线以及地面建筑的范围线。

（3）地形复核

以园路的竖向设计平面图为参照，对场地地形进行复核。若存在控制点或坐标点的自然地面标高数据的遗漏，应及时在现场将测量数据补上。

（4）场地的平整与找坡

填方与挖方施工：对于填方应以先深后浅的堆填顺序进行，先分层将深处填实，再填实浅处，并逐层夯实，直至填埋至设计标高为止。在挖方过程中对于适宜栽植的肥沃土壤不可随意丢弃，可作为种植土或花坛土使用，挖出后应临时将其堆放在广场边。

场地平整及找坡：待填挖方工程基本完成后，须对新填挖出的地面进行平整处理，地面的平整度变化应控制在±0.05m的范围内。为保证场地各处地面坡度能够满足基本设计要求，应参照各坐标点标注的该点设计坡度数据及填挖高数据，对填挖处理后的场地进行找坡。

素土夯实：素土夯实作为整个施工过程中重要的质量控制环节，首先要先清除腐殖土，以免给日后留下地面下陷的隐患。

2.地面施工

（1）摊铺碎石

在夯实后的素土基础上可放置几块10cm左右的砖块或方木进行人工碎石摊铺。这里需要注意的是软硬不同的石料严禁混用，且使用碎石的强度不得低于8级。摊铺时砖块或方木随着移动，作为摊铺厚度的标定物。摊铺时应使用铁叉将碎石一次上齐，碎石摊铺完成后，要求碎石颗粒大小分布均匀，且纵横断面与厚度要求一致。料底尘土应及时进行清理。

（2）稳压

碾压时采用10～12t的压路机碾压，先沿着修整过的路肩往返碾压两遍，再由路面边缘向中心碾压，碾压时碾速不宜过快，每分钟走行20～30m即可。待第一遍碾压完成后，可使用小线绳及路拱桥板进行路拱和平整度的检验。若发现局部有不平顺的地方，应及时处理，去高垫低。垫低是指将低洼部分挖松，再在其上均匀铺撒碎石直至设计标高，洒上少量水后继续进行碾压，直至碎石无明显位移初步稳定后为止。去高时不得使用铁锹集中铲除，而是将多余碎石按其颗粒大小均匀拣出，再进行碾压。这个过程一般需要重复3～4次。

（3）撒填充料

在碎石上均匀铺撒灰土（掺入石灰占8%～12%）或粗砂，填满碎石缝后使用喷壶或洒水车在地面上均匀洒一次水，由水流冲出的缝隙再用灰土或粗砂充填，直至不再出现缝隙并且碎石尖裸露为止。

（4）压实

场地的再次压实使用10～12t的压路机，一般碾压4～6遍（根据碎石的软硬程度确定），为防止石料被碾压得过于破碎，碾压次数切勿过多，碾速相对初碾时稍快，一般为60～70m/min。

（5）嵌缝料的铺撒碾压

待大块碎石压实完成后，继续铺撒嵌缝料，并用扫帚扫匀，继而使用10～12t的压路机对其进行碾压，直至场地表面平整稳定且无明显轮迹为止，一般需碾压2～3遍。最后进行场地地面的质量鉴定和签证。

3.稳定层的施工

基层施工完成后，根据设计标高，每隔10cm进行定点放线。边线应放设边桩和中间桩，并在广场的整体边线处设置挡板，挡板高度不应太高，一般宜在10cm左右，挡板上应标明标高线。

各设计坐标点的标高和广场边线经检查、复核无误后，方可进行下一道工序。

在基层混凝土浇筑之前，应在其上撒一层砂浆（比例为3∶1）或水。

混凝土应按照材料配合比进行配制，浇筑和捣实完成后使用长约1m的直尺将混凝土顶面刮平，待其表面稍许干燥后，再用抹灰砂板将其刮平至设计标高。在混凝土施工中应着重注意路面的横向和纵向坡度。

待完成混凝土面层的施工后，应及时进行养护，养护期一般为7天，若为冬季施工则应适当延长养护期。混凝土面层的养护可使用湿砂、塑料薄膜或湿稻草覆盖在路面上。

4.石板的铺装技术

石板铺装前应先将背面洗刷干净，并在铺贴时保持湿润。

在稳定层施工完成后进行放线，并根据设计坐标点和设计标高设置纵向桩和横向桩，每隔一块石板宽度画一条纵向线，横向线则按照施工进度依次下移，每次移动距离为单块板的长度。

稳定层打扫干净后，洒一遍水，待其稍干后再在稳定层上平铺一层厚约3cm的干硬性水泥砂浆（比例为1∶2），铺好后立即抹平。

在铺石板前应先在稳定层上浇一层薄薄的水泥砂浆，按照设计图案施工，石板间的缝隙应按设计要求保持一致。铺装面层时，每拼好一块石板，须将平直木板垫在其顶面用橡皮锤多处敲击，这样可使所有石板顶面均在一个平面上，有利于广场场地的平整。

路面铺装完成后，使用干燥的水泥粉均匀撒在路面上并用扫帚扫入板块空隙中，将其填满。最后再将多余的水泥粉清扫干净。施工完成后，应对场地多次进行浇水养护，直至石板下的水泥砂浆逐渐硬化，将下方稳定层与花岗石紧密联结在一起。

5.园路铺装技术

（1）木铺地园路铺装

木铺地园是指路采用木材铺装的园路。在园林工程中，木铺地园路是室外的人行道，面层木材一般是采用耐磨、耐腐、纹理清晰、强度高、不易开裂、不易变形的优质木材。

砖墩：一般采用标准砖、水泥砂浆砌筑，砌筑高度应根据铺地架空高度及使用条件确定。砖墩与砖墩之间的距离一般不宜大于2m，否则会造成木格栅的端面尺寸加大。砖墩的布置一般与木格栅的布置一致，如木格栅间距为50cm，那么砖墩的间距也应为50cm，砖墩的标高应符合设计要求，必要时可以在其顶面抹水泥砂浆或细石混凝土找平。

木格栅：木格栅的作用主要是固定与承托面层。如果从受力状态分析，它可以说是一根小梁。木格栅断面的选择应根据砖墩的间距大小而有所区别。间距大，木格栅的跨度大，断面尺寸相应也要大些。木格栅铺筑时，要进行找平。木格栅安装要牢固，并保持平直，在木格栅之间要设置好剪刀撑，设置剪刀撑主要是增加木格栅的侧向稳定性，将一根根单独的格栅连成一体，增加了木铺地园路的刚度。另外，设置剪刀撑，对于木格栅本身的翘曲变形也起到了一定的约束作用。所以，在架空木基层中，格栅与格栅之间设置剪刀撑，是保证质量的构造措施。将剪刀撑布置于木格栅两侧面，用铁钉固定于木格栅上，间距应按设计要求布置。

面层木板的铺设：面层木板的铺装主要采用铁钉固定，即用铁钉将面层板条固定在木格栅上。板条的拼缝一般采用平口、错口。木板条的铺设方向一般垂直于人们行走的方向，也可以顺着人们行走的方向，这应按照施工图纸的要求进行铺设。铁钉钉入木板前，也可以顺着人们行走的方向，这应按照施工图纸要求进行铺设。铁钉钉入木板前，应先将钉帽砸扁，然后再钉入木板内。用工具把铁钉钉帽钉入木板内3～5mm。木铺地园路的木板铺装好后，应用手提刨将表面刨光，然后由漆工师傅进行砂、嵌、批、涂刷等油漆的涂装工作。

（2）花岗石园路铺装技术

花岗岩园路铺装前应按施工图纸的要求选用花岗石的外形尺寸，少量不规则的花岗石应在现场进行切割加工。先将有缺边掉角、裂纹和局部污染变色的花岗石挑选出来，完好地进行塌方检查，规格尺寸如有偏差，应磨边修正。

在花岗石块石铺装前，应先进行弹线，弹线后应先铺若干条干线作为基线，起标记作用，然后向两边铺贴开来，花岗石铺贴之前还应泼水润湿，阴干后备用。铺筑时，在找平层上均匀铺一层水泥砂浆，随刷随铺，用20mm厚1：3的干硬性水泥砂浆做黏结层，花岗石安放后，用橡皮锤敲击，既要达到铺设高度，又要使砂浆黏结层平整密实。对于花岗石进行试拼，查看颜色、编号、拼花是否符合要求，图案是否美观。对于要求较高的项目应先做一样板段，邀请建设单位和监理工程师进行验收，符合要求后再进行大面积施工。同一块地面的平面有高差，比如台阶、水景、树池等交会处，在铺装前，花岗石应进行切削加工，圆弧曲线应磨光，确保花纹图案标准、精细、美观。花岗石铺设后采用彩色水泥砂浆在硬化过程中所需的水分，保证花岗石与砂浆黏结牢固。养护期3天之内禁止踩踏。花岗石面层的表面应洁净、平整，斧凿面纹路清晰、整齐、色泽一致，铺贴后表面应平整，斧凿面纹路交叉、整齐美观、接缝均匀、周边顺直、镶嵌正确，板块无裂纹、掉角等缺陷。

（3）植草砖铺地

植草砖铺地是指在砖的孔洞或砖的缝隙间种植青草的一种铺地方法。如果青草茂盛，这种铺地看上去就是一片青草地，且平整、地面坚硬。有些是作为停车场的地坪。植草砖铺地的基层做法是素土夯实—碎石垫层—素混凝土垫层—细砂层—砖块及种植土、草籽。也有些植草砖铺地的基层做法是：素土夯实—碎石垫层—细砂层—砖块及种植土、草籽。

从以上种植草砖铺地的基层做法中可以看出，素土夯实、碎石垫层、混凝土垫层，与一般的花岗石道路的基层做法相同，不同的是在种植草砖铺地中，有细砂层，还有就是面层材料不同。因此，植草砖铺地做法的关键在于面层植草砖的铺装。应按设计图纸的要求选用植草砖，目前常用的植草砖有水泥制品的二孔砖，也有无孔的水泥小方砖。植草砖铺筑时，砖与砖之间应留有间距，一般为50mm左右，此间距中，撒入种植土，再撒入草籽，目前还有植草砖格栅，是一种具有一定强度的塑料制成的格栅，成品是500mm × 500mm，将它直接铺设在地面上，撒上种植土，种植青草后，就成了植草砖铺地。

（4）其他铺装形式的地面施工嵌草混凝土

嵌草混凝土对于草地造景十分有用，它特别适合那些要求完全铺草又是车辆与行人入口的地区。这些地面也可以作为临时停车场，或作为道路的补充物。铺装这样的地面首先应在碎石上铺一层粗砂，然后在水泥块的种植穴中填满泥土和种上草及其他矮生植物。

砾石铺贴。砾石是一种常用的铺地材料，适合在庭院各处使用。砾石包括三种不同的种类：机械矿石、圆卵石和铺路砾石。机械矿石是用机械将石头碾碎后，再根据矿石的不同进行分级。它凹凸的表面会给行人带来不便，但将它铺装在斜坡上却比圆卵石稳健。圆卵石是一种由河床和海底积水冲击而成的小鹅卵石，如果不把它铺好，很容易松动。砾石指的是风化岩石经水流长期搬运而成的粒径为2 ~ 60mm的无棱角的天然粒料。

# 第五章 园林小品工程

## 第一节 挡土墙与景墙工程施工

### 一、挡土墙施工

#### （一）石砌重力式挡土墙

1.石砌重力式挡土墙的构造

石砌重力式挡土墙通常由墙体、基础、排水设施以及沉降缝等部分构成。

2.石砌重力式挡土墙施工

（1）材料要求

①片石应进行筛选，确保其质地均匀，无裂缝，抗风化程度高。其抗压强度不低于25 MPa。

②砂浆：通常由水泥、砂和水混合制成；或由水泥、石灰、砂和水混合制成；或由石灰、砂和水混合制成。

（2）准备工作

①在浆砌前，应让所有准备工作就绪，包括工具的配备；

②根据设计图纸对基底进行检查和处理；

③放线；

④安装脚手架、跳板等施工设施；

⑤清理砌石表面的泥垢、尘土等。

（3）砌筑顺序

石砌重力式挡土墙的砌筑应坚持分层进行。底层非常关键，因为它是上面各层的基础，如果底层的质量不达标，那么将会影响到上面的各层。对于较长的砌体，除了分层外，还应分段进行砌筑。

（4）砌筑工艺

浆砌的基本原理是利用砂浆黏结片石，使其形成统一的整体，组成人工构筑物。常用的砌筑方法有两种，即坐浆法和挤浆法。

（5）砌筑要求

①砌体的外圈定位以及转角石应选用表面平整、尺寸大的石块；

②在砌筑时，长短石块间隔排列并且与内层石块紧密相连；

③上下层之间的竖缝应错位，缝宽不能超过3 cm；

④在分层砌筑时，应在下层使用较大的石料，每个石块的形状和尺寸都应该适合；

⑤如竖缝过宽，可以用小石子填充，但不能用高于砂浆层的小石子支撑；

⑥排列时，应将石块交错，坐实挤紧，修掉尖锐或突出部分。

3.质量要求

（1）石料的规格需遵循相关规定；

（2）基础必须达到设计的要求；

（3）砂浆或混凝土的配比应符合试验规范，混凝土表面不应有超过面积0.5%的蜂窝状或麻面现象，其深度不得超过10毫米；

（4）砌石应分层错缝施工，在浆砌过程中，应确保浆料充分挤压、填充紧密，保证没有空隙，干砌时，石块不能松动、重叠或浮动；

（5）墙壁的填缝材料应符合设计及施工规范的要求；

（6）沉降缝和泄水孔的数量须满足设计要求，沉降缝应整洁垂直，上下连通，泄水孔应向外倾斜，确保无堵塞；

（7）砌体应结实牢固，勾缝处理须平滑，不得有掉落现象。

## （二）薄壁式挡土墙施工

薄壁式挡土墙是一种以钢筋混凝土为主体的轻型结构，主要有悬臂式以及扶壁式两种构型。

（1）进行测量和定线

根据道路施工中线和高程点准确控制挡土墙的平面位置以及纵断面的高程。

（2）开挖基槽

在进行挡土墙基坑开挖的过程中，应避免对基底原状土地的干扰。若出现超挖情况，应填回原状，并按照道路基础设施标准进行压实处理。

（3）安置模板

挡土墙的基础模板需要在垫层（即找平层）上进行安置，其应凝固稳定，不能有松动、跑模、下沉的情况出现。

（4）挡土墙钢筋的成形

钢筋表面需要保持清洁，不能有生锈、油污、油漆等污渍。同时，所有钢筋都必须被整直，且在调直过程中其表面不能出现导致钢筋断面积被减少的伤痕。

（5）浇筑挡土墙混凝土基础

混凝土的配合比应满足设计强度的要求。混凝土需要振动压实，且杯槽部位应增强振动压实力度。在浇筑的过程中，根据设计要求，预制件需要与基础钢筋焊接牢固，以防在夯实混凝土时出现变形和位移。

（6）安装挡土墙板

在基础混凝土强度达到设计强度标准的75%后，方可开始安装挡土墙板。只有在强度达到设计强度标准值100%且墙板外观没有破损、缺角、裂纹时，才能进行安装。

（7）浇筑挡土墙顶部混凝土

工作人员需要根据地形纵断高程进行控制，从而调整模板高程。模板内侧需压紧薄泡沫塑料条，严禁混凝土浆液渗漏。

（8）安装墙帽及护栏

墙帽的顶部需浇注满浆并安装牢固。护栏与墙面的连接需稳定，防锈漆需涂抹均匀，并保证颜色一致。

## （三）加筋土挡土墙施工

1.加筋土挡土墙构造

加筋土挡土墙由四部分组成，即墙面板、拉筋、填料以及基础。

2.加筋土挡土墙施工

（1）对基底进行处理

基底土地需要经过多次碾压，以达到95%的密实度。如因土质不良，无法满足密实度需求，则需要进行适当的处理。

（2）浇筑基础

根据测量定线的位置设立基础模板，原位浇筑混凝土基础，混凝土等级一般应为C20。

（3）预制墙面板

预制墙面板采用专用的钢制模板进行预制。模板需要具备足够的刚度和强度，以保证其几何尺寸误差在0～2mm。

（4）安装墙板

在挡土墙的基础混凝土强度达到70%以上时，可以开始安装第一层墙板。

（5）对墙板进行调整

墙板安装完毕后，需要对其进行适当的调整，以确保竖向上满足设计边坡的要求，横向上保证每一层的墙板在同一水平线上。

（6）铺设拉筋

在填土达到一定高度时，可以开始铺设第一层的拉筋。拉筋铺设时需要水平铺设并呈扇形散开，不同的筋条之间避免重叠，以防止减少拉筋与填料间的摩擦力。

（7）填埋土壤并进行碾压

每一层的筋条所需填料通常分两层进行铺设，使用平地机进行平整，每层的松铺厚度一般为20～30cm，碾压后的密实度要求达到95%。在实际操作中，距离墙板2m以内的填土采用1.5t的小型压路机碾压，2m以外的填土使用12～15t的压路机碾压。

## 二、景墙工程施工

在园林小品中，景墙起着隔断、导引、衬托、装饰和保护等多重作用。景墙是园林中常见的小品，其形式多样、功能灵活，所用材料也丰富多样。最近几年，城市规划师已经将墙体景观作为城市文化和美化城市形象的重要工具广泛运用于景观设计中。这种多功能的设计手法不仅可用于屏蔽景观，实现视线管理，还可作为背景建筑，起到视觉导引作用。

在园林建设中，由于使用功能、植物生长、景观要求等的需要，常用不同形式的挡墙围合、界定、分隔这些空间场地。如果场地位于同一高程，用于分隔、界定和围合的挡墙且主要是为了景观视觉效果，那么这种墙体被称为景观墙。景墙是园林景观中不可或缺的一部分。中国园林擅长运用藏与露、分与合的艺术手法，创造出不同的、个性化的园林景观空间，使景墙和隔断的设计得到了极大的发展，无论是在古典园林还是在现代园林中，它们的应用都非常广泛。

### （一）常用墙面装饰材料

1.砌体材料

（1）砖和卵石：通过选择不同颜色、质感的砖和卵石，并变化砌块组合及勾缝方式，可形成美观的外观效果。

（2）石块：通过自然荒包、打钻路、扁光等加工方法，石块可以实现多种表面效果。

2.贴面材料

（1）饰面砖

①墙面砖：规格多样，包括200 mm × 100 mm × 12 mm、150 mm × 75 mm × 12 mm、

75mm×75mm×8 mm、108 mm×108 mm×8mm等，分为有釉和无釉两种类型。

②马赛克：由优质瓷土烧制的小片瓷砖组成，可拼贴成各式图案作为饰面材料。

（2）饰面板

饰面板使用花岗岩荒料，通过锯切、研磨、抛光和切割等处理，可分为四种类型。

①剁斧板：表面粗糙，带有规则的条状斧纹。

②机刨板：表面平整，呈现相互平行的刨纹。

③粗磨板：表面光滑但无光泽。

④磨光板：表面光亮清晰，颜色鲜明，晶体裸露。

（3）青石板

青石板具有暗红、灰、绿、紫等不同颜色，根据其纹理构造可以劈成自然状的薄片。常用规格为长宽在300～500 mm的矩形块。其自然的形状和丰富的色彩变化是其主要装饰特点。

（4）文化石

文化石分为天然和人造两种。天然文化石是从自然界中开采的石材矿，如板岩、砂岩、石英岩，经加工后成为一种装饰材料，具有材质坚硬、色泽鲜明、纹理丰富、抗压、耐磨、耐火、耐腐蚀、吸水率低等特点；人造文化石则是使用硅钙、石膏等材料精制而成，它模仿天然石材的外观纹理，具有质地轻、色彩丰富、不发霉、不燃烧、易于安装等特点。

（5）水磨石饰面板

水磨石饰面板是将大理石石粒、颜料、水泥、中砂等材料经过配制、制坯、养护、磨光打亮而制成的。它具有色彩多样、表面光滑、美观耐用的特点。

3.装饰抹灰

在建筑装饰领域中，抹灰技术应用广泛，包括多种形式，如水刷石、水磨石、斩假石、干黏石、喷砂、喷涂以及彩色抹灰。对于每一种具体的抹灰工艺，均需在制作过程中分层次进行。每一层次的抹灰，其功能各异：底层主要起黏结作用，中层主要起找平作用，面层起装饰作用。

主要抹灰材料包括以下几种。

①白水泥：简称白色硅酸盐水泥，通常不用于一般墙面，主要作装饰用途，例如白色墙面砖的勾缝。

②彩色石渣：由大理石和白云石等石材破碎后得到，应用于水刷石、干黏石等装饰，要求颗粒坚硬清洁，含泥量不超过2%。

③花岗岩石屑：来自花岗岩的碎片，平均粒径为2～5mm，主要用于斩假石的面层处理。

④彩砂：包括天然和人工烧制两种，主要用于外墙喷涂。粒径为1～3 mm，要求颗粒颜色均匀且稳定，含泥量不超过2%。

⑤颜料：用于调配装饰抹灰的颜色，需耐碱、耐日晒，掺入量不应超过水泥用量的12%。

⑥107胶：即聚乙烯醇缩甲醛，是一种有机胶黏剂，常与水泥混合使用，可增强面层与基层的黏结力，提升涂层强度和柔韧性，减少开裂。

⑦有机硅憎水剂：例如甲基硅醇钠，为无色透明液体。在面层抹灰完成后外喷，起到憎水和防污效果。

4.金属材料

金属材料主要指型钢、铸铁、锻铁、铸铝和各种金属网材，如镀锌铅丝网、铝板网、不锈钢网等。这些材料主要被应用于部分金属景墙的构建过程中。

## （二）景墙的设计要求

1.保证有足够的稳定性

（1）平面布置

通常，景墙采用锯齿形、沿墙轴线的前后错位、折线、曲线及蛇形布置，以增强其稳定性。直线布局的稳定性较弱，需通过加厚墙体或设置扶墙来提升。景墙的平面设计往往采用组合方式，如将景墙与景观建筑、挡土墙、花坛等元素结合起来，旨在增强整体的稳定性。

（2）基础

一般的地基基础深度在45~60cm，而在黏土地基上，埋深应达到90cm甚至更深。对于地基土质不均匀的情况，可考虑使用混凝土或钢筋混凝土作为景墙基础，同时最好咨询结构工程师以确定基础的宽度和深度。

2.抵抗外界环境变化

（1）抵御雨雪的侵蚀

考虑到景墙常处于室外环境，选择砌筑材料和设计外观细节时，应充分考虑到雨雪的影响。

（2）防止热胀冷缩的破坏

为适应温度变化造成的热胀冷缩，景墙需要设置伸缩缝和沉降缝。例如，砖或混凝土砌块构建的景墙，每隔12m设置一条宽10mm的伸缩缝，并用具有伸缩性的专用胶黏水泥进行填缝。

3.具有与环境景观协调的造型与装饰

景墙作为造景的主要手段，其外观设计应在色彩、质感和造型上进行细致处理，不仅要展现多样化的造型，还要营造一定的装饰效果。

可在景墙上加入雕刻或彩绘艺术作品，在居民区、企业、商业步行街等地设置名称、标志性符号等，通过多种透空设计形成框景，增强景观的层次感和深度感。现代景墙常与喷泉、涌泉、水池等元素结合，并辅以灯光效果，以提升其观赏价值。

### （三）景墙的几种表现形式

1.砖砌景墙

砖砌景墙的视觉效果主要依赖于砖材的品质，也与砌筑方式有关。建议采用交错式砌法来提高墙体的整体稳定性和美观度。对于未涂饰的清水砖墙，其砖面的平整度、完整性、尺寸精度以及砖间填缝和排列顺序的精确性要求较高，这些因素直接关系墙面的美观程度。而对于表面需进行装饰抹灰或贴附各种饰面材料的砖墙，对砖的外观和砌缝的要求则相对较低。

2.石砌景墙

石砌景墙能够为环境带来一种自然而永恒的美感。使用的石材类型多样，经过自然荒面、钻孔或打磨等加工处理，能够呈现出多样的表面效果。此外，天然石块，如卵石的使用，也极富变化，使石砌景墙展现出丰富的砌合手法和表现形式，创造独特的景观效果。

3.混凝土砌块景墙

混凝土砌块在现代景墙设计中被广泛应用，其可模仿天然石材的形态，与现代建筑风格相匹配，达到良好的视觉效果。混凝土砌块在质地、颜色及形状上的多样性，为景墙的设计提供了广泛的可能性，使景墙不仅具有实用性，同时能美化环境，从而提升整体景观的服务功能。

# 第二节　廊架与园桥工程施工

## 一、廊架工程施工

廊以其线路的延伸属性，发挥着连接风景点及环境建筑的重要介桥功能，在山峦起伏中展现其曲折迂回之美。通过巧妙的布局和艺术处理，廊不仅能引导游客流转多变的观景路线，也能界定游览区域，增加空间层次感，并塑造深远之景，在中国的园林建筑群中具有至关重要的作用。

花架作为一种园林设施，由植物覆盖组成顶部，为游客提供了接近自然的场所，其与周围环境的融合更为紧密。布局灵活多样，设计时需充分考虑植物特性，其形式多样，包括但不限于直线型、圆形、对角线形、多边形、弧形以及复杂的多曲形式。

廊架实际上是一项综合创新，融合了廊与架的独到之处，多采用木材、竹材、石材、金属以及混凝土等材料，其目的在于为游人提供休憩场所并起着景观补充的作用。廊架的位置选择是灵活多样的，可以安置于公园的角落、靠近水源之处、园路旁、转弯路口、建筑物旁等地。在形式选择上，廊架既可与亭子、建筑物巧妙结合，亦可独立于草坪之上。

### （一）廊架在园林中的作用

廊架，通常以平顶或拱门形态出现，大多不用于攀缘植物生长；而那些用于攀缘植物生长的，则可以称作花架（也称为廊式花架）。

1.联系功能

廊架能够将独立的建筑连接成一个有机的整体，明确主次关系，形成错落有致的布局；通过与园路配合，廊架形成了覆盖全园的交通、浏览以及活动的通道网络，实现以“线”连接全园的目的。

2.分隔与围合空间

在空间布置方面，位于花墙转角之处，利用精心种植的竹石和各种花卉，构筑了一个微型景观，旨在实现空间之间彼此交融的效果，同时保证了分隔而不至于产生彻底的隔离感，进而增添了空间的层次感。此外，廊架的设计能够有效地将宽阔的领域转化为私密的空间环境，同时，这种设计形式能在保持空间开敞性的同时实现私密性，使热闹的氛围与宁静的体验得到平衡，从而增加了空间多样性和趣味性。

3.造景功能

廊架具有多样化的形式及优美的外形，且其材质具有多样性，本身就是一道独特的风景线。廊架不仅为各类绿化植物提供了垂直生长的平台，而且避免了植物的种植显得单调且缺乏变化，还使得不同规模的树木、灌木以及藤本植物得以相互融合与衬托，形成丰富多样的植物生态体系。

4.遮阳、防雨、休息功能

无论其建筑风格是现代还是古典，廊架均能提供遮阳和避雨的功能。这样的设计理念使得人们在户外环境中不仅能欣赏到优美的自然景色，同时获得了一份宁静与舒适的感觉。

## （二）廊架的表现形式

1.廊的表现形式

根据廊的平面和立面设计，廊架可以分为多种类型，包括双面空廊、单面空廊、复式廊、双层廊、攀岩廊、曲形廊以及单支柱廊等。

2.花架的表现形式

（1）单片式

单片式花架采用简约的网状设计，主要用于提供攀缘植物的支撑。其高度可以根据需要调整，长度也可以适当延伸。常用材料包括木条或钢铁，通常被安置在庭院或小型空间内。

（2）独立式

独立式花架通常被设计为独立的观赏对象，其造型可类似于亭子，顶部由攀缘植物的叶片和藤蔓组成，架条从中心向外展开，创造出一种舒展新颖且别具一格的风格。

（3）直廊式

直廊式花架是园林中的一种常见形式，与葡萄架类似。首先竖立柱子，然后按柱子排列的方向布置横梁，在两排横梁上设定一定间隔的花架条，两端可延伸形成悬臂。横梁之间可以设置坐凳或花窗隔断，既为人们提供了休息之所，也增添了装饰效果。

（4）组合式

组合式花架是将直廊式与亭子、景墙或独立式花架相结合，创造出一种更加具有观赏价值的组合式建筑。

## （三）廊架的位置选择

1.廊的位置选择

（1）平地建廊

平地上的廊常建于草坪一角、休息广场中心、大门出入口附近，也可沿园路布置或与建筑相连等。在小型园林中，廊通常沿界墙及附属建筑物以“占边”的形式布置。有时，为了划分景区、增加空间层次，使相邻空间既有分割又有联系的效果，可将廊架、墙、花架、山石、绿化等元素相互配合进行布置。

（2）水上建廊

岸边的廊，其基础一般与水面相接，廊的平面设计也贴近岸边，尽量靠近水面。在水岸自然曲折的情况下，廊通常沿水边呈自由式布局，顺应自然地形与环境融为一体。

悬于水面之上的廊，以露出水面的石台或石墩为基础，廊的基础宜低而不宜高，最好使廊的底板尽可能接近水面，并使两侧水面能穿过廊下而互相连通，让人在廊上漫步时，感觉仿佛置身于水面之上，别有一番风趣。

（3）山地建廊

山地建廊可用于游览山景和连接山坡上下不同高度的建筑物，也可以丰富山地建筑的空间布局。

2.花架的位置选择

花架在庭院中的布局可以采取附建式或独立式。附建式花架属于建筑的一部分，是建筑空间的延续。除了供植物攀爬或设置桌椅供人休息外，它还可以起到装饰作用。独立式花架的布局应在庭院总体设计中确定，可以位于花丛中或草坪边，使庭院空间层次丰富，有时也可以依山傍水、顺势弯曲。花架像廊道一样，可以用于组织游览路线和观赏景点。布置花架时，一方面要保持清新的格调，另一方面要注意与周围建筑和绿化植物在风格上的统一。

## （四）廊架的构造与设计

廊架的种类多样，但大致的构造与设计流程相似，这里以绿廊（花架）为例进行说明。

绿廊的顶部设计为平顶或拱门形态，其宽度在2～5 m，高度根据宽度而定，高宽比例为5：4。绿廊四周设置有支柱，这些柱子间的距离通常在2.5～3.5m。根据所选材料的不同，柱子可分为木质、铁制、砖砌、石制或水泥柱等。柱子的基础通常采用混凝土制作，若是直接将木柱埋入地中，需对埋入部分进行柏油处理以防腐蚀。

柱顶安装格子条，这些条材大多采用木材，也有使用竹材和铁材的情况。柱顶结构主要包括梁、椽子和横木三部分：梁是连接两柱之间的横向支撑；椽子安装在梁上，提供横向支撑；横木则安装在椽子上，形成细密的格子结构，其间隔根据爬藤植物的种类而有所不同。

在自然风格的庭院中，绿廊常保留木柱的树皮，或者将水泥柱设计成树皮纹理；如果进行涂漆，通常选择绿色，以便与周围自然环境相协调。而在规则式庭院中，柱子多涂成白色或乳黄色，旨在增添趣味，减少单调感。绿廊内通常配备座椅，供人休息。

## （五）混凝土廊架施工

1.定点放线

依据设计图纸和地面坐标系统，使用经纬仪确定廊架的平面位置和边缘线，并在地面上打桩或以白灰标记。

2.基础处理

挖槽应超出放线边缘20cm左右，首先用素土夯实底层，任何松软部分应加固以避免不均匀沉降，随后用150mm厚的级配三合土和120mm厚的C15素混凝土作为垫层，基层应采用100mm厚的C20素混凝土，最终用C20钢筋混凝土制作基础。

3.柱身浇筑

混凝土的配制需依据国家标准《普通混凝土配合比设计规程》JGJ55，确保材料的水泥、碎石、砂和水按适宜比例混合。按照设计尺寸安装模板，并在模板内浇筑混凝土，完成后进行捣实、养护，以形成廊架柱体。

4.柱身装饰

混凝土柱身浇筑并固化后，需进行清理，随后用20mm厚的1：2的砂浆进行文化石面装饰。

5.顶部安装

预制的顶部花架条采用C20钢筋混凝土，规格为60mm × 150mm。

## （六）木廊架施工

1.定点放线

木廊架的定点放线过程与混凝土廊架施工相同。

2.基础处理

在挖好的基槽中，首先使用素土进行夯实，随后铺设100mm厚的C10素混凝土作为垫层，最后使用C20钢筋混凝土构建基础。

3.选择木料

选用的木料通常为松木，要求材料具有良好的质地和坚韧性，形状挺直，尺寸比例协调，无结节、霉变或裂缝，颜色一致且干燥。

4.加工制作

在加工制作时，应逐根为木料开榫、标记榫头，并正确画线。榫接处需要满足：榫头饱满，榫眼方正，半榫长度比半榫眼深度短2~3mm。加工线条应平直、光滑、细致，深浅一致。角落切割需要严密、整齐，表面处理不应留有刨痕、刨花或毛刺。

组装榫接完成后，应检查花架木枋的角度一致性，是否存在松动以及整体结构的牢固性。木料加工不仅要求严密精细，还需确保材料的质量优良。对于较大的构件，在施工时还应特别注意榫卯和凿眼工序的稳定性和准确性，以家具质量标准为准，彰显园林小品的独特魅力。

5.花架安装

在安装前，需对木花架的尺寸进行预检，确保成品规格正确无误。如发现问题，应及时修正。安装木柱时，先在钢筋混凝土基础上标出木柱的安装位置和高度，确保间距符合设计要求，然后正确放置木柱并调整至合适高度，按照设计要求进行固定。

对于花架木枋的安装，根据施工图纸要求进行，使用钢钉从侧面斜钉入，钉长应为木枋厚度的1~1.2倍。完成固定后，应及时清理现场。

木材的品质和安装时的含水率必须遵守木结构工程施工及验收规范的相关规定。

6.防腐处理

在安装前，对木枋进行规范的半成品防腐处理，防腐剂一般使用ACQ木材防腐剂（一种由铜和季铵盐组成的水溶性防腐剂）。安装完成后，立即执行防腐工序。遇到雨雪等湿润天气，必须采取防水措施，避免半成品被淋湿，且不应在湿透的成品上进行防腐处理，以确保防腐质量合格。

## 二、园桥工程施工

园桥不仅承担着连接风景点水陆交通的功能，还可以组织游览路线，变换游客的观赏视角，装饰水景，丰富水面层次，具备交通与艺术欣赏的双重价值。在园林艺术中，园桥的价值经常超越其交通功能。

园桥的选址与设计需与周围景观协调一致。面对大水面时，若桥梁靠近主要建筑物，则应设计为宏伟壮丽，注重桥梁的形态与细节表现；对于小水面上的桥梁，则应轻盈而简朴，简化形态与细节。对于宽阔或急流的水面，桥梁宜设得较高并加设栏杆；而在狭窄或平缓的水面上，则可以设计较低的桥梁，甚至无须栏杆。在水陆高差不大的地方，平桥紧贴水面，使过桥时有如行云流水般的亲切感；而在沟壑断崖之上，高耸的危桥更能凸显山势之险峻；当水体清澈时，桥梁的轮廓需要考虑水中的倒影；在地形较为平坦的地区，桥梁的设计应有起伏变化，以丰富景观效果。此外，还需考虑满足行人、车辆和水上交通的需求。

### （一）园桥的类型

在园林中，园桥起到架设风景点水陆通道、组织游览路线、改变观赏角度、点缀水景、增加水面层次等多重作用，具有交通与艺术双重价值。

1.平桥

平桥类型包括木质桥、石质桥、钢筋混凝土桥等，特点是桥面平直，形状呈直线，结构简约。桥面可能不设栏杆或仅设低矮护栏，主体结构采用木梁、石梁、钢筋混凝土直梁。平桥设计简洁雅致，紧贴水面，既可增添景观层次，又便于欣赏水中景致，能带来平静中的惊险乐趣。

2.平曲桥

平曲桥的设计与平桥相似，但桥面不是直线形，而是呈左右折线形状。根据折线的转角数量，可分为三曲桥、五曲桥等多种形式，转角一般为90°或120°，有时也使用150°

角。平曲桥以其低平的造型和优美的景观效果为特点，旨在延长游览路径，通过曲折变换视线，达到“景随步移”的效果，也可衬托水上建筑。

3.拱桥

拱桥作为园林景观中的一种常见桥型，通常被设置在较大的水面上，其桥面呈抬高的玉带式形态。这种桥梁以材料易于获取、建造简便及成本较低为特点，因而广泛应用于园林建设项目中。拱桥按材料可分为石拱桥、砖拱桥和钢筋混凝土拱桥等类型。

4.亭桥与廊桥

亭桥和廊桥是在较高的平桥或拱桥上，增设亭子或廊道的桥梁形式。它们不仅为游人提供遮阳和避雨的场所，还增加了桥梁的形态变化，赋予桥梁更多的观赏价值。典型例子包括杭州西湖的三潭印月亭桥和苏州拙政园内的小飞虹廊桥。

5.栈桥与栈道

栈桥和栈道的区别不大，它们的共同特征是作为一种长桥形式的道路使用。栈桥通常独立架设在水面或地面之上，而栈道则多依附于山体或岸边的陡峭地带。

6.吊桥

吊桥利用钢索或铁索作为主要承重结构，将桥面悬挂于水面之上，是园林中一种特殊的桥梁形式。它主要被应用于景区的河流或山谷之间，具有独特的视觉效果和体验感。

7.汀步

汀步是一种特殊形式的桥梁，没有连续的桥面，仅由一系列桥墩或石柱组成，形成一条特殊的道路。通过在浅水区或沼泽地中线性排列块石、混凝土墩或预制的汀步构件，构建出供人步行的通道。

### （二）园桥的位置选择

桥位选址与景区总体规划、园路系统、水面的分隔或聚合、水体面积大小密切相关。在广阔水域上架设桥梁时，宜选择曲桥、廊桥、栈桥等较长形式的园桥，且应将桥梁定位于相对狭窄的水域。若桥下不预留通航空间，桥面设计宜较低贴近水面，让人感觉更靠近水域；如需留出航道，部分桥面可设计为抬高的拱形，以便船只通行。在大型水域边缘与其他水道交汇处，设置拱桥或其他样式的园桥，能够增添岸线的风光。

对于庭院中的水池或较小的人造湖泊，更适合布置体积小巧、设计简洁的园桥。若需要通过桥梁将水域分割，那么小曲桥、拱桥、汀步等均是合适的选择。

在园路与河流、溪流的交会点，桥梁的位置应选择在水面最窄的区域或接近较狭窄的位置。跨越条状水体的园桥设计可以简化，有时仅需搭设一块混凝土平板即可作为简易桥梁。尽管桥梁结构的规划和设计可能较为基础，但仍需细致入微地进行策划与设计，以实现桥梁结构的功能性与美学价值的平衡和融合。

在布满水生植物和沼泽的景区内，如湿地公园，采用栈桥的形式可以引导游客深入探索沼泽地，享受观赏景观的乐趣。

### （三）园桥的结构形式

园桥的结构形式依据所采用的主要建筑材料而异。例如，钢筋混凝土桥和木桥通常采用板梁柱式结构；石桥则多见拱券式或悬壁梁式；铁桥多采取桁架式；吊桥常用悬索式。

1.板梁柱式

板梁柱式结构类型以桥柱或桥墩承担桥体的重量，利用简支梁的形式，将直梁两端放置于桥柱之上，并在梁上铺设桥板作为桥面。当桥孔跨度不大时，可直接将桥板两端放置于桥墩上形成桥面，无须使用梁。桥梁和桥板通常采用预制的钢筋混凝土或现场浇筑的混凝土。若跨度较小，也可以使用石梁或石板。

2.悬壁梁式

悬壁梁式结构通过从桥孔两端向中部悬挑延伸桥梁，在悬挑的梁端覆盖短梁或桥板，形成完整的桥孔结构。这种结构可以增加桥孔的跨度，便于桥下航行。无论是石桥还是钢筋混凝土桥，都适合采用悬壁梁式结构。

3.拱券式

拱券式结构桥梁由砖或石材拱券构成，桥体重量通过圆拱传递至桥墩。单孔桥的桥面一般为拱形，因此大多数属于拱桥范畴。对于三孔或以上的拱券式桥梁，其桥面通常是平坦的路面形式，尽管也有将桥顶设计成大半径微拱形状的例子。

4.桁架式

桁架式结构利用铁质桁架作为桥体主体，桥体的杆件主要承受拉力或压力，这样的设计取代了由弯矩产生的条件，从而使构件的受力性能得到了充分的利用。杆件的接点通常采用铰接方式。

5.悬索式

悬索式结构是索桥常用的一种结构形式。通过在桥的两端固定粗大的悬索，并在下方用数根钢索平行排列，形成桥面的基础；同时，两侧各有一根或多根钢索竖直排列，通过许多悬垂的钢绳相互连接，悬垂钢绳的下端则用于吊起桥面板。

### （四）钢筋混凝土小桥施工

1.木桩基础

根据施工设计图的要求进行放样，标出小桥桩基的区域。在该区域内挖掘土壤至桩顶设计标高下方50～60cm处，填入10cm厚的填塘渣，建设一个适合放样的工作平台。在该平台上重新放样，确定桩位，随后进行木桩的打桩作业，确保桩顶达到设计标高。桩位的偏差必须控制在不超过D/6～D/4，桩的垂直度容差为1%。

2.毛石嵌桩

在桩区外侧抛洒直径不超过50cm的毛石，桩间填充直径不超过40cm的毛石，层层对称均匀地抛洒，先中后侧地进行，以维持桩群的正确位置。一边抛毛石，一边适量填入填塘渣，直至桩顶区的嵌石变得密实。接着，在此基础上铺设10cm厚的混凝土垫层。

3.承台施工

（1）垫层施工：先将桩头破碎至设计标高，外围使用破碎混凝土；采用10cm厚的碎石作为垫层；垫层的尺寸在承台尺寸基础上每侧增宽10cm；用振动板密实碎石垫层表面。

（2）承台钢筋：使用直径16mm以上的钢筋，所有连接点采用焊接；钢筋绑扎时，先绑底部，然后绑侧面及顶部钢筋。

（3）承台模板：安装时要确保模板接缝紧密，用封口胶纸密封缝隙，避免漏浆。

（4）承台混凝土：采用C20等级的混凝土进行浇筑。由于承台混凝土量大，易产生裂缝，因此在施工时要严格控制温度和水灰比，确保振捣密实，及时养护，以保障混凝土质量。

（5）基坑回填：清除淤泥和杂物，抽干坑内积水；分层进行回填，每层厚度为30～40cm，并进行夯实，确保密实度≥85%。

4.桥台施工

施工时需考虑以下几点。

（1）选用加工平整、规格为300mm×400mm×200mm的梅雨石作为镶面块石。

（2）砌筑工作采用M10级别的水泥砂浆。

（3）镶面石砌筑时采用“三顺一丁”法，确保石块横平竖直，砂浆填充充分，叠砌得当。

（4）墙身浆砌块石分层砌筑，要求各层错开，确保接口处紧密相扣，避免同一层内出现连贯的直缝。

（5）砌筑过程中，每隔50～100cm需进行一次找平作业，确保各水平层垂直缝错开，错开距离不少于8cm，砌块内部垂直缝错开5cm，灰缝宽度最大为2cm，严禁出现干缝和瞎缝。

（6）挡墙砌筑时，泄水孔与沉降缝应同时施工，其位置和质量需符合设计要求。

5.板梁安装

对于单跨小桥，为了提高施工效率，建议直接采用吊机进行安装；而对于连续跨度3跨及以上的桥梁，建议使用简易架梁机进行安装。

6.铺装桥面

使用6～8cm厚的水泥混凝土进行铺装，其强度应不低于车道板的混凝土强度。水泥混凝土铺装表面须保持坚实、平整、无裂纹，并具有良好的粗糙度。

7.栏杆安装

栏杆的安装自一端柱开始，向另一端顺序安装。安装高度为1～1.2m，杆间距设定为1.6～2.7m。利用自制的“双十字”尺控制栏杆的垂直度。

## （五）栈道施工

1.定点放线

根据规定的坐标点和高程控制点完成工程定位，并建立轴线控制网络。场地初步平整后，依照施工图进行测量放线，并标出基槽的灰线。

2.基槽开挖

沿灰线直边切割出槽边轮廓线，接着从上至下分层进行开挖。鉴于栈道基础的土方量相对较少，采用手工开挖，挖至规定的槽底标高。随后，利用两端的轴线和引桩拉线，校验槽边的尺寸，完成槽的修整和底部的清理。将用于基础回填的土方量暂存于基坑周边，待回填时使用。基坑开挖过程中，应使用水准仪进行标高的实时监控。

在雨季进行开挖时，必须确保坑内排水及地面截水措施到位。一种简易的截水方法是，利用挖出的土沿基坑四周或迎水面堆积高度为500～800mm的土堤进行截水，并通过现场排水沟排走地面水。

3.碎石垫层

用于基层填充的碎石应大小适中、无风化，确保基层强度。石块之间排列需紧密、不松散，并提前控制好标高、坡度和厚度，确保垫层满足设计要求，碎石铺设应均匀、平整。

4.钢筋绑扎

钢筋在专门的作业场所加工后，于现场进行绑扎。绑扎时要注意钢筋的排列顺序，确保接头错开，同一截面上的接头数量符合规范要求，并根据图纸施工。木栈道的基础较为简单，钢筋可从基础底板开始，一次性加工绑扎到位，随后进行基础混凝土的浇筑。

5.浇筑混凝土

模板在支设前，需将基础表面的杂物清理干净。钢筋绑扎完成后，校正模板的上口宽度，并使用木掌进行定位，以铁钉临时固定。支好模板后，检查模板内的尺寸和高程，符合设计标高后方可进行混凝土浇筑。

采用流态混凝土，每30cm厚度需振捣一次，主要使用插入式振捣器，快速插入而缓慢拔出，既不漏振也不过振。混凝土应连续浇筑，以确保结构的整体性。

6.钢梁安装

木栈道使用100×70的工字钢，通过16号膨胀螺钉与基础连接。

7.木构件安装

100×70工字钢上每420 mm布置一道50×50的木龙骨，木龙骨两侧通过60×30“L”形镀锌钢及镀锌十字螺丝与工字钢固定夹紧。140×25防腐木地板与木龙骨通过φ5下沉式十字平头镀锌钢螺钉牢固。

# 第三节　园亭与花坛砌筑工程施工

## 一、园亭工程施工

园亭作为供游客休息和欣赏风景的园林建筑，以其开敞的周围和相对较小而集中的造型特点而著称。亭体常与山水绿化相结合，形成园林中的“点景”。在设计上，园亭结合具体地形、自然景观和传统元素，以其独特的优雅和精致，与周围的建筑、绿化和水景等和谐相融，共同构成园林景观的一部分。

园亭的结构主要包括亭顶、亭身和亭基三个部分。其体量宜小不宜大，形态精致，可采用竹、木、石、砖瓦等传统地方材料建造。现代园亭更多采用钢筋混凝土，或结合轻钢、铝合金、玻璃钢、镜面玻璃、充气塑料等新型材料制作。

### （一）园亭的特点

园亭是一种供游人休息、观赏或作为景观一部分的开敞或半开敞的小型园林建筑。在现代园林中，园亭的风格趋向于更加抽象，亭顶可能采用圆盘式、菌蕈式或其他抽象形式，并多采用对比色彩，其装饰性往往优于实用性。

1.兼有实用和观赏价值

园亭不仅美化了景观，还提供了一个防晒避雨、消暑纳凉的休息场所，让游客能够更好地享受园林美景。

2.造型优美，形象生动

现代新型园亭千姿百态，在传统亭的基础上，增加时代气息，优美、轻巧、活泼、多姿是园亭的特点。

3.与周围环境巧妙结合

园亭通常四面开放，空间通透，能够完美融入周围的园林环境。其设计上的巧妙，使内外环境互相渗透，形成一个整体，展示了有限空间与无限可能的融合。园亭能够汇聚园林中的美景，呈现出一种从无到有的空间效果。

4.在装饰上，繁简多样

在装饰方面，园亭既适宜复杂精细的设计，也可保持简约朴素，无论是花团锦簇还是简洁大方，都有其独到之处。

## （二）园亭的类型

园亭的类型多样，根据使用材料的不同，主要可分为以下几类。

1.木结构亭

木结构亭采用木柱作为主要承重结构，而非砖墙，墙体仅有围护功能。因此，亭的设计可灵活多样，小巧的形态使其不受传统建造方式的约束。亭的造型主要由其平面布局和屋顶设计决定。

2.砖结构亭

砖结构亭通常使用砖石建造，以此支撑屋顶。例如，碑亭体型较为厚重，与亭内石碑相得益彰。而一些较小的亭则显得更为轻巧，这主要是由于其跨度较小。例如，北京北海公园团城玉翁亭亭高6.7m，柱距2.3 m，四面坡顶，木檐椽上覆琉璃瓦，上部结构用砖砌圆顶。

另有一些纪念性的亭子使用石材结构，也有梁柱用石材的，其他仍用木质结构，如苏州沧浪亭，既古朴庄重，又富自然之趣。

3.竹亭

竹亭在江南地区较为常见，以当地丰富的竹材为主要建造材料，设计轻盈自然。随着竹材加工技术的进步，竹亭的建设有所增加。竹亭的建造相对简单，内部结构可以使用木材或钢结构，外观采用竹材，既保证了美观又确保了坚固和施工的便捷性。

4.钢筋混凝土结构亭

钢筋混凝土结构亭主要分为三种类型：现场浇筑的混凝土结构，这种方式虽然坚固但在细部制作上较为浪费模具；预制混凝土构件的焊接装配；以及采用轻型结构，顶部使用钢板网，并以混凝土做表面处理。

5.钢结构亭

钢结构亭的设计造型多变，尤其在北方建设时需考虑风压和雪压等负荷。屋顶不必全由钢结构构成，可以与其他材料结合使用，以创造丰富多样的外观形态。

此外，从平面布局来看，园亭可设计为三角形、四角形、五角形、六角形、圆形等形状；从亭顶的设计来看，有平顶、笠顶、四坡顶、半球顶、伞顶、蘑菇式等多种形式；从立面设计来看，亭可分为单檐和重檐，极少情况下会设计为三重檐。除了单体式的亭外，还有组合式的设计，以及与廊架、景墙结合的亭式布局。

## （三）园亭的构造

园亭通常小巧且集中，结构独立且完整，主要由地基、亭柱和亭顶三大部分构成，此外还包括一些附属设施。

1.地基

地基多采用独立柱基或板式柱基构造，常用钢筋混凝土结构。地基埋深不宜少于500mm。对于承受较大地上部分负荷的亭子，需在地基中加入钢筋和地梁；而对于地上部分负荷较轻的，如使用竹柱或木柱并覆以稻草的亭子，可以通过挖坑并使用混凝土作为亭柱的基础。

2.亭柱

亭柱主要由几根承重立柱构成，营造出较为空灵的内部空间。柱子的截面形状多样，可为圆形、矩形或多角形，其尺寸范围大致在直径250~350mm或250mm × 250mm至370mm × 370mm，具体尺寸取决于亭子的高度和使用的结构材料。亭柱的材料包括水泥、石块、砖、树干、木条和竹竿等。

3.亭顶

亭顶的梁架可以使用木材，也可以采用钢筋混凝土或金属铁架。亭顶的形式多种多样，包括平顶和攒尖顶，形状有方形、圆形、多角形、梅花形和不规则形等，顶盖材料也有多种选择，如瓦片、稻草、茅草、树皮、木板、竹片、柏油纸、石棉瓦、塑胶片、铝片和洋铁皮等。

4.附设物

为增添美观和实用性，园亭旁或内部常设有桌椅、栏杆、盆钵和花坛等附设物。这些附设物的设置应遵循适量原则，不宜过多，也可以在亭的梁柱上设计各式雕刻装饰以增加观赏性。

## （四）园亭位置的选择

1.山地建亭

山地是观赏远景的理想地点，特别是山顶和山脊，因其视野开阔、方向多样成为人们赏景的首选之地。同时，也为登山的游人提供了一个休息并欣赏美景的场所。通常的选择地点包括山顶、山腰平台、山坡、山洞入口及山谷旁的溪流。

2.临水建亭

在水边建设园亭时，应尽量贴近水面，位置较低而不宜过高，最好能够使亭子突出在水中，被水流三面或四面环绕。水面上的亭子常设于小岛、半岛或是水中的石台上，通过堤岸或桥梁与陆地相连，营造出水面上独特的空间感和趣味感。常见的选址包括水岸边、水边石矶、岛屿以及泉边或瀑布旁。

3.平地建亭

平地上的园亭一般位于道路交会处或林荫小道旁，有时则被花木和假山所围绕，形成一个具有私密性的小空间。选址通常在草坪、广场、台阶上、花丛林荫之中，或园林小路的中段、旁边、转角及分岔口等地。

## 二、花坛砌筑工程施工

花坛的体量与尺寸需与其所处的广场、入口及周边建筑的规模相匹配，一般不应超出广场面积的1/3，且不小于1/5。在入口处设置花坛旨在美化环境同时不妨碍行人通行，确保不遮挡入口视线。花坛的外形轮廓应与附近建筑的边界、相邻道路及广场布局协调统一。其色彩设计应与环境区分开，不仅可以吸引视线起到装饰作用，还需与环境和谐相融，共同营造整体美感。

### （一）花坛的分类

在中国古典园林中，花坛通常指边缘用砖石砌起，用于种植花卉的土台。随着时间的推移，花坛的设计逐渐多样化，不仅限于种植花卉，还包括各类灌木和乔木，甚至还可专为树木设计，成为观赏的焦点，称之为树池。花坛结合了硬质与软质景观元素，具有极高的装饰价值，其分类方式繁多。

1.按花材分类

（1）盛花花坛（花丛花坛）；

（2）模纹花坛：毛毡花坛、浮雕花坛、彩绘花坛。

2.按空间位置分类

（1）平面花坛；

（2）斜面花坛；

（3）立体花坛，包括造型花坛、标牌花坛等。

### （二）花坛的布置位置

花坛通常布置在道路交叉口、公共建筑正面、园林绿地入口或广场中心等人流视线集中的地点，成为视觉焦点。花坛的平面和立面设计应考虑所在地的园林空间特征、规模尺度、拟种植植物的生长习性及观赏特性，以达到最佳的观赏效果。

## （三）花坛建造所需材料

1.花坛砌筑材料

（1）普通砖；

（2）石材；

（3）砂浆；

（4）混凝土。

2.花坛装饰材料

（1）砖的勾缝类型

①齐平：这种装饰缝简洁而朴素，允许雨水直接流过墙面，适宜于户外环境。一般采用泥刀移除多余砂浆，并使用木条或麻布进行打磨和抛光。

②风蚀：风蚀效果的坡形剖面设计有助于水流排出，每一行砖上方的2～3mm深凹陷处会形成阴影线，有时为了突出水平线条，垂直勾缝会被抹平。

③钥匙：通过使用窄小的弧形工具压制，创建较深的装饰缝，其产生的阴影线条更具吸引力，但这种类型不太适合户外使用。

④突出：通过在砖表面涂抹砂浆，不仅能够有效保护砖块，还能在日晒雨淋下形成迷人的乡村风格外观。可以选择颜色与砖块相配的砂浆，或者使用麻布进行打磨。

⑤提桶把手：其剖面为圆形弧线，使用类似镀锌桶把手的圆形工具形成，适当地强调了每块砖的轮廓，同时具有防晒防雨的功能。

⑥凹陷：采用专门设计的“凹陷”工具，将砂浆准确地填充在砖块之间，产生的鲜明阴影线条，显著突出了砖缝。这种方式主要适用于室内或有遮盖的场所。

（2）石块勾缝装饰

①蜗牛痕迹：此技术通过创造交错的线条，让每一块石头似乎都与旁边的石头相匹配。在砂浆还未干时，使用工具或小泥刀顺着缝隙方向画出平行线，以使砂浆接缝更为光滑、完美。

②圆形凹陷：利用湿的弯曲的管子或塑料水管，在湿砂浆上插入一定深度。这使得每块石头之间形成强烈的阴影线。

③双斜边：采用尖端泥刀处理砂浆，创造出类似鸟嘴的效果，这需要专业技术人员操作，以保证外观的美观。

④刷：刷是在砂浆完全凝固之前，用坚硬的铁刷将多余的砂浆刷掉而呈现出的外观效果。

⑤方形凹陷：对于正方形或长方形的石块，使用方形凹陷效果最佳，这需要特定工具

来完成。

⑥草皮勾缝：利用泥土或草皮取代砂浆，本方法只有在石园或植有绿篱的清水石墙上才适用。要使勾缝中的泥土与墙的泥土相连以保证植物根系的水分供应。

此外，随着装饰材料和生产技术的进步，新型材料已被应用于花坛和树池的围合结构中，作为矮栏使用，展现出强烈的装饰效果，如金属材料、加工木材、塑料制品等。

### （四）砖砌花坛施工

1.定点放线

根据花坛的设计要求，首先将圆形花坛的砌体图形定位于地面，具体步骤如下：

（1）在地面标定花坛的中心点，并进行打桩定位；

（2）以该桩点为中心，以预定的半径R画出两个同心圆，并用白灰在地面标记清楚。

2.基础处理

（1）放线完成后，沿已标出的花坛边界线挖掘基槽。

（2）基槽的开挖宽度应比墙体基础宽约100mm，深度则依设计而定，通常为120mm。

（3）确保槽底平整，并对素土进行夯实处理。

（4）根据设计确定花坛边界线和标高，设立龙门桩。在混凝土基础的外侧放置施工挡板，并在挡板上标出标高线，使用C10混凝土浇筑基础，厚度为80cm。

3.砌筑施工

（1）在砌筑前，须重新核对花坛的位置、尺寸及标高，并在混凝土基础上标出中心线和水平线。

（2）将砖块浸水，使其含水率控制在10%～15%。

（3）清理基层上的砂灰和杂物，并进行浇水湿润。

（4）使用M5.0混合砂浆和MU≥7.5标准砖进行砌筑，墙体高度为560mm。采用“一顺一丁”砌法，即顺砖和丁砖交替排列。要求砂浆填充充实，层与层之间错缝，内外互相搭接，灰缝均匀。

（5）砌筑完成后，用回填土覆盖基础并夯实。

4.花坛装饰

（1）使用水泥与粗砂按1：2.5的比例制成的水泥砂浆抹在墙体表面，平滑处理但不抹光。

（2）依照设计要求，使用20mm厚的米黄色水刷石进行表面装饰。

5.种植床整理

当花坛装饰完成后，对种植床进行整理。向种植床中添加肥沃的园土，如条件允许，再铺一层长效有机肥作为底肥。接着进行翻土，一边翻土一边挑出土中的杂质。将表土细化并耙平，为放置植物图案和栽种花卉植物做准备。

## （五）五色草立体花坛施工

1.分析设计图案

（1）五色草立体花坛是利用不同种类的五色草，配置草花、灌木，建造立体景物或组成文字，美观高雅，富有诗情画意。

（2）本立体（造型）花坛，以五色草为主体，其他花木作为配材，动物造型为大象，图案设计简洁大方。

2.骨架制作

制作之前，要根据所设计的大象立体形象，用泥或石膏、木材等按比例制作模型。骨架也叫作架林，是动物造型的支撑体，一般情况下要按大象的形象，设计出大小宽窄和高度相宜的骨架。骨架可采用工字钢、角钢和钢筋焊接，或使用木材、竹材、砖石等制作。骨架结构必须坚固，根据预估的承重力选材，确保无因材料不当而造成的变形或倒塌。在骨架表面焊接细钢筋，长度为8～10 cm，骨架内部应加固立柱，提供支撑和承重。

3.骨架安装

安装时，骨架的尺寸应比原设计小8～10 cm，便于在骨架上覆盖网格、缠绕草带、涂抹泥浆、植入草坪等操作。大象形体底部应设有十字形铁基础，埋入地下约1m深，防止倾斜。

4.搭荫棚、缠草把

为防止泥浆暴晒而干裂，在缠草之前必须先立支架，搭上荫棚，同时可避免雨水冲刷，然后再往骨架上缠绕带泥草绳。东北地区用谷草、稻草蘸上肥沃而有黏着力的稀泥，拧成5～10 cm粗的草辫子，在当地叫作拉和辫子。工作时由下而上编缠，厚度为5～10cm。如果所造的景物较小较精细，草辫宜随之变细。拉和辫子所用的材料，必须是新草，因新草拉力大，可延长腐烂时间。在缠草辫子过程中，中间空隙要用土填实，以方便五色草吸收水分和养分。

5.栽五色草

栽植五色草时应遵循先上后下、先左后右的原则，首先拉线确定轮廓，然后依序进行栽植。栽植过程中需谨慎，选择合适的草苗，保持适当的密度，并且要均匀划分植株排列。通常使用尖端的木棒挖掘植穴，栽入后需将土壤压实。栽植时，确保苗与土床表面形成45°~60° 的锐角，以利于苗木斜向上生长，接受光照，根系自然向下生长，增强抗旱能力，避免浇水时被冲走。

6.养护管理

五色草立体花坛的维护对于保持其外观至关重要，需要细心且持续地管理，包括浇水、除草和修剪。

（1）水分管理：初期因土层较薄，水分保持较差，新栽植的小苗生长缓慢，须在栽植后的第一周内每天喷水两次，以保持土壤湿润。当小苗与土壤紧密结合后，可以适当减少浇水频率。

（2）定型修剪：栽植半月后，就需进行首次修剪，特别是在7月至8月的生长高峰期，建议每半月修剪一次。修剪时应根据花坛图案修剪出凹凸有致的形态，保持线条直挺，以彰显观赏价值。图案两侧应修成斜坡形状，以创造浮雕效果。在修剪过程中，同时进行除草和补植，确保按照原始设计要求补植缺失的苗木。

（3）病虫害控制：五色草容易受到地老虎的侵害，可在栽植前使用3%的呋喃丹颗粒剂进行防治，每平方米使用量为3~5克。注意用药量不宜过多，过量施药既浪费且可能影响植物根部发展。在生长季节干旱时期，若出现红蜘蛛、蚜虫等害虫，可以使用1500倍稀释的乐果溶液进行喷洒防治。

# 第六章　风景园林水景与假山工程

## 第一节　湖体与水池工程

### 一、人工湖工程

#### （一）人工湖的分类

1.按结构分类

（1）简易湖

简易湖是指由人工挖掘的，池底、池壁只经过简单夯实加固的自然式湖体，这种湖一般建设在地下水位较低处。在施工过程中，根据图纸要求进行定点放线，按图纸的要求进行开挖，当水池的基本轮廓挖掘完成后进行池底和池壁的处理。池底施工通常采取素土夯实或3：7灰土夯实的方法防渗，若当地土质条件为黏土，则防渗效果更为理想；湖壁的施工也采取素土夯实的办法（一般采用植物作为护坡材料），根据图纸要求的湖壁坡度进行分层夯实加固；最后根据图纸要求做好进水口、排水口和溢水口的施工。这种简易湖虽施工简便，冻胀对它的破坏较小，但池壁不够坚固，经过波浪的反复冲刷易发生局部坍塌，池底虽做夯实处理但仍会有少量水渗漏，所以要经常补水。

（2）硬质驳岸湖

驳岸指在园林水体边缘与陆地交界处，为稳定岸壁、保护湖岸不被冲刷或水淹所设置的构筑物。硬质驳岸湖指驳岸由石材砌筑而成的湖，中国古典园林中的水池多为石砌驳岸湖。石砌驳岸湖的施工是先根据图纸挖出水池轮廓，再根据图纸要求制作池底，一般为素土夯实或3：7灰土夯实。驳岸采用石材砌筑，在常水位及以上部分采用自然山石材料加以装饰，来创造自然的野趣。在施工过程中，要注意驳岸的墙身位置尽量不透水，施工时在墙体石缝间灌入水泥砂浆，并用水泥勾缝。但要注意，露在常水位以上的自然山石不要勾缝，以免破坏自然效果。

（3）混凝土湖

混凝土湖指人工湖的湖底和湖壁均由水泥浇筑，这种水池一般较小，多以规则形式出现。

2.按人工湖平面形状分类

在园林造景中建造人工湖，最重要的是做好水体平面形状的设计，人工湖的平面形状直接影响水景形象表现及其景观效果。根据曲线岸边的不同围合情况，水面可设计为多种形状，如肾形、葫芦形、兽皮形、钥匙形、菜刀形、聚合形等。设计这类水体形状应注意的是：水面形状宜大致与所在地块的形状保持一致，仅在具体的岸线处理给予曲折变化。设计好的水面要尽量减少对称、整齐的因素。

## （二）人工湖的布置要点

根据园林的现有水体或利用低地，挖土成湖，要充分体现湖的水光特色。

①要注意湖岸线的水滨设计，注意湖岸线的“线形艺术”，以自然曲线为主，讲究自然流畅，开合相映。②要注意湖体水位设计，选择合适的排水设施，如水闸、溢流孔（槽）、排水孔等，最好能够有一定的汇水面，或人工创造汇水面，通过自然降水（雨、雪）的汇入补充湖水。③要注意人工湖的基址选择，应选择壤土、土质细密、土层厚实之地，不宜选择过于黏质或渗透性大的土质为湖址。如果渗透力较大，必须采取工程措施设置防漏层。

## （三）湖的工程设计

1.水源选择

①蓄积天然降水（雨水或雪水）；②引天然河水、湖水；③池塘本身底部有泉；④打井取水；⑤引入城市用水。

蓄积天然降水、引天然河水、湖水为园林中最为理想的水源，通过引入自然湖、河水或汇集的天然降水补充园林景观用水和植物养护用水，既节约资源，也节约能量。选择水源时应根据用水的需要考虑地质、卫生、经济的要求，并充分节约用水。

2.人工湖基址对土壤的要求

人工湖平面设计完成后，要对拟挖湖所及的区域进行土壤探测，为施工技术设计做好准备。

①黏土、砂质黏土、壤土，土质细密、土层深厚或渗透力小的黏土夹层是最适合挖湖的土壤类型。②以砾石为主，黏土夹层结构密实的地段，也适宜挖湖。③砂土、卵石等容易漏水，应尽量避免在其上挖湖。如漏水不严重，要探明下面透水层的位置深浅，采用相应的截水墙或人工铺垫隔水层等工程措施。④基土为淤泥或草煤层等松软层，须

全部挖出。⑤湖岸立基的土壤必须坚实。黏土虽透水性小，但在湖水到达低水位时，容易开裂，湿时又会形成松软的土层、泥浆，故单纯黏土不能作为湖的驳岸。为了实际测量漏水情况，在挖湖前需对拟挖湖的基础需要进行钻探，要求钻孔之间的最大距离不得超过100m，待土质情况探明后，再决定这一区域是否适合挖湖，或施工时应采取的工程措施。

3.水面蒸发量的测定和估算

对于较大的人工湖，湖面的蒸发量是非常大的，为了合理设计人工湖的补水量，测定湖面水分蒸发量是很有必要的。水量损失主要是由于风吹、蒸发、溢流、排污、渗漏等原因造成的。

根据湖面蒸发水的总量及渗漏水的总量可计算出湖水体积的总减少量，依此可计算最低水位；结合雨季进入湖中雨水的总量，可计算出最高水位；结合湖中给水量，可计算出常水位，这些都是设计人工期的驳岸必不可少的数据。

## 二、水池工程

### （一）水池的分类

1.刚性结构水池

刚性结构水池也称为钢筋混凝土水池，特点是池底池壁均配有钢筋，寿命长、防漏性好，适用于大部分水池。

2.柔性结构水池

随着建筑材料的不断革新，出现了各种各样的柔性衬垫薄膜材料，改变了以往只靠加厚混凝土和加粗加密钢筋网防水的做法。例如，针对北方地区水池的渗透冻害，开始选用柔性不渗水材料做防水层，其特点是寿命长，施工方便且自重轻、不漏水，特别适用于小型水池和屋顶花园水池。在水池工程中常用的柔性材料有玻璃布沥青席、三元乙丙橡胶（EPDM）薄膜、聚氯乙烯（PVC）衬垫薄膜、膨润土防水毯等。

3.临时简易水池

此类水池结构简单，安装方便，使用完毕后能随时拆除，甚至还能反复使用，一般适用于节日、庆典、小型展览等水池的施工。

临时水池的结构形式不一。对于铺设在硬质地面上的水池，一般可采用角钢焊接、红砖砌筑或用泡沫塑料制成池壁，再用吹塑纸、塑料布等分层将池底和池壁铺垫，并将塑料布反卷包住池壁外侧，用素土或其他重物固定。内侧池壁可用树桩做成驳岸，或用盆花遮挡，池底可视需要再铺设沙石或点缀少量卵石；还可用挖水池基坑的方法建造，先按设计要求挖好基坑并夯实，再铺上塑料布，塑料布应至少留15cm在池缘，并用天然石块压紧，池周按设计要求种上草坪或铺上苔藓，一个临时水池便可完成。

### （二）水池设计

1.平面设计

水池的平面设计显示水池在地面以上的平面位置和尺寸。水池平面可以标注各部分的高程，标注进水口、溢水口、泄水口、喷头、集水坑、种植池等的平面位置以及所取剖面的位置等内容。

2.立面设计

水池的立面设计反映主要朝向立面的高度及变化，水池的深度一般根据水池的景观要求和功能要求而定。水池池壁顶面与周围的环境要有合适的高程关系，一般以最大限度地满足游人的亲水性要求为原则。池壁顶除了使用天然材料、表现其天然特性外，还可用规整的形式，加工成平顶或挑伸，或中间折拱或曲拱，或向水池一面倾斜等多种形式。

3.剖面结构设计

水池的剖面设计应从地基至池壁顶注明各层的材料和施工要求，剖面应有足够的代表性，如一个剖面不足以反映时可增加剖面。

4.管线设计

水池中的基本管线包括给水管、补水管、泄水管、溢水管等。有时给水与补水管道使用同一根管子。给水管、补水管和泄水管为可控制的管道，以便有效地控制水的进出。溢水管为自由管道，不加闸阀等控制设备以保证其畅通，对于循环用水的溪流、跌水、瀑布等还包括循环水的管道。对配有喷泉、水下灯光的水池还存在供电系统设计问题。

水池设置溢水管，以维持一定的水位和进行表面排污，保持水面清洁。溢水口应设格栅或格网，以防止较大漂浮物堵塞管道。

水池应设泄水口，以便清扫、检修和防止停用时水质腐败或结冰，池底都应有不小于1%的坡度，坡向泄水口或集水坑。水池一般采用重力泄水，也可利用水泵的吸水口兼作泄水口。

### （三）水池的基本结构

1.压顶

压顶属池壁顶端装饰部位，作用是保护池壁，防止污水泥沙流入池内。下沉式水池压顶要高出地面5～10cm，且压顶距水池常水位为200～300 mm。其材料一般采用花岗岩等石材或混凝土，厚10～15cm。常见的压顶形式有两种：一种是有沿口的压顶，它可以减少水花向上溅溢，并能使波动的水面快速平静下来，形成镜面倒影；另一种为无沿口的压顶，会使浪花四溅，有强烈的动感。

2.池壁

池壁是水池竖向部分，承受池水的水平压力。一般采用混凝土、钢筋混凝土或砖块砌成。钢筋混凝土池壁厚度一般不超过300mm，常用150～200mm，宜配直径8mm、12mm钢筋，中心距200mm，C20混凝土现浇。同时，为加强防渗效果，混凝土中需加入适量防水粉，一般占混凝土的3%～5%，过多则会降低混凝土的强度。

3.池底

池底直接承受水的竖向压力，要求坚固耐久，多用现浇钢筋混凝土池底，厚度应大于20cm，如果水池容积大，需配双层双向钢筋网。池底设计需有一个排水坡度，一般不小于1%，坡向泄水口。

4.防水层

水池工程中，好的防水层是保持水池质量的关键。目前，水池防水材料种类较多，有防水卷材、防水涂料、防水嵌缝油膏等。一般水池用普通防水材料即可，钢筋混凝土水池防水层可以采用抹5层防水砂浆的做法，层厚30～40mm，还可用防水涂料，如沥青、聚氨酯、聚苯酯等。

5.基础

基础是水池的承重部分，一般由灰土或砾石三合土组成，要求较高的水池可用级配碎石。一般灰土层厚15～30cm，C10混凝土层厚10～15cm。

6.施工缝

水池池底与池壁混凝土一般分开浇筑，为使池底与池壁紧密连接，池底与池壁连接处的施工缝可设置在基础上方20cm处。施工缝可留成台阶形，也可加金属止水片或遇水膨胀胶带。

7.变形缝（沉降缝）

长度在25m以上的水池要设变形缝，以缓解局部受力，变形缝间距不大于20cm，要求从池壁到池底结构完全断开，用止水带或浇灌沥青做防水处理。

# 第二节　其他水景工程

## 一、瀑布工程

### （一）瀑布的构成和分类

1.瀑布的构成

瀑布一般由背景、上游积聚的水源、落水口、瀑身、承水潭及下流的溪水组成。人工瀑布常以山体上的山石、树木组成浓郁的背景，上游积聚的水（或水泵动力提水）汇至落水口。落水口也称为瀑布口，其形状和光滑程度影响瀑布水态，其水流量是瀑布设计的关键。瀑身是观赏的主体，落水后形成深潭经小溪流出。

2.瀑布的分类

瀑布的设计形式种类比较多，在园林中就有布瀑、跌瀑、线瀑、直瀑、射瀑、泻瀑、分瀑、双瀑、偏瀑、侧瀑等十几种。瀑布种类的划分，一是可从瀑布跌落方式来划分；二是可从瀑布口的设计形式来划分。

（1）按照瀑布跌落方式划分

按跌落方式划分有直瀑、分瀑、跌瀑和滑瀑4种。

①直瀑：即直落瀑布。这种瀑布的水流是不间断地从高处直接落入其下的池、潭水面或石面。若落在石面，就会产生飞溅的水花四散洒落。直瀑的落水能够造成声响喧哗，可为园林环境增添动态水声。②分瀑：实际上是瀑布的分流形式，因此又称为分流瀑布。它是一道瀑布在跌落过程中受到中间物阻挡一分为二，再分成两道水流继续跌落。这种瀑布的水声效果也比较好。③跌瀑：也称为跌落瀑布，是由很高的瀑布分为几跌，一跌一跌地向下落。跌瀑适宜布置在比较高的陡坡坡地，其水形变化较直瀑、分瀑都大一些，水景效果的变化也多一些，但水声要稍弱一点。④滑瀑：就是滑落瀑布。其水流顺着一个很陡的倾斜坡面向下滑落。斜坡表面所使用的材料质地情况决定着滑瀑的水景形象。斜坡是光滑表面，则滑瀑如一层薄薄的透明纸，在阳光照射下显示出湿润感和水光的闪耀。坡面若是凸起点（或凹陷点）密布的表面，水层在滑落过程中就会激起许多水花，当阳光照射时，就像一面镶满银色珍珠的挂毯。斜坡面上的凸起点（或凹陷点）若做成有规律排列的图形纹样，则所激起的水花也可以形成相应的图形纹样。

（2）按瀑布口的设计形式划分

按设计形式划分有瀑布分为布瀑、带瀑和线瀑3种。

①布瀑：瀑布的水像一片又宽又平的布一样飞落而下。瀑布口的形状设计为一条水平直线。②带瀑：从瀑布口落下的水流，组成一排水带整齐地落下。瀑布口设计为宽齿状，齿排列为直线，齿间的间距全部相等。齿间的小水口宽窄一致，相互都在一条水平线上。③线瀑：排线状的瀑布水流如同垂落的丝帘，这是线瀑的水景特色。线瀑的瀑布口形状，设计为尖齿状。尖齿排列成一条直线，齿间的小水口呈尖底状。从一排尖底状小水口上落下的水，即呈细线形。随着瀑布水量增大，水线也会相应变粗。

## （二）瀑布的设计要点

①筑造瀑布景观，应师法自然，以自然的瀑布作为造景砌石的参考，来体现自然情趣。②设计前需先行勘察现场地形，以决定大小、比例及形式，并依此绘制平面图。③瀑布设计有多种形式，筑造时要考虑水源的大小、景观主题，并依照岩石组合形式的不同进行合理的创新和变化。④庭院属于平坦地形时，瀑布不要设计得过高，以免看起来不自然。⑤为了节约用水，减少瀑布流水的损失，可装置循环水流系统的水泵，平时只需补充一些因蒸散而损失的水量即可。⑥应以岩石及植物隐蔽出水口，切忌露出塑胶水管，否则将破坏景观的自然。⑦岩石间的固定除用石与石互相咬合外，目前常以水泥强化其安全性，应尽量以植栽掩饰，以免破坏自然山水的意境。

## （三）瀑布的营建

1.顶部蓄水池的设计

蓄水池的容积要根据瀑布的流量来确定，要形成较壮观的景象，就要求其容积要大；相反，如果要求瀑布薄如轻纱，就没有必要太深、太大。

2.堰口处理

所谓堰口，就是使瀑布水流改变方向的山石部位。其出水口应模仿自然，并以树木及岩石加以隐蔽或装饰，当瀑布的水膜很薄时，能表现出极其生动的水态。

3.瀑身设计

瀑布水幕的形态也就是瀑身，它是由堰口及堰口以下山石的堆叠形式确定的。例如，堰口处的整形石呈连续的直线，堰口以下的山石在侧面图上的水平长度不超出堰口，则这时形成的水幕整齐、平滑，非常壮丽。堰口处的山石虽然在一个水平面上，但水际线伸出、缩进，可以使瀑布形成的景观有层次感。若堰口以下的山石，在水平方向上堰口突出较多，可形成双重或多重瀑布，这样瀑布就更加活泼而有节奏感。

瀑身设计是表现瀑布各种水态的性格。在城市景观构造中，注重瀑身的变化，可创造多姿多彩的水态。天然瀑布的水态是很丰富的，设计时应根据瀑布所在环境的具体情况、空间气氛，确定设计瀑布的性格，设计师应根据环境需要灵活运用。

4.潭（受水池）

天然瀑布落水口下面多为一个深潭。在做瀑布设计时，也应在落水口下面做一个受水池。为了防止落水时水花四溅，一般的经验是使受水池的宽度不小于瀑身高度的2/3。

5.与音响、灯光的结合

利用音响效果渲染气氛，增强水声如波涛翻滚的意境，也可以把彩色的灯光安装在瀑布对面，晚上就可以呈现彩色瀑布的奇异景观。

## 二、喷泉工程

### （一）喷泉的布置形式

喷泉有很多种类和形式，如果进行大体上的区分，可以分为以下几类：①普通装饰性喷泉。它是由各种普通的水花图案组成的固定喷水型喷泉。②与雕塑结合的喷泉是由各种喷水花与雕塑、观赏柱等共同组成的景观。③水雕塑。用人工或机械塑造出各种大型水柱的姿态。④自控喷泉。一般用各种电子技术，按设计程序来控制水、光、音、色，形成多变奇异的景观。

### （二）喷泉布置要点

在选择喷泉位置，布置喷水池周围的环境时，首先要考虑喷泉的主题、形式与环境相协调，把喷泉和环境统一考虑，用环境渲染和烘托喷泉，并达到美化环境的目的，或借助喷泉的艺术联想，创造意境。

喷水池的形式有自然式和整形式两种，首先喷水的位置可以居于水池中心，组成图案，也可以偏于一侧或自由布置；另外根据喷泉所在地的空间尺度来确定喷水的形式、规模及喷水池的大小比例。

### （三）喷头与喷泉造型

1.常用的喷头种类

喷头是喷泉的主要组成部分，它的作用是把具有一定压力的水变成各种预想的、绚丽的水花，喷射在水池的上空。因此，喷头的形式、制造的质量和外观等，都对整个喷泉的艺术效果产生重大的影响。

喷头因受水流的摩擦，一般多用耐磨性好、不易锈蚀，又具有一定强度的黄铜或青铜制成。为了节省铜材，近年来也使用铸造尼龙制造喷头，这种喷头具有耐磨、自润滑性好、加工容易、轻便、成本低等优点。但存在易老化、使用寿命短、零件尺寸不易严格控制等问题。目前，国内外经常使用的喷头式样可以归结为以下几种类型：①单射流喷头，是喷泉中应用最广的一种喷头，又称为直流喷头。②喷雾喷头，这种喷头内部装有一个螺旋状导流板，使水流做圆周运动，水喷出后，形成细细的弥漫的雾状水流。③环形喷头的出水口为环形断面，即外实内空，使水形成集中而不分散的环形水柱。它以雄伟、粗犷的气势跃出水面，带给人们奋发向上的气氛。④旋转喷头，它利用压力水由喷嘴喷出时的反作用力或其他动力带动回转器转动，使喷嘴不断地旋转运动，从而丰富了喷水造型，喷出的水花或欢快旋转或飘逸荡漾，形成各种扭曲线形，婀娜多姿。⑤扇形喷头，这种喷头的外形很像扁扁的鸭嘴。它能喷出扇形的水膜或像孔雀开屏一样美丽的水花。⑥多孔喷头，可以由多个单射流喷嘴组成一个大喷头，也可以由平面、曲面或半球形的带有很多细小孔眼的壳体构成喷头，它们能呈现出造型各异的盛开的水花。⑦变形喷头，通过喷头形状的变化使水花形成多种花式。变形喷头的种类很多，它们共同的特点是在出水口的前面有一个可以调节的、形状各异的反射器，水流通过反射器使水花造型形成各式各样的、均匀的水膜，如牵牛花形、半球形、扶桑花形等。⑧蒲公英形喷头，这种喷头是在圆球形壳体上，装有很多同心放射状喷管，并在每个管头上装有一个半球形变形喷头。因此，它能喷出像蒲公英一样美丽的球形或半球形水花。它可单独使用，也可以几个喷头高低错落地布置，格外新颖、典雅。⑨吸力喷头，此种喷头是利用压力水喷出时，在喷嘴的喷口附近形成负压区。由于压差的作用，它能把空气和水吸入喷嘴外的环套内，与喷嘴内喷出的水混合后一并喷出。此时水柱的体积膨大，同时因为混入大量细小的空气泡，形成白色不透明的水柱。它能充分反射阳光，因此光彩艳丽。夜晚如有彩色灯光照明时则更为光彩夺目。吸力喷头又可分为喷水喷头、加气喷头和吸水加气喷头。⑩组合式喷头，由两种或两种以上形态各异的喷嘴，根据水花造型的需要，组合成一个大喷头，称为组合式喷头，它能够形成较为复杂的花形。

2.喷泉的水形设计

喷泉水形是由喷头的种类、组合方式及俯仰角度等因素共同造成的。喷泉水形的基本构成要素，就是由不同形式喷头喷水所产生的不同水形，即水柱、水带、水线、水幕、水膜、水雾、水花、水泡等。由这些水形按照设计构思进行不同的组合，就可以创造出千变万化的水形设计。

水形的组合造型也有很多方式，既可以采用水柱、水线的平行直射、斜射、仰射、俯射，也可以使水线交叉喷射、相对喷射、辐状喷射、旋转喷射，还可以用水线穿过水幕、水膜，用水雾掩藏喷头，用水花点击水面等。

### （四）喷泉的给排水系统

1.喷泉的给水方式

（1）直流式供水（自来水供水）

流量在2～3L/s以内的小型喷泉，可直接由城市自来水供水，使用后的水排入雨水管网。

（2）离心泵循环供水

为了确保水具有必要、稳定的压力，同时节约用水，减少开支，对于大型喷泉，一般采用循环供水，循环供水的方式可以设水泵房。

（3）潜水泵循环供水

将潜水泵直接放置于喷水池中较隐蔽处或低处，直接抽取池水向喷水管及喷头循环供水。这种供水方式较为常见，一般多适用于小型喷泉。

（4）高位水体供水

在有条件的地方，可以利用高位的天然水塘、河渠、水库等作为水源向喷泉供水，水用过后排放掉。为了确保喷水池的卫生，大型喷泉还可设专用水泵，以供喷水池水的循环，使水池的水不断流动，并在循环管线中设过滤器和消毒设备，以消除水中的杂物、藻类和病菌。

喷水池的水应定期更换。在园林或其他公共绿地中，喷水池的废水可以和绿地喷灌或地面洒水等结合使用，做水的二次使用处理。

2.喷泉管线布置

大型水景工程的管道可布置在专用或共用管沟内，一般水景工程的管道可直接敷设在水池内。为保持各喷头的水压一致，宜采用环状配管或对称配管，并尽量减少水头损失。每个喷头或每组喷头前宜设置调节水压的阀门。对于高射程喷头，喷头前应尽量保持较长的直线管段或设整流器。

喷泉给排水管网主要由进水管、配水管、补充水管、溢流管、泄水管等组成。其布置要点如下：①由于喷水池中水的蒸发及在喷射过程中有部分水被风吹走等，造成喷水池内水量的损失，因此，在水池中应设补充水管。补充水管和城市给水管相连接，并在管上设浮球阀或液位继电器，随时补充池内损失的水量，以保持水位稳定。②为了防止因降雨使池水上涨而设的溢水管，应直接接通雨水管网，并应有不小于3%的坡度；溢水口的设置应尽量隐蔽，在溢水口外应设拦污栅。③泄水管直通雨水管道遭系统，或与园林湖池、沟渠等连接起来，使喷泉水泄出后作为园林其他水体的补给水。也可供绿地喷灌或地面洒水用，但需另行设计。④在寒冷地区，为防冻害，所有管道均应有一定坡度，一般不小于2%，以便冬季将管道内的水全部排空。⑤连接喷头的水管不能有急剧变化，如有变化，必须使管径逐渐由大变小，另外，在喷头前必须有一段适当长度的直管，管长一般不小于喷头直径的20～30倍，以保持射流稳定。

## （五）喷泉构筑物

1.喷水池

喷水池是喷泉的重要组成部分，其本身不仅能独立成景，起点缀、装饰、渲染环境的作用，而且能维持正常的水位以保证喷水。因此，可以说喷水池是集审美功能与实用功能于一体的人工水景。

喷水池的形状、大小应根据周围环境和设计需要而定。形状可以灵活设计，但要求富有时代感；水池大小要考虑喷高，喷水越高，水池越大，一般水池半径为最大喷高的1～1.3倍，平均池宽可为喷高的3倍。实践中，如用潜水泵供水，吸水池的有效容积不得小于潜水泵3min的出水量。水池水深应根据潜水泵、喷头、水下灯具等的安装要求确定，其深度不能超过0.7m，否则，必须设置保护措施。

2.泵房

泵房是指安装水泵等提水设备的常用构筑物。在喷泉工程中，凡采用清水离心泵循环供水的都要设置泵房。泵房的形式按照泵房与地面的关系分为地上式泵房、地下式泵房和半地下式泵房3种。

地上式泵房的特点是泵房建于地面上，多采用砖混结构，其结构简单，造价低，管理方便，但有时会影响喷泉环境景观，实际中最好合园林管理用房，适用于中小型喷泉。地下式泵房建于地面之下，园林用得较多，一般采用砖混结构或钢筋混凝土结构，特点是需做特殊的防水处理，有时排水困难，会因此提高造价，但不影响喷泉景观。半地下式泵房由地下式泵房和地上式泵房组成，地下式泵房包括地坑，在地坑上设置有水泵和围堰，在围堰上设置有检修口，地上式泵房包括泵房房柱，在泵房房柱的顶部设置有顶棚。

泵房内安装有电动机、离心泵、供电、电气控制设备及管线系统等。水泵相连的管道有吸水管和出水管。出水管即喷水池与水泵间的管道，其作用是连接水泵至分水器之间的管道，设置闸阀。为了防止喷水池中的水倒流，需在出水管安装单向阀。分水器的作用是将出水管的压力水合成多个支路再由供水管送到喷水池中供喷水用。为了调节供水的水量和水压，应在每条供水管上安装闸阀。北方地区，为了防止管道受冻坏，当喷泉停止运行时，必须将供水管内存的水排空。方法是在泵房内供水管最低处设置回水管，接入房内下水池中排除，以截止阀控制。

泵房内应设置地漏，特别注意防止房内地面积水。泵房用电要注意安全。开关箱和控制板的安装要符合规定。泵房内应配备灭火器等灭火设备。

3.阀门井

有时给水管道上要设置给水阀门井，根据给水需要可随时开启和关闭，便于操作，给水阀门井内要安装截止阀控制。

（1）给水阀门井

一般为砖砌圆形结构，由井底、井身和井盖组成。井底一般采用C10混凝土垫层，井底内径不小于1.2m，井壁应逐渐向上收拢，且一侧应为直壁，便于设置铁爬梯。井口呈圆形，直径为600mm或700mm。井盖采用成品铸铁井盖。

（2）排水阀门井

用于泄水管和溢水管的交接，并通过排水阀门进入下水管网。泄水管道要安装闸阀，溢水管接于阀后，确保溢水管排水畅通。

# 第三节　风景园林假山工程

## 一、假山的概念和分类

### （一）假山的概念

假山是指用人工方法堆叠起来的山，是仿自然山水经艺术加工而制成的。一般意义的假山实际上包括假山和置石两部分。

1.假山

假山是以造景、游览为主要目的，充分结合其他多方面的功能作用，以土、石等为材料，以自然山水为蓝本并加以艺术的提炼和夸张，用人工再造山水景物的统称。假山一般体量比较大，可观可游，使人有置身于自然山林之感。

2.置石

置石是以山石为材料做独立性造景和做附属性的配置造景布置，主要表现山石的个体美或局部组合，不具备完整的山形。置石体量一般较小而分散，主要以观赏为主。

### （二）假山的分类

根据使用的土、石料的不同，假山可分为：①土山，指完全用土堆成的山；②土多石少的山，用于山脚或山道两侧，主要是固土并加强山势，也兼造景作用；③土少石多的山，土形四周和山洞用石堆叠，山顶和山后则有较厚土层；④石山是完全用石堆成的山。

## 二、假山的材料

### （一）太湖石（南太湖石）

太湖石是一种石灰岩的石块，因主产于太湖而得名。其中以洞庭湖西山消夏湾太湖石一带出产的湖石最为著名。好的湖石有大小不同、变化丰富的窝或洞，有时窝洞相套，疏密相通，石面上还形成沟缝坳坎，纹理纵横。湖石在水中和土中皆有所产，尤其是水中所产者，经浪雕水刻，形成玲珑剔透、瘦骨突兀、纤巧秀润的风姿，常被用作特置石峰以体现秀奇险怪之势。

### （二）房山石（北太湖石）

房山石属砾岩，因产于北京市房山区而得名。又因其某些方面像太湖石，因此也称为北太湖石。这种石块表面多有蜂窝状大小不等的环洞，质地坚硬，有韧性，多产于土中，色为淡黄或略带粉红色，它虽不像南太湖石那样玲珑剔透，但端庄深厚典雅，别有一番风采。年久的石块，在空气中经过风吹日晒，变为深灰色后更有俊逸、清幽之感。

### （三）黄石与青石

黄石与青石皆墩状，形体顽夯，见棱见角，节理面近乎垂直。色橙黄者称为黄石，色青灰者称为青石，系砂岩或变质岩等。与湖石相比，黄石堆成的假山浑厚挺括、雄奇壮观、棱角分明、粗犷而富有力感。

### （四）青云片

青云片是一种灰色的变质岩，具有片状或极薄的层状构造。在园林假山工程中，横纹使用时称为青云片。多用于表现流云式叠山，变质岩还可以竖纹使用如做剑石，假山工程中有青剑、慧剑等。

### （五）象皮石

象皮石属石灰岩，在我国南北广为分布。石块青灰色，常夹杂着白色细纹，表面有细细的粗糙皱纹，很像大象的皮肤，因而得名。一般没有什么透、漏、环窝，但整体有变化。

### （六）灵璧石

灵璧石又名磬石，产于安徽省灵璧县磬山，石产于土中，被赤泥渍满。用铁刀刮洗方显本色。石中灰色，清润，叩之铿锵有声，石面有坳坎变化。可顿置几案，也可掇成小景。灵璧石掇成的山石小品，峙岩透空，多有婉转之势。

### （七）英德石

英德石属石灰岩，产于广东省英德市含光、真阳两地，因此得名。粤北、桂西南也有。英德石一般为青灰色，称为灰英。也有白英、黑英、浅绿英等数种，但均罕见。英德石形状瘦骨铮铮，嶙峋剔透，多皱褶的棱角，清奇俏丽。石体多皴皱，少窝洞，质稍润，坚而脆，叩之有声。

### （八）石笋和剑石

这类山石产地颇广，主要以沉积岩为主，采出后宜直立使用形成山石小景。园林中常见的有：①子母剑或白果笋：这是一种角砾岩。在青色的细砂岩中，沉积了一些白色的角砾石，因此称为子母石。在园林中作剑石用称为“子母剑”。又因此石沉积的白色角砾岩很像白果（银杏的果），因此也称为白果笋。②慧剑：色黑如炭或青灰色、片状形似宝剑，称为“慧剑”。③钟乳石笋：将石灰岩经熔融形成的钟乳石用作石笋以点缀园景。

### （九）木化石

地质学上称为硅化木。木化石是古代树木的化石。亿万年前，树木被火山灰包埋，因隔绝空气，未及燃烧而整株、整段地保留下来。再由含有硅质、钙质的地下水淋滤、渗透，矿物取代了植物体内的有机物，木头变成了石头。

以上是古典园林中常用的石品。另外，还有黄蜡石、石蛋、石珊瑚等，也用于园林山石小品。总之，我国山石的资源是极其丰富的。

## 三、假山布置

### （一）山石材料的选用

1.选石的步骤

①需要选到主峰或孤立小山峰的峰顶石、悬崖崖头石、山洞洞口石，选到后分别做上记号，以备使用。②要接着选留假山山体向前凸出部位的用石和山前、山旁显著位置上的用石以及土山坡上的石景用石等。③应将一些重要的结构用石选好，如长而弯曲的洞顶梁用石，拱券式结构所用的券石、洞柱用石、峰底承重用石、斜立式小峰用石等。④其他部

位的用石，则在叠石造山中随用随选，用一块选一块。

总之，山石选择的步骤应是：先头部后底部、先表面后里面、先正面后背面、先大处后细部、先特征点后一般区域、先洞口后洞中、先竖立部分后平放部分。

2.山石尺寸选择

在同一批山石材料中，石块有大有小、有长有短、有宽有窄，在叠山选石中要分别对待。对于主山前面比较显眼位置上的小山峰，要根据设计高度选用适宜的山石，一般应尽量选用大石，以削弱山石拼合峰体时的琐碎感。在山体上的凸出部位或容易引起视觉注意的部位，也最好选用大石。而假山山体内部以及山洞洞墙所选用的山石，则可小一些。

大块的山石中，敦实、平稳、坚韧的可用作山脚的底石，而石形变异大、石面皴纹丰富的山石则可以用于山顶，做压顶的石头。较小的、形状比较平淡而皴纹较好的山石，一般应该用在假山山体中段。山洞的盖顶石，平顶悬崖的压顶石，应采用宽而稍薄的山石。层叠式洞顶的用石或石柱垫脚石，可选矮墩状山石；竖立式洞柱、竖立式结构的山体表面用石，最好选用长条石，特别是需要做山体表面竖向沟槽和棱柱线条时，更要选用长条状山石。

3.石形的选择

除了用作石景的单峰石外，并不是每块山石都要具有独立完整的形态。在选择山石的形状中，挑选的依据应是山石在结构方面的作用和石形对山形样貌的影响情况。从假山自下而上的构造来分，可以分为底层、中腰和收顶三部分，这三部分在选择石形方面有不同的要求。

假山的底层山石位于基础之上，若有桩基则在桩基盖顶石之上。这层山石对石形的要求主要应为顽夯、敦实的形状。选一些块大而形状高低不一的山石，具有粗犷的形态和简括的皴纹，可以适应在山底承重和满足山脚造型的需要。

中腰层山石在视线以下者，即地面上1.5m高度以内的，其单个山石的形状也不必特别好，只要能够用来与其他山石组合刻造出粗犷的沟槽线条即可。石块体量也不需很大，一般的中小山石互相搭配使用就可以。

在假山1.5m以上高度的山腰部分，应选择形状有些变异、石面有一定褶皱和孔洞的山石，因为这些部位比较能引起人的注意，所以山石要选用形状较好的。

假山的上部和山顶部分、山洞口的上部，以及其他比较突出的部位，应选形状变异较大，石面皴纹较美、孔洞较多的山石，以加强山景的自然特征。形态特别好且体量较大的，具有独立观赏形态的奇石，可用以“特置”为单峰石，作为园林内的重要石景使用。

4.山石皴纹选择

石面皴纹、皱褶、孔洞比较丰富的山石，应当选在假山表面使用。石形规则、石面形状平淡无奇的山石，选作假山下部、假山内部的用石。

作为假山的山石和作为普通建筑材料的石材，其最大的区别就在于是否有可供观赏的天然石面及皴纹。“石贵有皮”意思是说，假山石若具有天然“石皮”，即有天然石面及天然皴纹，就是可贵的，是制作假山的好材料。

在假山选石中，要求同一座假山的山石皴纹最好是同一种类，如采用了折带皴类山石的，则以后所选用的其他山石也需要是相同折带皴类山石的；选了斧劈皴的假山，一般就不要再选用非斧劈皴的山石。只有统一采用一种皴纹的山石，假山整体上才能显得协调完整，可以在很大程度上减少杂乱感，从而增加整体感。

5.石态的选择

在山石的形态中，形是外观的形象，而态却是内在的形象。形与态是一种事物无法分开的两个方面。山石的一定形状，总是要表现出一定的精神态势。瘦长形状的山石，能够给人有力的感觉；矮墩状的山石，给人安稳、坚实的印象；石形、皴纹倾斜的山石，让人感到运动；石形、皴纹平行垂立的山石，则能够让人感到宁静、安详、平和。为了提高假山造景的内在形象表现，在选择石形的同时，还应当注意到其态势、精神的表现。

6.石质的选择

质地的主要因素是山石的密度和强度。如作为梁柱式山洞石梁、石柱和山峰下垫脚石的山石，必须有足够的强度和较大的密度。而强度稍差的片状石，则不能选用在这些地方，可用来做石级或铺地。外观形状及皴纹好的山石，有的是风化过度的，其在受力方面就很差，有这样石质的山石就不要选用在假山的受力部位。

7.山石颜色选择

叠石造山也要讲究山石颜色的搭配。不同类的山石色泽不一，而同一类的山石也有色泽的差异。“物以类聚”是一条自然法则，在假山选石中也要遵循。原则上的要求是，要将颜色相同或相近的山石尽量选用在一处，以保证假山在整体的颜色效果上协调统一。在假山的凸出部位，可以选用石色稍浅的山石，而在凹陷部位则应选用颜色稍深的山石。在假山下部的山石，可选颜色稍深的，而假山上部的用石则要选色泽稍浅的。

## （二）山体局部理法

叠山重视山体局部景观创造。虽然叠山有定法而无定式，然而在局部山景的创造上（如崖、洞、涧、谷、崖下山道等）都逐步形成一些优秀的程式。

1.峰

掇山为取得远观的山势以及加强山顶环境的山林气氛，而有峰峦的创作。人工堆叠的山除大山以建筑来突出加强高峻之势（如北海白塔、颐和园佛香阁）外，一般多以叠石来表现山峰的挺拔险峻之势。山峰有主次之分，主峰居于显著的位置，次峰无论在高度、体积或姿态等方面均次于主峰。峰石可由单块石块形成，也可由多块叠掇而成。

峰石的选用和堆叠必须和整个山形相协调，大小比例恰当。巍峨而陡峭的山形，峰态应尖削，具峻拔之势。以石横纹参差层叠而成的假山，石峰均横向堆叠，有如山水画的卷云皴，这样立峰有如祥云冉冉升起，能取得较好的审美效果。

2.崖、岩

叠山而理岩崖，为的是体现陡险峭拔之美，而且石壁的立面上是题诗刻字的最佳处所。诗词石刻为绝壁增添了锦绣，为环境增添了诗情。如崖壁上再有枯松倒挂，更给人以奇情险趣的美感。

3.洞府

洞，深邃幽暗，具有神秘感或奇异感。岩洞在园林中不仅可以吸引游人探奇、寻幽，还具有打破空间的闭锁、产生虚实变化、丰富园林景色、联系景点、延长游览路线、扩大游览空间等作用。

山洞的构筑最能体现传统假山合理的山体结构与高超的施工技术。山洞的结构一般有梁柱式和叠梁式两种，发展到清代，出现了戈裕良创造的拱券式山洞，使用钩带法，使山洞顶壁浑然一体，如真山洞壑一般，而且结构合理。洞的结构有多种形式，有单梁式、挑梁式、拱券式等。

精湛的叠山技艺、创造了多种山洞形式结构，有单洞和复洞之分；有水平洞、爬山洞之分；有单层洞、多层洞之分；有岸洞、水洞之分等。

4.谷

山谷是掇山中创作深幽意境的重要手法之一。山谷的创作，使山势蜿蜒曲折、峰回路转，更加引人入胜。大多数的谷，两崖夹峙，中间是山道或流水，平面呈曲折的窄长形。凡规模较大的叠石假山，不仅从外部看具有咫尺山林的野趣，而且内部也是谷洞相连；不仅平面上看极尽迂回曲折，而且高程上力求回环错落，从而造成迂回不尽和扑朔迷离的幻觉。

5.山坡、石矶

山坡是指假山与陆地或水体相接壤的地带，具平坦旷远之美。叠石山山坡一般山石与植被相组合，山石大小错落，呈出入起伏的形状，并适当地间以泥土，种植花木，看似随意的淡、野之美，实则颇具匠心。

石矶一般指水边突出的平缓的岩石。多数与水池相结合的叠石山都有石矶，使崖壁自然过渡到水面，给人以亲和感。

6.山道

登山之路称为山道。山道是山体的一部分，随谷而曲折，随崖而高下，虽刻意而为，却与崖壁、山谷融为一体，创造假山可游、可居之意境。

## （三）假山的基础设计

假山基础必须能够承受假山的重压，才能保证假山稳固。不同规模和不同重量的假山，对基础的抗压强度要求是不相同的。而不同类型的基础，其抗压强度也不相同。

1.基础类型

（1）混凝土基础

混凝土基础是用混凝土浇筑而成的基础，这种基础材料易得、施工方便、抗压强度大。由于其材料是水硬性的，因而能够在潮湿的环境中使用，且能适应多种土地环境。目前，这种基础在规模较大的石假山中应用最为广泛。

（2）浆砌块石基础

浆砌块石基础是用水泥砂浆或石灰砂浆砌筑块石而成的基础。这种基础抗压强度较大，能适应水湿环境及其他多种环境，也是应用比较普遍的假山基础。

（3）灰土基础

灰土基础是用石灰与泥土混合而做成的基础，其抗压强度不大，但工程造价较低。在地下水位高的地方，灰土的凝固条件不好，应用有困难。

（4）桩基础

桩基础是用混凝土桩或木桩打入地基做成的基础。桩基础主要用于土质疏松的地方。在古代，假山下多用木桩基础，混凝土桩基础则是现代假山工程中偶尔应用的基础形式。

（5）灰桩基础

灰桩基础是在地面均匀地打孔，再用石灰填满孔洞并压实而构成的一种假山基础形式。桩孔里的石灰吸潮后膨胀凝固，从而使地面变得坚实。这种基础造价低廉、施工简便，但抗压强度不大，一般用作小体量假山的简易基础。

（6）石钉夯土基础

石钉夯土基础是用尖锐的石块密集打入地面，再在其上铺一层灰土夯实而成。这种基础造价很低，但抗压强度不大，一般用来作为低矮假山的基础。

2.基础设计

假山基础的设计要根据假山的大小而定。低矮的小石山一般不需要基础，山体直接在地面上堆砌。高度在3m以上的大石山，需要设置适宜的基础。通常，沉重、高大的大型石山，应选用混凝土基础或块石浆砌基础；重量和高度适中的石山，可用灰土基础或桩基础。

4种假山基础的设计要点，包括以下几个方面。

（1）混凝土基础设计

最底下是夯实的素土地基，素土夯实层之上，可做成30～70mm厚的沙石垫层，沙石垫层上即为混凝土基础层。在陆地上，混凝土层的厚度可设计为100～200mm，其强度等级可采用C10、C15。在水下，混凝土层的厚度则应设计为500 mm左右，强度等级应采用C20。

（2）浆砌块石基础设计

地基应做素土夯实处理，夯实的地基上可铺30mm厚粗砂做找平层，找平层上用1：2.5或1：3水泥砂浆砌一层块石，厚度为300～500mm，水下则应用1：2水泥砂浆砌筑。

（3）灰土基础设计

灰土是用石灰和素土按3：7的比例混合而成。每铺一层厚度为30cm的灰土，并夯实到15cm厚时，则称为一步灰土。设计灰土基础时，要根据假山高度和体量大小来确定采用几步灰土。一般高度在2m以下的假山，其灰土基础可按一步素土加一步灰土设计；2m以上的假山，则应设计为一步素土加两步灰土。

（4）桩基础设计

在古代，常用直径为10～15cm\长为1～2m的杉木桩或柏木桩做桩基础，木桩下端为尖头状。当代假山已基本不用木桩基础，只在地基土质松软时偶尔采用混凝土桩基础。做混凝土桩基础，先要设计并预制混凝土桩，其下端也为尖头状。

## （四）山体内部结构设计

1.结构形式与结构设计

山体内部的结构形式主要有4种，即环透式结构、层叠式结构、竖立式结构和填充式结构。

（1）环透式结构

环透式结构的假山石材多为太湖石，在叠山手法上，为了突出太湖石玲珑剔透的特征，一般多采用拱、斗、卡、安、搭、连、飘等手法。所以，采用环透式结构的假山，其山体孔洞密布，显得玲珑剔透。

（2）层叠式结构

层叠式结构的假山石材一般采用片状的山石，一层层山石叠砌为山体，山形朝横向伸展，常有“云山千叠”般的飞动感。所以，假山结构若采用层叠式，假山立面的形象就具有丰富的层次感。

（3）竖立式结构

竖立式结构的假山石材，一般多是条状或长片状的山石，山石全都采用立式砌叠。这种结构形式可以形成假山挺拔、雄伟、高大的艺术形象。但要注意山体在高度方向上的起伏变化和在平面上的前后错落变化。

（4）填充式结构

填充式结构的假山山体内部是由泥土、废砖石或混凝土材料填充起来的，因此，其结构的最大特点就是填充的做法。带土石山和个别石山，或者在假山的某一局部山体中，都可以采用这种结构形式。

2.结构设施及其应用

为了保证假山结构的安全稳定，有时需要设置一些起辅助固定作用的内部结构设施，常见的假山内部结构设施有平稳垫片、铁吊架、铁扁担、铁爬钉、银锭扣等。

（1）平稳垫片

平稳垫片是指质地坚硬、一边薄一边厚的石片，用它垫假山石底部，可起到固定山石、保持山石平稳的作用。它是假山结构中不可缺少的重要结构设施，是每一座石假山的施工中都要用到的。

（2）铁吊架

铁吊架是用扁铁条打制的铁件设施，主要用来吊挂坚硬的山石。

（3）铁扁担

铁扁担可以用扁铁条、角钢、螺纹钢条来制作，其长度应根据实际需要确定，这种铁件主要用在假山的悬挑部位和作为假山洞石梁下面的垫梁，以加固洞顶的结构。

（4）铁爬钉

铁爬钉可用熟铁制成，也可用粗钢筋打制成两端翘起为尖头的铁爬钉，专用来连接质地较软的山石材料。

（5）银锭扣

银锭扣由熟铁铸成，其两端呈燕尾状，故又被称为燕尾扣，银锭扣有大、中、小3种规格，主要用来连接边缘比较平直的硬质山石。

### （五）山洞结构设计

1.假山山洞的形式

（1）单口洞

单口洞即只有一个洞口的洞室，一般做成某种具有实用功能的石室。

（2）单洞与复洞

单洞是只有一条洞道和两个洞口的假山洞。小型假山一般做成单洞。复洞是有两条并行洞道，或者还有岔洞和两个以上洞口的山洞。大型假山可设计为复洞，也可设计为单、复洞时分时合的形式。

（3）单层洞与多层洞

洞道没有分为上下两层的称为单层洞。洞道从下至上分为两层以上的称为多层洞，即洞上有洞，下层洞与上层洞之间由石梯相连。

（4）平洞与爬山洞

平洞是指洞底道路基本为平路的山洞。爬山洞则是指洞内道路有上坡和下坡，并且坡度较陡的山洞。

（5）旱洞与水洞

旱洞指是洞内无水的假山洞。水洞是指洞内有泉池、溪流的山洞。

（6）采光洞和换气洞

采光洞和换气洞是指假山山洞内附属的两种小洞，主要用来采光和通气。

（7）通天洞

假山内上下相通的竖向山洞被称为通天洞。

2.假山山洞的布置

（1）洞口的布置

洞口布置最忌造成山洞直通透亮和从山前一直看到山后，因此，洞口的位置应相互错开。洞口的外形要有变化，特别是黄石做的洞口，其形状容易显得方正呆板，不太自然。所以要注意使洞口形状多一点圆弧线条的变化。

（2）洞道的布置

洞道布置在平面上要有曲折变化，其曲折程度应比一般的园路大许多，同时，洞道也应有宽窄变化。洞顶不能太矮且要有许多高低变化。

（3）洞内景观的处理

洞内景观应尽量设置得丰富些，如洞内有采光洞，且设有石桌、石凳、石床、石枕，布置得如同居室一般。为了提高观赏性，洞内还可设置一些趣味小品，如石灯、石笋、泉眼、溪涧等。

3.洞壁与洞底设计

洞壁是假山洞的承重结构部分，对山洞以至整座假山的安全性都具有重要影响。

（1）洞壁的结构形式

洞壁的结构形式有两种，即墙式洞壁和墙柱式洞壁。墙式洞壁是以山石墙体为基本承重构件的。山石墙体是用假山石砌筑的不规则山石墙。墙柱式洞壁是由洞柱和柱间墙体构成的洞壁，在这种洞壁中，洞柱是主要的承重构件，而洞墙只承担少量的洞顶荷载。

（2）洞壁的设计

墙式洞壁的设计要根据假山山体所采用的结构形式来进行。例如，如果假山山体是采用层叠式结构的，那么洞壁石墙也应采用这种结构。要用山石一层一层不规则地层叠砌筑，直到设计的洞顶高度，这就做成了墙式洞壁。

墙柱式洞壁的设计关系洞柱和柱间墙两种结构部分。

①洞柱设计

洞柱可分为直立石柱和层叠石柱两种。直立石柱是用长条形山石直立起来作为洞柱，柱底应有固定柱脚的座石，柱顶应有起联系作用的压顶石。层叠石柱是用块状山石错落地层叠砌筑而成，柱脚、柱顶也应有垫脚座石和压顶石。

②柱间墙设计

由于柱间墙只承担少量的洞顶荷载。因此柱间墙的布置比较灵活、方便，而且可以用较小的山石砌筑成薄墙，同时可加强洞壁的凹凸变化，使洞内形象更加自然。

（3）洞底设计

洞底路面可铺设不规则石片，在上坡和下坡处则设置块石阶梯。洞内路面宜有起伏，并应随着山洞的弯曲而弯曲。

4.山洞洞顶设计

（1）盖梁式洞顶

盖梁式就是石梁的两端直接放在山洞两侧的洞柱上，呈盖顶状。这种洞顶整体性强，结构比较简单，也很稳定，因此盖梁式是造山中最常用的结构形式之一。但是，由于受石梁长度的限制，采用盖梁式洞顶的山洞不能做得太宽，而且洞顶的形状往往太平整。为使洞顶自然，应尽量选用不规则的条形石材做洞顶石梁。

（2）挑梁式洞顶

挑梁式洞顶是用山石从两侧洞壁、洞柱向洞中央相对悬挑伸出并合龙而做成洞顶的。挑石的悬出长度，应为石长的1/2 ~ 3/5，挑石的头部应略微向上仰，其后端则一定要用重石压实。洞顶的山石之间，可用1：2.5的水泥砂浆作为黏合材料，使洞顶山石结合成为整体。

（3）拱券式洞顶

拱券式洞顶是用块状山石作为券石，以水泥砂浆作为黏合剂，顺序起拱而做成拱形洞顶。这种结构形式多用于较大跨度的洞顶。

### （六）山顶结构设计

山顶是假山立面最突出、最能集中视线的部位，对其进行精心设计很有必要。根据山顶常见的形象特征，假山顶部的基本造型可分为峰顶、峦顶、崖顶和平山顶4种类型。

1.峰顶设计

常见的假山山峰收顶形式有分峰式、合峰式、斧立式、剑立式、斜立式和流云式。

（1）分峰式峰顶

分峰式峰顶就是在一座山体上用两个以上的峰头收顶。在处理分峰时，主峰头要突出，其他峰头应有高有低、有宽有窄。

（2）合峰式峰顶

合峰式峰顶实际上是两个以上的峰顶合并为一个大峰顶，次峰、小峰的顶部融合在主峰的边坡中，成为主峰的肩部。在设计时，要避免主峰的左右肩部成为一样高一样宽的对称形状。

（3）斧立式峰顶

斧立式峰顶的峰石上大下小，犹如斧立，是直立状态的单峰峰顶。

（4）剑立式峰顶

剑立式峰顶的峰石上小下大，单峰直立，峰顶不分峰。剑立式收顶形式主要用于假山山体为竖立式结构的峰顶。

（5）斜立式峰顶

斜立式峰顶的收顶形式峰石斜立，势如奔趋，具有明显的倾向性和动态感，最适宜山体结构也采用斜立式的假山。

（6）流云式峰顶

流云式峰顶的收顶形式峰顶横向延伸，如层云横飞。采用流云式收顶的假山，其山体结构形式必为层叠式结构，不然峰顶与山体将极不协调。

2.峦顶设计

峦顶的假山顶部设计成不规则的圆丘状隆起，像低山丘陵景象。这种山顶的观赏性较差，一般不在主山和比较重要的客山上设计这种山顶，只在假山中的个别小山山顶偶尔采用。

3.崖顶设计

崖顶石向前悬出并有所下垂，致使崖壁下部向里凹进，这种山崖的收顶方式称为悬垂式，也称为悬崖式。悬崖顶部的悬出，在结构上常见的是出挑与立石相结合的做法。

为保证结构稳定，在做悬崖时应做到“前悬后压”，使悬崖的后部坚实稳定，即在悬挑山石的后端砌筑重石施加重压，使崖顶在力学上保持平衡。

4.平山顶设计

平顶的假山在中国古代园林中很常见。庭园假山之下如做有盖梁式山洞洞顶，其洞顶之上多是平顶。在现代园林中，为了使假山可游、可憩，有时也做平顶的假山。常见的平山顶有平台式山顶和亭台式山顶两种。

（1）平台式山顶

平台式山顶就是将山顶设计成平台状，平台上可设置石桌、石凳，便于休息、观景。平台边缘则多用小块山石砌筑成高度为30～70cm的矮石墙，以此来代替栏杆。

（2）亭台式山顶

亭台式山顶就是在平台式山顶上面设置亭子，这种山顶是用来造景、休息和观景的。设计时要注意使亭柱不要落在下方悬空之处，应落在其下面的洞柱上。

# 第七章　园林绿化与园林绿地的建设

## 第一节　园林绿化的意义与效益

### 一、园林绿化的概念及意义

#### （一）园林绿化的概念

1.绿地

凡是生长绿色植物的地块统称为绿地，它包括天然植被和人工植被，也包括观赏游憩绿地和农林牧业生产绿地。绿地的含义比较广泛，它并非指全部用地皆为绿化，一般指绿化栽植占大部分的用地。绿地的大小往往相差悬殊，大者如风景名胜区，小者如宅旁绿地；其设施质量高低相差也大，精美者如古典园林，粗放者如防护林带。各种公园、花园、街道及滨河的种植带，防风、防尘绿化带，卫生防护林带，墓园及机关单位的附属绿地，以及郊区的苗圃、果园、菜园等均可称为“绿地”。从城市规划的角度来看，绿地是指绿化用地，即城市规划区内用于栽植绿色植物的用地，包括规划绿地和建成绿地。

2.园林

园林是指在一定的地域范围内，根据功能要求、经济技术条件和艺术布局规律，利用并改造天然山水地貌或人工创造山水地貌，结合植物栽植和建筑、道路的布置，从而构成一个供人们观赏、游憩的环境。各类公园、风景名胜区、自然保护区和休息疗养胜地等都以园林为主要内容。园林的基本要素包括山水地貌、道路广场、建筑小品、植物群落和景观设施。园林与绿地属同一范畴，具有共同的基本内容，从范围看，“绿地”比“园林”广泛，园林可供游憩且必是绿地，而“绿地”不一定称为“园林”，也不一定供游憩。

“绿地”强调的是作为栽植绿色植物、发挥植物生态作用、改善城市环境的用地，是城市建设用地的一种重要类型；“园林”强调的是为主体服务，功能、艺术与生态相结合的立体空间综合体。

把城市规划绿地按较高的艺术水平、较多的设施和较完善的功能而建设成为环境优美的景境便是“园林”，所以，园林是绿地的特殊形式，有一定的人工设施，具有观赏、游憩功能的绿地被称为“园林绿地”。

3.绿化

绿化是栽植绿色植物的工艺过程，是运用植物材料把规划用地建成绿地的手段，它包括城市园林绿化、荒山绿化、“四旁”和农田林网绿化。从更广的角度来看，人类一切为了工、农、林业生产，减少自然灾害，改善卫生条件，美化、香化环境而栽植植物的行为都可称为“绿化”。

4.造园

造园是指营建园林的工艺过程。广义的造园包括园地选择（相地）、立意构思、方案规划、设计施工、工程建设、养护管理等过程。狭义的造园指运用多种素材建成园林的工程技术建设过程。堆山理水、植物配植、建筑营造和景观设施建设是园林建设的四项主要内容。因此，广义的园林绿化是指以绿色植物为主体的园林景观建设，狭义的园林绿化是指园林景观建设中植物配置设计、栽植和养护管理等内容。

### （二）园林绿化的意义

1.城市园林绿化的意义

由于工业的不断发展和科学技术的突飞猛进，现代工业化产生大量的“四废”，城市化进程过快导致自然环境严重破坏，引发环境和生态失衡，使大自然饱受蹂躏，造成空气和水土污染、动植物灭绝、森林消失、水土流失、沙漠化、温室效应等，严重威胁人类的生存环境。

人们根据生态学的原理，通过园林绿化措施，把原来破坏了的自然环境改造和恢复过来，使城市环境能满足人们在工作生活和精神方面的需要。在现代化城市环境条件不断变化的情况下，园林绿化显得越来越重要。园林绿化把被破坏了的自然环境改造和恢复过来，并创造更适合人们工作、生活的宁静优美的自然环境，使城乡形成生态系统的良性循环。

园林绿化通过对环境的“绿化、美化、香化、彩化”来改造我们的环境，保证具有中国特色的社会主义现代化建设顺利进行。城市园林绿化是城市现代化建设的重要项目之一，它不仅美化环境，给市民创造舒适的游览休憩场所，还能创造人与自然和谐共生的生态环境。只有加强城市园林绿化建设，才能美化城市景观，改善投资环境，生物多样性才能得到充分发挥，生态城市的持续发展才能得到保证。因此，园林绿化水平已成为衡量城市现代化水平的质量指标，城市园林绿化建设水平是城市形象的代表，是城市文明的象征。

园林绿化工作是现代化城市建设的一项重要内容，它既关系着物质文明建设，也关系着精神文明建设。园林绿化创造并维护了适合人民生产劳动和生活休息的环境质量，因此，要有计划、有步骤地进行园林绿化建设，搞好经营管理，充分发挥园林绿化的作用。

2.一般园林绿化的意义

（1）园林是一种社会物质财富

园林和其他建设一样，是不同地域、不同历史时期的社会建设产物，是当时当地社会生产力水平的反映。古典园林是人类宝贵的物质财富和遗产，园林的兴衰与社会发展息息相关，园林与社会生活同步前进。

（2）园林是一种社会精神财富

园林的建设反映了人们对美好景物的追求，人们在设计园林时，融入了作者的文化修养、人生态度、情感和品格，园林作品是造园者精神思想的反映。

（3）园林是一种人造艺术品

园林是一种人造艺术品，其风格必然与文化传统、历史条件、地理环境有着密切的关系，也带有一定的阶级烙印，从而在世界上形成了不同形式和艺术风格的流派与体系。造园是把山水、植物和建筑组合成有机的整体，创造出丰富多彩的园林景观，给人以赏心悦目的美的享受过程，是一种艺术创作活动。

## 二、园林绿化的效益

### （一）园林绿化的生态效益

1.园林绿化调节气候，改善环境

（1）调节温度，减少辐射

影响城市小气候最突出的有物体表面温度、气温和太阳辐射，其中气温对人体的影响是最主要的。城市本身如同一个大热源，不断散射热能，利用砖、石、水泥建造的房屋、道路、广场以及各种金属结构和工业设施在阳光照射下散发大量的热能，因此，市区的气温在一年四季都比郊区要高。在夏季，市区与郊区的气温相差1～2℃。绿化环境具有调节气温的作用，因为植物蒸腾作用可以降低植物体及叶面的温度。一般1g水（在20℃）蒸发时需要吸收584Cal的能量（太阳能），所以叶的蒸腾作用对于热能的消散起着一定的作用。另外，植物的树冠能阻隔阳光照射，为地表遮阴，使水泥或柏油路及部分墙垣、屋面，降低辐射热和辐射温度，改善小气候。经测定，夏季，树荫下与阳光直射区的辐射温度可相差30～40℃。夏季树荫下的温度较无树荫处低3～5℃，较有建筑物的地区低10℃左右。即使在没有树木遮阴的草地上，其温度也比无草皮空地的温度低一些。绿地的蔽荫表面温度低于气温，而道路、建筑物及裸土的表面温度则高于气温。经测定，当夏季城市气温为27.5℃时，草坪表面温度为22～24.5℃，比裸露地面低6～7℃，比柏油路面低

8～20.5℃。这使人在绿地上和在非绿地上的温度感觉差异很大。据观测发现夏季绿地比非绿地温度低3℃左右，相对湿度提高4%；而在冬季绿地散热又较空旷地少0.1～0.5℃，故绿化了的地区有冬暖夏凉的效果。除了局部绿化所产生的不同表面温度和辐射温度的差别外，大面积的绿地覆盖对气温的调节则更加明显。

（2）调节温度

凡没有绿化的空旷地区，一般只有地表蒸发水蒸气，而经过了绿化的地区，地表蒸发明显降低了，但有树冠、枝叶的物理蒸发作用，又有植物生理过程中的蒸腾作用。据研究，树木在生长过程中，所蒸发的水分要比它本身的重量大三四百倍。经测定，1hm$^2$阔叶林夏季能蒸腾2500t水，比同面积的裸露土地蒸发量高20倍，相当于同面积的水库的蒸发量。树木在生长过程中，每形成1kg的干物质，则需要蒸腾300～400kg的水。植物具有这样强大的蒸腾作用，所以城市绿地相对湿度比建筑区高10%～22%。适宜的空气湿度（30%～60%）有益于身体健康。

（3）影响气流

绿地与建筑地区的温度还能形成城市上空的空气对流。城市建筑地区的污浊空气因温度升高而上升，随之城市绿地系统中温度较低的新鲜空气就移动过来，而高空冷空气又下降到绿地上空，这样就形成了一个空气循环系统。静风时，由绿地向建筑区移动的新鲜空气速度可达1m/s，从而形成微风。如果城市郊区还有大片绿色森林，则郊区的新鲜冷空气就会不断向城市建筑区流动。这样既调节了气温，又改善了城市的空气流通环境。

（4）通风防风

城市带状绿化，如城市道路与滨水绿地，是城市气流的绿色通道。特别是在带状绿地的方向与该地夏季主导风向相一致的情况下，可将城市郊区的新鲜气流趋风势引入城市中心地区，为炎热夏季时城市的通风降温创造良好的条件。而冬季时，大片树林可以降低风速，发挥防风作用，因此在垂直冬季寒风方向种植防风林带，可以防风固沙，改善生态环境。

2.园林绿化净化空气，保护环境

（1）吸收二氧化碳，释放氧气

树木花草在利用阳光进行光合作用，制造养分的过程中吸收空气中的二氧化碳，并释放出大量氧气。由于工业的发展，并且工业生产大都集中在较大的城市，因此大城市在工业生产过程中，燃料的燃烧和人的呼吸排出大量二氧化碳并消耗大量氧气。绿色植物的光合作用可以有效地解决城市中氧气与二氧化碳的平衡问题。植物的光合作用所吸收的二氧化碳要比其呼吸作用排出的二氧化碳多20倍，因此，绿色植物消耗了空气中的二氧化碳，增加了空气中的氧气含量。

（2）吸收有毒气体

工厂或居民区排放的废气中，通常含有各种有毒物质，其中较为普遍的是二氧化硫、氯气和氟化物等，这些有毒物质对人的健康危害很大，当空气中二氧化硫浓度大于6μL/L时，人便感到不适；如果浓度高达10μL/L时，人就难以长时间进行工作；达到400μL/L时，人会有生命危险。绿地具有减轻污染物危害的作用，因为一般污染气体经过绿地后，即有25%可被阻留，危害程度大大降低。据研究发现，空气中的二氧化硫主要是被各种植物表面所吸收，而植物叶片的表面吸收二氧化硫的能力最强，为其所占土地面积吸收能力的8～10倍。当二氧化硫被植物吸收以后，便形成亚硫酸盐，然后被氧化成硫酸盐。只要植物吸收二氧化硫的速度不超过亚硫酸盐转化为硫酸盐的速度，植物叶片便不断吸收大气中的二氧化硫而使人不受害或受害轻。随着叶片的衰老凋落，它所吸收的硫一同落到地面，或者流失或者渗入土中。植物年年长叶、年年落叶，所以它可以不断地净化空气，是大气的“天然净化器”。据研究，许多树种如小叶榕、鸡蛋花、罗汉松、美人蕉、羊蹄甲、大红花、茶花、乌桕等能吸收二氧化硫而呈现较强的抗性。氟化氢是一种无色无味的毒气，许多植物如石榴、蒲葵、葱兰、黄皮等对氟化氢具有较强的吸收能力。因此，在产生有害气体的污染源附近，选择与其相应的具有吸收能力和抗性强的树种进行绿化，对于防止污染、净化空气是十分有益的。

（3）吸滞粉尘和烟尘

粉尘和烟尘是造成环境污染的原因之一。工业城市每年每平方公里降尘量平均为500～1000t。这些粉尘和烟尘：一方面降低了太阳的照明度和辐射强度，削弱了紫外线，对人体的健康产生不利影响；另一方面人呼吸时，飘尘进入肺部，容易使人得气管炎、支气管炎、尘肺、矽肺等疾病。我国一些城市的飘尘量大大超过了卫生标准，降低了人们生活的环境质量。要防治粉尘和烟尘的飘散，以植物尤其是树木的吸滞作用为最佳。带有粉尘的气流经过树林时，由于流速降低，大粒灰尘降下，其余灰尘及飘尘则附着在树叶表面、树枝部分和树皮凹陷处，经过雨水的冲洗，树木又能恢复其吸尘能力。由于绿色植物的叶面面积远远大于其树冠的占地面积，例如，森林叶面积的总和是其占地面积的60～70倍，生长茂盛的草皮也有20～30倍，因此其吸滞烟尘的能力是很强的。所以说，绿地和森林就像一个巨大的“大自然过滤器”，使空气得到净化。

（4）杀菌作用

空气中含有千万种细菌，其中很多是病原菌。很多树木分泌的挥发性物质具有杀菌能力。例如，樟树、桉树的挥发物可杀死肺炎球菌、痢疾杆菌、结核菌和流感病毒；圆柏和松的挥发物可杀死白喉杆菌、结核杆菌、伤寒杆菌等多种病菌，而且1hm$^2$松柏林一昼夜能分泌30kg的杀菌素。据测定，森林内空气含菌量为300～400个/m$^3$，林外则达3万～4万个/m$^3$。

（5）防噪作用

城市噪声随着工业的发展日趋严重，对居民身心健康危害很大。一般噪声超过 70dB，人体便会感到不适，如高达 90dB，则会引起血管硬化，国际标准组织（ISO）规定住宅室外环境噪声的容许量为 35 ～ 45dB。园林绿化是减少噪声的有效方法之一。因为树木对声波有散射的作用，声波通过时，树叶摆动，使声波减弱消失。据测试，40m 宽的林带可以使噪声降低 10 ～ 15dB，公路两旁各 15m 宽的乔灌木林带可使噪声降低一半。街道、公路两侧种植树木不仅有减少噪声的作用，而且对于净化汽车废气及光化学烟雾污染也有作用。

（6）净化水体与土壤

城市和郊区的水体常受到工厂废水及居民生活污水的污染，进而影响环境卫生和人们的身体健康，而植物则有一定的净化污水能力。研究证明，树木可以吸收水中的溶解质，减少水中的细菌数量。例如，在通过30 ~ 40m宽的林带后，1L水中所含的细菌数量比不经过林带的减少1/2。

（7）保持水土

树木和草地对保持水土有非常显著的功能。树木的枝叶能够防止暴雨直接冲击土壤，减弱雨水对地表的冲击，同时还能截留一部分雨水，植物的根系能紧固土壤，这些都能防止水土流失。当自然降雨时，有 15% ～ 40% 的水被树林树冠截留和蒸发，有 5% ～ 10% 的水被地表蒸发，地表的径流量仅占 0.5% ～ 1%，大多数的水，即占 50% ～ 80% 的水被林地上一层厚而松的枯枝落叶所吸收，然后逐步渗入土壤中，变成地下江流。这种水经过土壤、岩层的不断过滤，流向下坡和泉池溪涧。

（8）安全防护

城市常有风害、火灾和地震等灾害。大片绿地有隔断并使火灾自行停息的作用，树木枝叶含有大量水分，亦可阻止火势的蔓延，树冠浓密，可以降低风速，减少台风带来的损失。

## （二）园林绿化的社会效益

1.美化环境

（1）美化市容

城市街道、广场四周的绿化对市容市貌影响很大。街道绿化得好，人们虽置身于闹市中，却犹如生活在绿色走廊里。街道两边的绿化，既可供行人短暂休息、观赏街景、满足闹中取静的需要，又可以达到装饰空间、美化环境的效果。

（2）增加建筑的艺术效果

用绿化来衬托建筑，使得建筑效果升级，并可采用不同的绿化形式衬托不同用途的建筑，使建筑更加充分地体现其艺术效果。例如，纪念性建筑及体现庄重、严肃的建筑前多采用对称式布局，并较多采用常绿树，以突出庄重、严肃的气氛；居住性建筑四周的绿化布局及树种多体现亲切宜人的环境氛围。园林绿化还可以遮挡不美观的物体或建筑物、构筑物，使城市面貌更加整洁、生动、活泼，并可利用植物布局的统一性和多样性来使城市具有统一感、整体感，丰富城市的多样性，增强城市的艺术效果。

（3）提供良好的游憩条件

在人们生活环境的周围，选栽各种美丽多姿的园林植物，使周围呈现千变万化的色彩、绮丽芳香的花朵和丰硕诱人的果实，为人们在工作之余小憩或周末假日、调节生活提供良好的条件，以利于人们的身心健康。

2.保健与陶冶功能

多层次的园林植物可形成优美的风景，参天的木本花卉可构成立体的空中花园，花的香芬能唤起人们美好的回忆和联想。森林中释放的气体像雾露一样熏肤、充身、润泽皮毛、培补正气。绿色能吸收强光中对眼睛和神经系统产生不良刺激的紫外线，且绿色的光波长短适中，对眼睛视网膜组织有调节作用，从而消除视力疲劳。绿叶中的叶绿体及其中的酶利用太阳能，吸收二氧化碳，合成葡萄糖，把二氧化碳储存在碳水化合物中，放出氧气，使空气清新。清新的空气能使人精力充沛。生活在绿化地带的居民，与邻居和家人都能和谐相处。因绿色营造的环境中含有比非绿化地带多得多的空气负离子，其对人的生理、心理等多方面都有很大益处。

园林植物能寄物抒情，园林雕塑能启迪心灵，园林文学因素能表达情感。人们在优美的园林环境中放松和享受时，可消除疲劳，陶冶情操，彼此间可以增进友谊，这对生活质量和工作、学习效率的提高大有裨益，有利于构建文明、和谐社会，这是其不可估量的社会效益。

3.使用功能

园林绿地中的日常游憩活动一般包括钓鱼、音乐、棋牌、绘画、摄影、品茶等静态游憩活动，游泳、划船、球类、田径、登山、滑冰、狩猎、健身等体育活动，以及射箭、碰碰车、碰碰船、游戏攀岩、蹦极等动态游憩活动。人们游览园林，可普及各种科学文化教育，寓教于乐，了解动植物知识，开展丰富多彩的艺术活动，展示地方人文特色，并展览书法、绘画、摄影等，提高人们的艺术素养，陶冶情操。

# 第二节　园林绿地的构成要素

园林与绿地属同一范畴，所含的构成要素和功能基本相同，包括山水地形、园林植物、园路及园林铺装、园林建筑和园林小品。

## 一、山水地形

园林工作者在进行城市园林绿地创作时，通常利用地域内的各种自然要素来创造和安排室外空间以满足人们的需要。山水地形是最主要也是最常用的因素之一，且显现不同的起伏状态，如山地、丘陵或坡地、平地、水体等，它们的面积、形状、高度、坡度、深度等直接影响城市园林绿地的景观效果。

### （一）山水地形在园林中的作用

山水地形是城市园林绿地诸要素的依托，是构成整个园林景观的骨架。园林绿地建设的原有地形往往多种多样，或平坦起伏，或沼泽水塘，无论铺路、建筑、挖池、堆山、栽植等均需适当地利用或改造地形，进行适当的地形改造可以取得事半功倍的效果。

1.满足园林的不同功能要求

组织、创造不同空间和地貌，以利开展不同的活动（集体活动、锻炼、表演、登高、划船、戏水等），遮蔽不美观或不希望游人见到的部分，阻挡不良因素的危害及干扰（狂风、飞沙、尘土、噪声等），并能起到丰富立面轮廓线、扩大园景的作用。如北京颐和园后湖北侧的小山就阻挡了颐和园的北墙，使人有小山北侧还是园林的感觉。

2.改善种植和建筑的条件

地形的适当改造能创造不同的地貌形式（如水体、山坡地），改善局部地区的小气候，为对生态环境有不同需求的植物创造适合的生长条件。另外，在改造地形的同时可为不同功能和景观效果的建筑创造和建造地形条件，同时为一些基础设施（如各种管线的铺设）创造施工条件。

3.解决排水问题

园林绿地应能在暴雨后尽快恢复正常使用，对地形合理处理，使积水迅速通过地面排出，同时节省地下排水设施，降低造价。

## （二）山水地形在园林中的设计原则

地形设计必须遵循“适用、经济、美观”这一城市建设的总原则，同时还要注意以下几点。

1.因地制宜

中国传统造园以因地制宜著称，即所谓“自成天然之趣，不烦人事之工”。因地制宜就是要就低挖池、就高堆山，以利用为主，结合造景及使用需求进行适当的改造，这样做还能减少土方工程量，降低园林工程的造价。

2.合理处理园林绿地内地形与周围环境的关系

园林绿地内地形并不是孤立存在的，无论是山坡地，还是河网地、平地，园林绿地内外的地形均有整体的连续性。此外，还需要注意与环境的协调关系。若周围环境封闭，整体空间小，则绿地内不应设起伏过大的地形；若周围环境规则严整，则绿地内地形应以平坦为主。

3.满足园林的功能要求

在地形设计时，要注意满足园林内各种使用功能的要求，如应有大面积的观赏、集体活动、锻炼、表演等需要的平地，散步、登高等需要的山坡地，划船、戏水、种植水生植物等需要的水体。

4.满足园林的景观要求

在地形设计时，还要考虑利用地形组织空间，创造不同的立面景观效果。可设计山坡地将园林绿地内的空间划分为大小不等，或开阔或狭长的各种空间类型，丰富园林的空间，使绿地内立面轮廓线富于变化。在满足景观要求的同时，还要注意使地形符合自然规律与艺术要求。自然规律如山坡角度是否是自然安息角，若不是，则要用工程措施处理；山是否有峰、有脊、有谷、有整，否则水土易被冲刷，且山体不美观；坡度是否不等，最好南缓北陡，东缓西陡或西缓东陡；山与水的关系是不是相依相抱的山环水抱或水随山转的自然依存关系。总之，要使山、水诸景达到“虽由人作，宛自天开”的艺术境界。

5.满足园林工程技术的要求

地形设计要符合稳定合理的工程技术要求。只有工程稳定合理，才能保证地形设计的效果持久不变，符合设计意图，并有安全性。

6.满足植物种植的要求

在园林中设计不同的地形，可为不同生态条件下生长的各种植物提供生长所需的环境，使园林景色美观、丰富，如水体可为水生植物提供生长空间，创造荷塘远香的美景。

7.土方要尽量平衡

设计的地形最好使土方就地平衡，应根据需要和可能，全面分析，多做方案进行比较，使土方工程量达到最小限度。这样可以节省人力，缩短运距，降低造价。

### （三）山水地形的设计

1.陆地的设计

陆地可分为平地、坡地和山地。园林绿地中地形状况与容纳游人数量及游人的活动内容密切相关，平地容纳的游人较多，山地及水面的游人容量受到限制，有水面才能开展水上活动，如划船、游泳、垂钓等，有山坡地才能供人进行爬山锻炼、登高远望等活动。一般理想的比例是：陆地占全园面积的2/3～3/4，其中平地占陆地面积的1/2～2/3，丘陵占陆地面积的1/3～1/2；山地占全园面积的1/3～1/2；水面占全园面积的1/4～1/3。平地是指坡度比较平缓的地带。它便于群众开展集体性的文体活动，利于人流集散并可造成开朗的园林景观，也是游人欣赏景色、游览休息的好地方，因此公园中都有较大面积的平地。在平地的坡度设计中，为了利于排水，一般平地要保持0.5%～2%的坡度，除建筑用地基础部分外，绿化种植地坡度最大不超过5%。同时，为了防止水的冲刷，应注意避免同一坡度的坡面延续过长，要有起有伏。园林中的平地按地面材料可分为土地面、砂石地面（可做活动用）、铺装地面（道路、广场、建筑地）和绿化种植地面。按使用功能可分为交通集散性广场、休息活动性广场、生产管理性广场。土地面可作为文体活动的场所，但在城市园林绿地中应力求减少裸露的土地面，尽量做到“黄土不露天”。砂石地面有天然的岩石、卵石或沙砾，视其情况可用作活动场地或风景游憩地。

绿化种植地面包括草坪，或在草地中栽植树木、花卉，或营造树林、树丛、花境供游人游憩观赏。坡地是倾斜的地面，因倾斜的角度不同可分为缓坡（8%～10%）、中坡（10%～20%）、陡坡（20%～40%）。坡地多是从平地到山地的过渡地带或临水的缓坡逐渐伸入水中。山地包括自然的山地和人工的叠石堆山。山地能构成山地景观空间，丰富园林的观赏内容，提供建筑和种植需要的不同环境，改善小气候，因此平原的城市园林绿地常用挖湖的土堆山。人工堆叠的山称为假山，它虽不同于自然风景中雄伟挺拔或苍阔奇秀的真山，但作为中国自然山水园林的组成部分，必须遵循自然造山运动、浓缩自然景观，这对于中国园林的民族传统风格起着重要作用。山地按材料可分为土山、石山（天然石山、人工石山）、土石山（外石内土的山或土上点石的山）。土山一般坡度比较缓（1%～33%），在土壤的自然安息角（30°左右）以内，占地较大，因此不宜设计得过高，可用园内挖出的土方堆置，且造价较低。

石山包括天然石山和人工塑山两种，它是以天然真山为蓝本，加以艺术提炼和夸张，用人工堆叠、塑造的山体形式。石材堆叠，可塑造成峥嵘、明秀、玲珑、顽拙等丰富多变的山景。利用山石堆叠构成山体的形态有峰、峦、岭、崮、岗、岩、崖、坞、谷、丘、壑、岫、洞、麓、台、蹬道等。石山坡度一般比较陡（50%以上），且占地较小。因石材造价较高，故不宜太高，体量也不宜过大。土石山有土上点石、外石内土（石包山）两种。土上点石是以土为主体，在山的表面适当位置点缀石块以增加山势，便于种植和建筑。这种山坡占地较大，不宜太高，它有土有石，景观丰富，以土为主，造价较低，因此，土上点石的山体做法可多运用。外石内土是在山的表面包了一层石块，它以石块挡土，因此坡可较陡。这种山坡占地较小，可堆得高一些。北京北海的琼华岛后山是我国现存最大、最宏伟而自然山色丰富的外石内土型假山，被园林专家称为“其假山规模之大、艺术之精巧、意境之浪漫，不仅是全国仅有的孤本，也是世界上独一无二的珍品”。假山的堆叠讲究“三远”，即高远，自下仰视山巅：深远，自山前麓看山后；平远，自近山望远山。假山可采用等高线设计法，其步骤为先定山峰位置，再画山脊线，定高度和高差，而后画等高线标高程，最后对其进行检查和修改。

2.置石与掇山

在园林中置石与掇山是我国园林艺术的特色之一，有“无园不石”之说。石有天然的轮廓造型，质地粗实而纯净，是园林建筑与自然环境间恰当的协调介质。我国地域辽阔，叠山置石的材料各不相同，应因地制宜，就地取材。常用的石类有湖石类、黄石类、卵石类、剑石类等，岭南园林中还广泛采用泥灰塑山。置石与掇山不同于建筑、种植等其他工程，由于自然的山石没有统一的规格与造型，设计除了要在图上绘出平面位置、占地大小和轮廓外，还需要联系施工或到现场配合施工，才能达到设计意图。设计和施工应观察掌握山石的特征，根据山石的不同特点来叠置。山石的设置方式可分为三类：置石成景、整体构景和配合工程设施。

3.水景的设计

中国古典园林中的山水是密不可分的，掇山必须顾及理水，“水随山转，山因水活”。水与凝重敦厚的山相比，显得逶迤婉转，妩媚动人，别有情调，能使园林产生很多生动活泼的景观。如产生倒影使一景变两景：低头见云天，打破了空间的闭锁感，有扩大空间的效果，养鱼池可开展观鱼、垂钓活动，也可种植水生植物，增加水中观赏景物；较大的水面往往是城市河湖水系的一部分，可以用来开展水上活动，也可蓄洪排涝，提高空气湿度，调节小气候。此外，还可以用于灌溉、消防。从园林艺术上讲，水体与山体还形成了方向虚实的对比，构成了开朗的空间和较长的风景透视线。

园林中创造的水体水景形式可多种多样。水体水景按形式可分为自然式水体水景、规则式水体水景和混合式水体水景。自然式水体水景是保持天然的或模仿天然形状的水体形式，包括溪、涧、河、池、潭、湖、涌泉、瀑布、叠水、壁泉；规则式水体水景是人工开凿成的几何形状的水体形式，包括水渠、运河、几何形水池、喷泉、瀑布、水阶梯、壁泉；混合式水体水景是规则与自然的综合运用。水体水景按水的形态可分为静水、动水。静水能给人以明洁、恬静、开朗、幽深或扑朔迷离的感受，包括湖、池、沼、潭、井；动水能给人以清新明快、变化多端、激动、兴奋的感觉，不仅给人以视觉美感，而且能给人以听觉上的美感享受，包括河、溪、渠、瀑布、喷泉、涌泉、水阶梯等，如无锡寄畅园的八音涧、绍兴兰亭的曲水流觞。水体水景按水的面积可分为大水面和小水面。大水面可开展水上活动或种植水生植物；小水面仅供观赏。水体水景按水的开阔程度可分为开阔的水面和狭长的水体。水体水景按使用功能可分为可开展水上活动的水体和纯观赏性的水体。

园林中常见的水景有湖池、溪涧、瀑、泉、岛、坝等。湖池有天然、人工两种。园林中湖池多以天然水域略加修饰或依地势就低开凿而成，水岸线往往曲折多变。小水面应以聚为主，较大的湖池中可设堤、岛、半岛、桥或种植水生植物分隔，以丰富水中观赏内容及观赏层次，增加水面变化。堤、岛、桥均不宜设在水面正中，应设于偏隅之处，使水面有大小之对比变化。另外，岛的数量不宜多且忌成排设置，形体宁小勿大，轮廓形状应自然而有变化。人工湖池还应注意有水源及去向安排，可用泉、瀑作为水源，用桥或半岛隐藏水的去向。规则式水池有方形、长方形、圆形、抽象形及组合形等多种形式。水池的大小可根据环境来定，一般宜占用地的1/10～1/5，如有喷泉，应为喷水高度的2倍，水深为30～60cm。园林中的河流，平面不宜过分弯曲，但河床应有宽有窄，以形成空间上开合的变化，如北京颐和园后河，河岸随山势有缓有陡，使沿岸景致丰富。

自然界中，泉水由山上集水而下，通过山体断口夹在两山间的水流为涧，山间浅流为溪。习惯上“溪”“涧”通用，常以水流平缓者为溪，湍急者为涧。园林中可在山坡地适当之处设置溪涧，溪涧的平面应蜿蜒曲折，有分有合，有收有放，构成大小不同的水面或宽窄各异的水流。竖向上应有缓有陡，陡处形成跌水或瀑布，落水处还可构成深潭。多变的水形及落差配合山石的设置，可使水流忽急忽缓、忽隐忽现、忽聚忽散，形成各种悦耳的水声，给人以视听上的双重感受，引人遐想。

## 二、园林植物

园林植物是园林绿地中一个极为重要的组成要素。它是指在园林中作为观赏、组景、分隔空间、装饰、蔽荫、防护、覆盖地面等用途的植物，包括木本和草本，要有形态美或色彩美，能适应当地的气候和土壤条件，在一般管理条件下能发挥园林植物的综合功能。而且这些植物经过选择、安排和种植后，在适当的生长年龄和生长季节中可成为园林中主要的观赏内容，有时还能产出一些副产品。

### （一）园林植物种植设计的原则

自然界的植物素材，主要以树木、花、草为主，如果按生态环境条件，又可分为陆生、水生、沼生等类型。我国园林植物资源十分丰富，在园林中运用园林草坪、园林花卉、园林树木以及水生植物、攀缘植物等各种园林植物材料，须遵循科学性和艺术性两项原则。

1.科学性

园林植物种植的目的性明确，要符合绿地的性质和功能要求。园林植物的种植设计首先要从园林绿地的性质和主要功能出发。园林绿地的面积悬殊、性质各不相同，功能也就不一致了，具体到某一绿地的某一部位，也有其主要功能。同时，注意选择合适的植物种类，满足植物的生态要求（适地适树），可突出当地植物景观的观赏特色，充分发挥它们的各种效能。此外，合理的种植密度直接影响绿化、美化效果。种植过密会影响植物的通风采光，导致植物的营养面积不足，造成植物病虫害易发及植株生长瘦小枯黄的不良后果，因此种植设计时应根据植物的成年冠幅来决定种植距离。如想在短期内就取得好的绿化效果，种植距离可减半，如悬铃木行道树间距本应为7~8m，在设计时可先定为3.5~4m，几年后可间伐或间移，也可采用速生材和慢长树适当配植的办法来解决，但树种搭配必须合适，要满足各种植物的生态要求。除密度外，植物之间的相互搭配也很重要。搭配得合理则绿化美化效果就好，搭配不好则会影响植物的生长，易诱发病虫害。如不能将海棠、梨等蔷薇科植物与桧柏种在一起，以避免梨桧锈病的发生。另外，在植物配置上速生与慢长、常绿与落叶、乔木与灌木、观叶与观花、草坪与地被等搭配及比例也要合理，这样才能保证整个绿地各种功能的发挥。

2.艺术性

种植设计与园林布局要协调。园林布局形式有规则、自然之分，要注意种植形式的选择应与园林绿地的布局形式协调，包括建筑、设施及铺装地。在设计中，还需考虑园林绿地四季景色随着大自然的季节变化而有所变化。园林中，主要的构成因素和环境特色是以绿色植物为第一位，而设计要从四季景观效果考虑，不同地理位置、不同气候各有特色。中国长江流域四季常绿，花开周年。四季变化的植物造景，令游人百游不厌，流连忘返。如春天的桃花，夏天的荷花，秋天的桂花，冬天的梅花，是杭州西湖风景区最具代表性的季节花卉。在植物种植设计时还应根据园林植物本身具有的特点，全面考虑各种观赏效果，合理配置。如观整体树形或花色为主的植物可布置得距游人远一点；而观叶形、花形的植物可布置在距游人较近的地方；淡色开花植物近旁最好配以叶色浓绿的植物，以衬托花色。有香味的植物可布置在游人可接近的地方，如广场、休息设施旁。在植物种植设计中还须重视总体效果，包括平面种植的疏密和轮廓线、竖向的树冠线、植物丛中的透景线、景观层次与建筑的关系等空间观赏效果。

### （二）园林植物种植设计的要点

园林中植物造景的素材，无非是常绿乔木、落叶乔木、常绿灌木、落叶灌木、花卉、草皮、地被植物，再有就是水生植物、攀缘植物等主要种类。其中，陆地植物造景是园林种植设计的核心和主要内容。在园林设计过程中，首先要有整体观点。以公园为例，全园的植物造景，要从平面布局的块状、线状、散点、水体等角度统筹安排，要利用各种种植类型，创造出四时烂漫、景观各异、色彩斑斓、引人入胜的植物景观。

## 三、园路及园林铺装

园路及园林铺装作为园林的脉络，是联系各景区、景点的纽带，是园林绿地中游人使用率最高的设施，在园林中起着极其重要的作用，直接影响着游人的赏景和集散情况。

### （一）园路

园路（游步道）是构成园景的重要因素。它具有引导游览、组织交通、划分空间、构成景色、为水电工程创造条件、方便管理等作用。

### （二）台阶

台阶是为解决园林地形高差而设置的。它除了具有使用功能外，由于其富有节奏的外形轮廓，还具有一定的美化装饰作用，构成园林小景。台阶常附设于建筑入口、水边、陡峭狭窄的山上等地，与花台、栏杆、水池、挡土墙、山体、雕塑等形成动人的园林美景。台阶设计应结合具体的环境，尺度要适宜。舒适的台阶尺寸为踏面宽30～38cm，高度10～17cm。如杭州望湖楼前的台阶、日本东京某植物园内的台阶、杭州灵峰探梅笼月楼前的台阶等。

### （三）园桥及汀步

园桥是跨越水面及山涧的园路，汀步是园桥的特殊形式，也可看作点（墩）式园桥。园林绿地中的桥梁，不仅可以连接水两岸的交通，组织导游，而且可以分隔水面，增加水面层次，影响水面的景观效果，甚至还可以自成一景，成为水中的观赏之景。因此园桥的选择和造型好坏，往往直接影响园林布局的艺术效果，如日本东京大学植物园内的汀步和南京瞻园的汀步。

### （四）园林广场

广场即是园路的扩大部分。园林广场有组织交通、集散游人、方便管理，为游人提供休息、社交、锻炼等活动场所的作用。

## 四、园林建筑

园林建筑是园林中建筑物与构筑物的统称。它的形式和种类很多，在园林中形成了丰富多彩的景观。

### （一）园林建筑的形式

园林建筑的形式和类型很多，按使用功能可分为游憩性建筑、服务性建筑、公用性建筑和管理性建筑。游憩性建筑又分为科普展览建筑、文体娱乐建筑和游览观光建筑、售票房等。公用性建筑指厕所、电话通信设施、饮水设施、供电及照明设施、供水及排水设施、停车处等。管理性建筑指大门、办公室、仓库、宿舍、变电室、垃圾处理站等。

### （二）园林建筑的特征

园林建筑具有较高的观赏价值，富有一定的诗情画意，空间变化多样，与环境结合巧妙，具有适宜的使用功能。

## 五、园林小品

### （一）园林小品的形式

园林小品是指园林中体量小巧、数量多、分布广、功能简明、造型别致，具有较强装饰性且富有情趣的精美设施。它包括两方面内容：第一，园林的局部和配件，包括花架、景墙、雕塑、花台、园灯、水池、果皮箱、桌子、园椅、栏杆、导游牌、宣传牌等；第二，园林建筑的局部和配件，包括园门、景窗、花格等。

### （二）园林小品的特征

小巧、美观，能烘托环境，是园林小品的特征。不同的园林小品有各自的使用功能。

### （三）园林小品的设计

1.花架

花架是指供攀缘植物攀爬的棚架。它造型灵活、富于变化，可供游人休息、赏景，还可划分空间，引导游览，点缀风景。它是园林中与自然结合最密切的构筑物之一。花架的形式有点式（单柱、多柱）、廊式（单臂、多臂），或可分为直线形、曲线形、闭合形、弧形或单片式（花格栏杆或墙）、网格式等。花架可独立设置，也可与亭、廊、墙等组合设置。一般设在地势平坦处的广场边、广场中、路边、路中、水畔等处。点状似亭，线状似廊，材料取竹、木、钢、石、钢筋混凝土等。在设计花架的形式时要注意其与周围建筑和绿化的风格统一，廊式花架要注意转折结构的合理性，花架的比例尺度要适当。因与山水田园风格不尽相同，我国传统园林中较少采用花架，但现代园林中融合了传统园林和西洋园林的诸多技法，因此花架这一小品形式在现代造园艺术中为园林设计者所采用。

2.园墙

园林中的墙有围界及分隔空间、组织游览路线、衬托景物、遮蔽视线、遮挡土石、装饰美化等作用，是重要的园林空间构成要素之一。它与山石、花木、窗门配合，可形成一组组空间有序、富有层次、虚实相衬、明暗变化的景观效果。园墙按功能可分为：围墙，设定空间范围，在院、园的周边；景墙，作为对景、障景，或分隔空间用，在广场中、风景视线端头或两区（空间）的交界处；挡土墙，做挡土用，防止山坡下滑，用在土坡旁。围墙、景墙按造型特点又可分为普通墙、云墙、梯形墙、花格墙、漏花墙等。

园墙一般采用砖、毛石、竹、预制混凝土块等材料。砖墙上可粘贴各种贴面材料，如烧瓷壁画、石雕贴片等。砖墙厚度为24cm、37cm，毛石墙厚度为40cm左右。围墙设置时应注意，一是北方地区基础要在冻土线以下；二是景墙的端头可用山石、树木做隐蔽处理，不使其显得突兀。

3.栏杆

栏杆在园林中除本身具有一定的安全防护、分隔功能外，也是组景中一种重要的装饰构件，起到美化作用，坐凳式栏杆还可供游人休息。

4.景门

景门在园林建筑设计中具有进出交通及组景的作用，它可形成园林空间的渗透及空间的流动，具有园内有园、景外有景、变化丰富的意境效果。景门可分为曲线型、直线型和混合型。曲线型主要指月洞门、汉瓶门、葫芦门、梅花门等。直线型主要指方门、八方门、长八方门等。混合型则以直线型为主体、在转折部位加入曲线段进行连接或将某些直线变为曲线。景门设计时应注意位置的安排，要方便导游并能形成好的框景效果。形式的选择应结合意境，综合考虑与建筑、山石和环境配置等因素，务求协调。如门宽不窄于0.7m，高度不低于1.9m。

5.景窗

景窗在建筑设计中除具有采光、通风的功能外，还可把分隔开的相邻空间联系起来，形成园林空间的渗透。另外，景窗还是园林中重要的观赏对象及形成框景、漏景的主要构造。景窗可分为空窗（什锦窗）、漏花窗两类。漏花窗又分花纹式和主题窗。景窗的设计尺寸为0.3m×0.5m或0.3m×0.6m。花纹式景窗主要采用瓦、木、铁、砖、预制钢筋混凝土块等材料，主题式景窗主要采用木、铁等材料。景窗设计要注意尺度，一定要与所在建筑物相关部分的尺度协调。主题式镂花窗应与建筑物的意境内容相适应。

6.园椅及园桌凳

园林座椅及园桌凳除具有供游人休息的功能外，还有组景、点景的作用。造型优美、使用舒适的园椅及园桌凳，能使游人充分享受游览园林的乐趣。园椅及园桌凳一般设在铺装地边、水边及建筑物附近的树荫下，最好既可观赏风景，又可安静休息；夏能蔽荫，冬能避风。园凳形式各种各样，有铁架园椅、木板坐凳、石桌凳等种类。

7.园灯

园灯在园林中也是一种引人注目的小品，白天可起雕塑作用装点园景，夜晚的照明功能可充分发挥指示和引导游人的作用，同时可突出主要景点，丰富园林的夜色。

8.导游牌

导游牌是园林中指引游人顺利游览必不可少的设施。除了导游作用外，设计精美的导游牌还能起到点景的作用。导游牌一般设在入口广场上、主要景点的建筑旁及交叉路口。导游牌的造型及形式可灵活多样，山石、岩壁均可作为导游牌的底牌，现代大型园林还引用了触摸式电脑导游装置。

9.花坛

花坛是现代园林中运用最广泛的小品形式之一，在园林中主要起点缀作用，有时甚至能成为局部空间的主景。花坛按布局形式可分为规则式和自然式；按平面组合可分为单体（各种几何形）和组合体（几个几何体的错落叠加），按建造地点可分为建于地面上的和建于墙上或隔栏上的。花坛一般布置在入口处两侧及对景处广场上（中、边角）、道路端头对景处建筑旁等。花池一般采用砖、天然石、混凝土及各种表面装饰材料，它的体量及平面形式应与环境协调，单体宽度不小于30cm。

10.雕塑

园林中的雕塑主要是指具有观赏性的装饰性雕塑，此外，还有少量纪念性雕塑、主题性雕塑等。园林中的雕塑题材广泛，可点缀风景，丰富游览内容，给游人以视觉上和精神上的享受。抽象雕塑还能使人产生无限的遐想。一般采用金属（铜、不锈钢等）、石、水泥、玻璃钢等材料。雕塑按功能可分为纪念性雕塑、主题性雕塑和装饰性雕塑；按形式可分为圆雕和浮雕，均有具象、抽象之分；按题材可以分为人物雕塑、动物雕塑、植物雕塑、金属雕塑、器物雕塑等自然界有形之体。

雕塑可配置于规则式园林的广场上、花坛中、道路端头、建筑物前等处，也可点缀在自然式园林的山坡、草地、池畔或水中等风景视线的焦点处，与植物、岩石、喷泉、水池、花坛等组合在一起。园林雕塑的取材与构思应与主题一致或协调，体量应与环境的空间大小比例恰当，布置时还要考虑观赏时的视距、视角、背景等问题。布置动物类雕塑时，可将基座埋于地下，以取得更好的效果。

# 第三节 园林绿化造景与绿地植物群落构建

## 一、园林绿化植物造景与植物配植手法

### （一）做到疏密有度、主次分明

园林绿化植物造景与配植要想获得师法自然、尽显生态本色、避免人工之态的景观效果，就必须做到主次分明、疏密有度。在园林植物景观的整体角度上考虑，应从大局入手，而后进行局部的穿插配植。同时，还应注意一个景区内的树木搭配效果，新配植的树木应与原有树木有机结合，并且与相邻空间或远处的树木、背景交相呼应，切不可有突兀的感觉，这样才能保证园林景观的完整性。

### （二）展现层次感

色彩搭配、分层配植是植物造景与配植的重要手法。充分利用乔木、花卉、灌木、地被植物的不同花色、叶色、高度进行协调搭配，使景观植物的颜色和层次更为丰富。

### （三）体现季节性变化

在园林绿化植物造景与配植中，为了避免给人以单调、雷同、造作的感觉，应遵循四季常绿、三季有花的设计原则，营造春季繁花似锦、夏季绿树成荫、秋季叶色绚丽、冬季银装素裹的景观效果，尽显自然风光，体会季节多变的景观美感。按季节应配植的植物包括：早春开花的碧桃、丁香、迎春花等，晚春开花的玫瑰、蔷薇等；夏季开花的月季和各种花木；秋天观叶的三角枫、元宝枫、银杏等；冬季常绿的桧柏、油松、龙柏等。

利用植物的芳香气味是园林绿化植物造景与配植的常用手法，也是点睛之笔。植物的香气可以舒缓人们紧张的神经，使人们处于放松状态，缓解疲劳。

## 二、绿地植物群落构建及调控方法与途径

绿地植物群落的构建与调控，其基本要求是保证植物群落正常、健康地生长与发育，根本目的是维系植物群落结构的稳定、最大限度地发挥其自身的功能与效益。群落结构的形成与完善是一个由不稳定向稳定逐步过渡、呈现动态而有序变化的系统发育过程。

因此，绿地植物群落构建与调控应以群落生态学的理论为指导基础，在充分发挥植物群落自组织潜力的同时，结合人工辅助调控，使之形成结构相对稳定、功能趋于完善、动态特征明显的植物群落。

### （一）绿地植物群落最适密度的调控

“疏则走马，密不透风”是对园林植物群落空间营造的经典描述，“疏密有致”则是园林植物群落配植中的重要指导思想。“密”并不是对植物群落的简单堆积，而是对植物群落结构的有序梳理。植物群落密度是对单位面积上植物之间拥挤程度的描述，是衡量植物群落结构合理与健康的一项关键性数量指标。如何调控植物群落密度以及准确地反映植物之间的拥挤程度，已成为植物群落构建与调控的关键。密度是影响植物生长与造成植物群落间竞争的主要原因之一。一些绿地建设常常追求一次成型的效果，通常以高密度、大规格的种植手段满足短期景观效果，对于树木所处阶段的发育特点以及未来的动态变化缺乏考虑，种植密度大的植物群落生长发育受到环境与空间的制约，引发树冠尺度的分化，尤其是树冠的过度重叠，导致树冠缺失、畸形甚至枯死等现象，严重影响植物的正常生长发育以及生态景观效益的发挥。此外，植物树干呈细长状，容易发生风折或倒伏。密度适宜的植物群落，植物可以获得充足的资源与生长空间，往往具有完整且舒展的树冠及粗壮的树干，群落结构相对稳定。

所谓群落密度调控，可直观地理解为给植物群落之间创造适宜的生长空间，使之充分地利用光照、水分与养分等环境资源，提升植物的最大生长量，从而实现生态效益的最大化。最适密度是城市林业和园林植物种植方面遵循的基本原则之一。合理的种植密度可以使植物群落能够最大限度地利用资源与空间，不仅有助于植物群落的生长与发育，同时也有利于生态效能的高效发挥。在植物群落生长发育过程中，不同的生长阶段都有可能存在一个最适密度，这是一个数量级范围，它可能因立地条件、种植技术、经营目标等因素的不同而发生变化。因此，绿地植物群落最适密度调控主要应从以下几个方面展开。

第一，绿地植物群落构建期初始密度的确定。绿地植物群落在满足景观等其他功能需求的同时，保证植物群落个体间充足的生长空间是实现群落结构稳定和可持续的关键。由密度引发的竞争常出现在冠层部分，在种植设计过程中，只将胸径指标作为植物规格的选择依据显然是不全面的，工作人员要充分考虑树冠尺度对植物规格选择的影响。通过对特定阶段植物树冠尺度生长空间需求的预测，为植物初始密度与景观效果以及动态过程调控提供可靠的参考阈值。

第二，绿地植物群落发育期的动态密度的调控。首先，选取恰当的时机。绿地植物生长发育阶段的生长速率有差异，区分植物群落所处的年龄结构如幼龄期、中龄期或衰老期，是动态密度调控的关键。工作人员依据不同生长期的植物生长特性以及表观特征（如冠层）来确定恰当的疏解时机。此外，也可采用人工试验观测与数学统计与模拟相结合的研究方式对植物群落不同龄期的最适密度进行估算。其次，选择合适的方法。群落密度调控的主要措施是人工抚育间伐（疏密）。以群落自然演替规律为参照，结合抽稀等手段创建林隙，提供植物群落继续生长必需的地上和地下空间以及资源，改善植物群落生长环境。人工抽稀应遵循劣势种避让优势种、速生种避让慢生种、灌木避让乔木等原则，通过制定密度控制表，有可能实现群落密度的定量化控制。最后，把握适宜的强度。抽稀的强度主要是依据冠层结构的特征，如冠形完整度、冠积重叠率、郁闭度等确定。对于郁闭度高、冠积重叠率高、树冠缺失以及枝干畸形等情况，可适当提高抽稀强度以激发群落结构的恢复潜力。

对于抽稀、释压后的植物有可能出现的反应采取相应措施。第一，对于产生偏冠的植物，释压将会导致受压面的枝条生长旺盛，从而加重侧枝的负担，植物自身失衡，如遭遇风、雨、雪等，造成折断或倒伏；第二，对于严重受压的植物，在释压后若干年才能加速生长，但也有可能受压木的生理习性发生变化，即使释压，也很难恢复正常生长。

### （二）绿地植物群落动态过程的调控

自然植物群落动态变化过程主要有种间竞争驱动，体现在某些原有物种的消失、新物种或外来物种的迁入等方面。植物群落繁育初期，竞争少有发生，随着群落个体数量与规模的扩充，受到资源与空间的限制而引发竞争，最终使得群落中某些物种衰退、消亡。与此同时，释放的空间被新生物种或外来物种替代，更新了原有的群落结构。绿地植物群落虽由人工构建，但仍然不失自然群落的特质，都存在群落结构的动态变化，只是有时这种过程变化特征出于人工过度干预等某些原因常常被忽略或掩盖。脱离了对植物群落动态管理过程的认知与研究，就很难正确地管理与合理地利用植物群落，这也是目前绿地设计与建设中普遍存在的问题。

一个合理而又稳定的植物群落结构不是静态的，相反，它应该是有序且动态变化的。植物群落结构是动态变化的过程，物种结构以及种间结构关系等都是动态的，随着时间、环境、空间等条件的变化而发生改变。任何植物群落（自然或人工）都处于演替序列的某个特定阶段，群落的结构特征应体现该阶段的生态特点，这样才能使得演替过程中物质与能量的流动相对平衡，实现群落演替的稳定过渡。因此，应强化对植物群落的发展和动态演替规律的认知，使之成为日后种植设计与群落构建的重要依据。

### （三）绿地植物群落生态关系的调控

绿地植物群落主要以人工构建的群落为主，其结构变化的主要来源是群落个体间出现竞争所引起的个体分化。竞争是绿地植物群落需要调控的最为重要的生态关系。植物群落生态关系与植物的生理与生态属性，以及与环境和资源等有关。生态关系的调控指植物群落种间对于空间与资源竞争和利用等关系的调控，合理配植种间对资源的需求、科学构建种内以及种间关系，尽可能地提升植物群落的可塑性以及弹性，以达到效益最大化与可持续的目的，从而实现群落的良性演替及可持续性发展。

植物群落生态关系调控的核心在于群落内个体间空间结构的组合，也是生态位的配植，充分利用生态位的差异构建植物群落合理的分布格局，主要包括水平分布与层级结构两个主要方面，指的是群落个体分布格局在二维平面与三维空间的生态关系。植物群落的水平分布体现了群落中植物个体在二维平面上的位置及布局形式。植物群落的水平分布情况也是群落层级结构的形成与组织的前提。针对绿地植物群落生态关系的调控主要从以下几个方面开展。

一方面，基于空间利用效率的植物群落生态关系调控。首先，依据资源与空间选择合适的树型、树种及规格。不同类型植物冠层结构的几何空间差异性（树形与冠形）有利于提升植物群落对空间的有效利用率。例如，锥形树冠组成的植物群落，其单位面积可拥有较大的树冠面积，对光合作用与生长速率具有促进作用。一般来说，郁闭度较高的植物群落，圆锥形树冠的针叶树木具有较高的光合速率，生物量的积累高于阔叶林。即使都是针叶树种，树冠窄的物种光合速率要高于树冠相对宽的物种。在资源与生长空间充足的条件下，可考虑树冠伸展较宽、整枝性能良好的树种；在资源与生长空间不足或受限的条件下，由于场地空间环境的制约，植物树冠的生长空间受到严格限制。一些冠幅开阔、尺度较大的树种难以正常生长发育，甚至影响周边环境设施。例如，城市居住区环境中，特别是宅间绿地等紧凑空间，由于前期设计对所用园林树种树冠的扩展潜力缺乏合理预估，后期有可能出现树冠尺度过大，并对建构筑物的通风与采光等带来不利影响。因此，应依据不同种类植物树冠尺度序列适应不同场地空间，如选取树冠较窄、直干性强的树种，提升植物冠层对空间的利用率。其次，针对一些生态关系状况不佳（如竞争激烈）的植物群落，绿地植物群落个体间生态关系的调控途径主要有：第一，通过人为干预（抽稀、修剪等）控制群落某些个体的生长，维系群落个体间的竞争关系，从而保持原有植物群落外貌景观。第二，通过适度混交来实现，依据植物的生物学特性（速生与慢生、同龄与异龄、大尺度与小尺度、深根与浅根等），调整植物个体在群落分布中的角度与方位、资源利用与空间形态的互补等。许多研究成果已表明，混交林的生态功能与稳定性优于纯林，混交能实现植物群落对光照、水分与养分等环境资源利用的最大化，有利于绿地数量及生态效益的提升。第三，通过管理演替的手段调控群落个体间的生态关系，例如，采取选择种间竞争关系较弱的植物种类、调整空间配植与布局模式、设置合理的规格与株距、留足未来生长所需的空间等手段在特定时间段实现对植物群落分化与演替的目标。

另一方面，基于光能利用效率的植物群落生态关系调控。植物群落光环境的差异对植物群落的结构与动态产生着显著影响。植物群落冠层结构的几何学特征不仅影响植物接受光合辐射的程度与截留降水的能力，而且对温湿度、风速、土壤等群落内部小气候产生一定影响，进而影响植物群落冠层结构间以及其与环境之间的能量交换。植物群落的冠层结构是用以适应环境，同时提高自身光能等资源利用效率所采取的一种生态策略。植物群落冠层结构的形成受到植物自身特性与环境等多方面的影响，不同生态习性的树种或在不同立地环境下冠层空间形态与结构有所差异。阔叶或针叶植物的树冠，其不同部位的光合作用效率不同。一般来说，树冠中部效率最高，上部次之，下部最低。群落结构层级分化的实质是对光辐射梯度的一种适应。植物群落上层空间或具有高度与体量优势的植株预先获取更多的共享资源，从而限制或阻碍了小个体对资源的获取，使得邻株个体的生长受到压迫，这也被认为是导致拥挤的植物群落中个体大小分化以及自疏的主要原因。光照是重要的可预先获取性资源，对资源的获取具有预先性与方向性。因此，在植物群落复层结构的构建过程中，应充分考虑不同层级植物群落的光环境特征之间的差异。以上研究结果分析了不同类型乔木层下光合有效辐射的强弱，为林下植物的配植提供参考，同时可结合林下不同层级植物对光照的需求量确定合适的植物种类。

# 第八章　园林植物种植工程的养护管理

## 第一节　园林植物种植工程概述

### 一、园林植物种植工程的概念及意义

园林植物种植工程是园林绿化工程的重要组成部分，是园林工程中最基本、最重要的工程，它是指按照正规的园林设计及遵循一定的计划，完成某一地区的种植绿化任务。种植工程一般分为栽植和养护两个部分。栽植主要指植物的起苗、移栽，养护，主要包括栽植后植物在成活期间的管理。

园林植物种植虽然是短期的工作，但是种植的好坏直接影响植物的成活、生长、发育，从而影响植物的形态、美感以及生态功能，进而导致设计初衷受到影响，设计效果大相径庭。

### 二、植物移栽成活的原理

一般情况下，植物体内水分处于一种平衡状态，地上部分水分的蒸腾可以及时得到根系所吸收水分的补充。在移栽过程中，植物的根系、枝叶受到一定程度的破坏，植物体内的水分收支情况发生了巨大变化，出现水分亏损的现象，代谢水平以及抗逆性下降，开始萎蔫失水，严重时植株死亡。因此，在整个种植过程中，一定要采取有效的措施保持和恢复植物的水分平衡。在挖、运、栽、管的过程中采取相应措施，以保证植物的成活率。

提高植物的成活率，首先要保持植物体内的水分平衡——保湿、保鲜、防止苗木过度失水是移栽成活的第一个关键点。植物移栽后能否成活取决于植物本身是否能够自己吸收水分、恢复平衡。因此，伤口愈合以及新根的产生是移栽成活的第二个关键点。其次，为了方便植物根系对水分的吸收，土壤要与根系紧密接触，这是移栽成活的第三个关键点。

## 三、种植原则

### （一）适树适栽

根据树种的不同特性采用相应的栽培方法，特别是根据其水分平衡调节适应能力来采取相应的措施。对于易栽成活的树种，可采用裸根栽植；对于不易成活的树种须带土球并采取相应的水分调节措施。一般园林树木的栽植，对立地条件的要求为土质疏松、通气透水。对根际积水极为敏感的树种，如雪松、广玉兰、桃树、樱花等，在栽植时可采用抬高地面或深沟降渍的地形改造措施。

### （二）适时适栽

落叶树种多在秋季落叶后或在春季萌芽前进行。常绿树种栽植，在南方冬暖地区多进行秋植，或于新梢停止生长期进行；冬季严寒地区，易因秋季干旱造成“抽条”而不能顺利越冬，故以新梢萌发前春植为宜；春旱严重地区可进行雨季栽植。对于有明显旱、雨季之分的西南地区，以雨季栽植为好，抓住连阴雨或“梅雨”的有利时机进行。

### （三）适法适栽

常绿树小苗及大多落叶树种多用裸根栽植。在起苗时，尽量多带侧根、须根。常绿树种及某些裸根栽植难以成活的落叶树种多进行带土球移植。

## 四、园林植物种植季节及其特点

园林植物的种植时期，依植物的习性以及种植地区的气候条件而有差异。根据植物移栽成活的原理，种植应选择植物蒸腾量小而根系再生能力强的时期。从降低种植成本和提高成活率的角度讲，适栽期以春季和秋季为好。在这两个时期，植物体内养分充足；枝叶蒸腾作用小，有利于维持树体的水分平衡；根系活动相对活跃，有利于伤口愈合和生根。然而，在实际操作过程中，种植时期受工期、环境等方面因素的影响较为明显。

### （一）春季种植的特点

春季种植是指春天自土壤化冻后至植物发芽前进行种植，这也是我国大部分地区的主要种植季节。此时，土壤温度开始升高，水分充足，蒸发量小，树体营养充足，有利于根系主动吸水和生根，种植成活率高。春季种植一般维持2~4周。若种植任务不大，比较容易把握有利时机。如果种植任务重，就很难在适宜的时期内完成。从种植顺序上讲，一般先种萌动早的树种，如针叶树、落叶树，后种萌动晚的树种，如阔叶树、常绿树。

### （二）秋季种植的特点

秋季种植是指植物落叶后至土壤封冻前进行种植。此时，植物已经进入休眠期，营养消耗少，水分蒸发量小，根系相对较活跃。越冬后春季发根早，能够迅速进入正常生长期。

### （三）雨季种植的特点

雨季种植适合某些地区和植物。例如，雨、旱季明显，夏季多雨，春季、秋冬季干旱的西南地区，以雨季种植为好。在这段时间里，降水较多、湿度大，有利于维持植物水分平衡，提高成活率。

### （四）反季节种植的特点

反季节种植主要包括在干旱的夏季和寒冷的冬季种植。在这段时间里，环境相对恶劣，极端的高温、低温、干旱，是影响植物成活率的重要因素。为提高种植成活率，应采取必要的措施进行降温、保暖、保湿。一般情况下，不选择在这段时间进行种植。若因需要不得已，应尽量随起随栽，并采取特殊的技术措施，以保证植物成活。

## 五、园林植物种植工程施工

### （一）园林植物种植前的准备工作

在园林规划设计后、种植工程开始之前，参加施工的人员必须做好施工的准备工作，以保证施工的顺利进行。

1.研究设计方案和工程概况

施工人员首先要对整个工程的工程量、投资、预算、工期进度、施工地段状况、材料来源及运输、设计人员的设计意图、预想目标等有所了解，以利于种植苗木的选择、货源组织、种植计划的制订和工期安排。

准备工作完成后，应编制施工计划，制定优质、高效、低耗、安全的施工规定。

2.现场勘察并核对设计图纸，制订施工方案

在了解设计意图和工程概况后，施工负责人要按设计图纸进行现场核对，对现有种植地的现状进行调查，包括地物的去留、现场内外交通、水电情况、种植地土壤情况、设计图的可标注地形地物是否与现场相符等。同时，要对各种管道等市政设施进行了解，安排好施工期间必需的生活设施，如宿舍、食堂、厕所等。

根据设计方案及施工技术规程，结合现场勘察现状，制订切实可行的施工安排方案。主要内容包括施工组织机构及负责人，施工程序及进度，劳动定额，机械及运输车辆使用计划，施工材料、工具进度表，种植技术措施及质量要求，施工现场平面图，施工

预算。

在进行园林树木尤其是乔木种植时，要考虑土壤厚度，树木与道路交叉口、管线、建筑物之间的间距，见表8–1 ~ 表8–4。

**表8-1　行道树与道路交叉口的距离（单位：m）**

| 序号 | 种类 | 间距 |
|---|---|---|
| 1 | 道路急转弯时，弯内距树 | 50 |
| 2 | 公路交叉口各边距树 | 30 |
| 3 | 公路与铁路交叉口距树 | 50 |
| 4 | 道路与高压线交叉线距树 | 15 |
| 5 | 桥梁两侧距树 | 8 |

**表8-2　地上各种杆线与树木最小距离（单位：m）**

| 电线分类 | 电线与树水平距离 | 电线与树垂直距离 |
|---|---|---|
| 10kV·A以下 | 1.5 | 1.5 |
| 20kV·A以下 | 2.5 ~ 3 | 2.3 |
| 35 ~ 110kV·A | 4 | 4 |
| 154 ~ 220kV·A | 5 | 5 |
| 330kV·A | 6 | 6 |
| 电信明线 | 2 | 2 |
| 电信架空线 | 0.5 | 0.5 |

**表8-3　地下管线与树木根茎的最小距离（单位：m）**

| 地下管线 | 距乔木根茎中心距离 | 距灌木根茎中心距离 |
|---|---|---|
| 电力电缆 | 1 | 1 |
| 电信电缆（直埋） | 1 | 1 |
| 电信电缆（管道） | 1.5 | 1 |
| 给水管道 | 1.5 | 1 |
| 雨水管道 | 1.5 | 1 |
| 污水管道 | 1.5 | 1 |

表8-4　各种设施与树木中心最小水平距离（单位：m）

| 设施分类 | 最小水平距离 | |
|---|---|---|
| | 至乔木中心 | 至灌木中心 |
| 一般电力杆柱 | 2 | 1 |
| 电线杆柱 | 2 | 1 |
| 路灯、园灯杆柱 | 2 | 1 |
| 高压电力杆 | 5 | 2 |
| 无轨电车 | 2.5～3 | 1 |
| 铁路变道中心线 | 8 | 4 |
| 排水沟外缘 | 1～1.5 | 1 |
| 邮筒路牌、车站牌 | 1～1.2 | 1～1.2 |
| 消防龙头 | 1～5 | 2 |
| 测量水准点 | 2 | 2 |

3.整理施工现场

（1）清除障碍物

清除障碍物是种植前的必要工作。一般在施工前要对绿化工程地界内所有有碍施工的设施、房屋、杂物、坟墓进行拆除和搬迁。对现有房屋的拆除要结合设计要求，适当保留一部分作为工棚或仓库，待施工完毕后再进行拆除。对现有树木的处理要持慎重的态度，可以结合设计尽量保留；无法保留的则进行移植。

（2）地形整理

地形整理是指种植地段的划分和地形的营造，主要指绿地的排水问题。应按照设计图纸的规定和高程进行整理。整理工作一般在种植前3个月以上的时间进行，可与清除障碍物的工作结合进行。

①对10°以下的平缓耕地或半荒地，可采取全面整地措施。通常采用的整地深度为30cm，对于重点布景地区或深根性树种翻耕要达到50cm深。结合翻耕进行施肥，借以改良土壤。

②对市政工程场地和建筑区域的整理，首先要清除遗留下来的灰渣、石块、灰槽等建筑垃圾。对于土壤破坏严重的区域，要采用客土或一定的措施改良后方可进行整理。

③低湿地区的地形整理主要是解决排水问题，以防水分过多，通气不良，土壤反碱。通常在种植前一年，每隔20m挖一条深1.5～2m的排水沟，并将挖起来的表土翻至一

侧，培成垅台。经过一个生长季，土壤受雨水冲洗，盐碱含量减少，杂草腐烂，土质疏松，不干不湿，即可在垅台上种植。

④新堆土山的征地应经过一个雨季使其自然沉降，才能进行整地种植。

⑤对于荒地的整理，首先要清理地面，刨除枯树根，搬除可移动的障碍物。

地形整理完毕后，要对种植植物的范围进行土壤整理，为植物创造良好的生长条件。农田菜地的整理主要是清除侵入体，无须换土。对于建筑遗址、工程废物，需要清除翻土；如果有必要，还应进行土壤改良。

4.交通运输及相关工具材料的准备

种植工具主要指苗锹、锄头、绳索、植树机等，数量根据种植任务以及种植条件等确定。交通运输工具主要指运苗、运输劳动人员的交通工具及所需的燃料。

5.苗木准备

在种植之前，首先要根据设计图纸分别计算各类植物的需要量。一般要在计算的基础上另加5%左右的苗木数量，以抵消施工过程中的损耗。在选购苗木时，要对苗木的产地、质量、是否移栽过、年龄以及规格进行了解。

## （二）种植工程的主要程序和技术

园林植物种植程序主要包括种植穴的准备，苗木的起苗、包装、运输与假植，种植前的苗木处理、种植技术等环节。

1.种植穴的准备

（1）定点放线

根据设计图将种植穴准确安放，首先要进行施工放线。同地形测量一样，定点放线要遵循“由整体到局部，先控制后局部”的原则。在放线时，先确定好基准线，同时应了解测定标高的依据。

施工放线的方法多种多样，可根据具体情况进行选择。

规则式种植轴线明显，株距相等，以行道树种植最具代表性。行道树的行位要严格按照横断面设计的位置放线。在有固定路牙的道路，以路牙内侧为准；在没有路牙的道路，以道路路面的平均中心线为准，用钢尺测准行位，并按设计图规定的株距，大约每隔10株钉一个行位控制桩。行道树点位以行位控制桩为依据，按照设计确定株距，定出每株树的株位。株位中心用铁锹铲一小坑，内撒白灰，作为定位标记。点位定好后要进行验点，验点合格后方可进行下一步的施工操作。

在自然式种植中，施工放线常用网格法、仪器测量法和交会法。

网格法是指根据植物配置的密度，先按一定的比例在设计图和现场分别打好等距离的方格，然后在图上量出植物在某方格的坐标尺寸，再按此方法量出在现场的相应方格位置。此法多用于范围大、地势平坦而植物配置复杂的绿地。

仪器测量法是用经纬仪或小平板仪根据地上原有基点或建筑、道路，将植物依照设计图依次确定植物的位置。此法适用于范围大、测量基点准确而植物较少的绿地。

交会法是以建筑的两个固定位置为依据，根据设计图上与该两个固定位置的距离相交会，定出植物位置。此法适用于范围小、现场建筑或其他地物与设计图相符的绿地。

（2）挖种植穴

定点放线后，根据确定的株位挖种植穴。种植穴一般为圆形，绿篱等可以挖成种植槽。大小、深度应大于土球苗木侧根的幅度和主根长度。对于土壤条件差、土层浅的地段，穴的规格应适当加大1～2倍。

在挖的过程中，表土与心土要分开堆放，回填时表土覆在苗木根部。挖好种植穴或种植槽，要求穴壁尽量垂直，穴底挖松抚平，避免出现上大下小的“锅底坑”。

2.苗木的起苗、包装、运输与假植

（1）起苗

起苗也叫掘苗，是指把苗木从原生长地（苗圃或野外）挖出的过程。苗木起掘的好坏直接关系到种植的成活率及绿化效果。因此，一定要把握最佳的起苗时间，做好起苗前的准备工作，规范地完成起苗工作。

①起苗时间。起苗时间因地区和树种不同而有差异，一般多选择秋冬季休眠后或春季萌动前进行。在有些地区，雨季也是起苗的好时机。

②起苗前的准备。在起苗前，首先根据需要在苗圃中选择符合质量标准和规格的对象，同时做好标记。当土壤偏干时，要在起苗前2～3d灌透水以利挖掘。对于分枝低矮、冠幅较大的苗木，要用草绳等将树冠适当捆拢，以方便起苗的操作和运输。

③起苗方法。起苗的规格对苗木的成活有重要影响。合理的规格能够尽可能保证经济而且损伤小地使所种植的树木成活。一般情况下，乔木挖掘的根部直径为树干胸径的8～12倍；落叶花灌木挖掘的根部直径为苗高的1/3；分枝点高的常绿树挖掘根部直径为胸径的6～10倍；分枝点低的常绿树挖掘根部直径为苗高的1/3～1/2。

根据是否带土，起苗可以分为裸根起苗和带土球起苗。

裸根起苗常用于处于休眠期的落叶乔灌木以及少数常绿树小苗。起苗时要尽量多地保留根系，留些宿土。对于不能及时种植的苗木可采用假植。

带土球起苗适用于常绿树、古树名木以及较大的花灌木。有些植物生长季种植也常用此种方法。起苗时，先铲除树干周围表层土壤，然后按规定半径画圆，在圆外垂直开沟到所需深度后向内掏底，边挖边修土球，直至把土球挖出。

（2）包装

裸根苗木一般不需要进行包装。如果需要长途运输，为避免根系过分失水，可以用湿草对根系进行包裹或打泥浆。

带土球的苗木是否需要包装依土球大小、土质紧实度以及运输远近有关。一般情况下，较小的土球可不进行任何包装；对于直径小于50cm的土球，如果土质松散，可以用稻草、塑料布等在穴外铺平，然后将修好的土球放在上面，再将其上翻扎牢；对于直径大于50cm土球的包装，常采用橘子式、井字式和五角式包扎方法。

（3）运输与假植

对于起好的苗木，装运前进行一次清点，无误后装车。装车时将苗木根部装在车厢前面，先装大苗，空隙处填放小苗。树干与车厢接触处要垫稻草，苗木间要垫衬物，尽量减少对苗木的损伤。土球要轻拿轻放，防止土球松散。对于树冠大、拖地的枝，要用绳索拢起垫高避免拖地。长途运输时，苗木上要加盖苫布，防止日晒雨淋。

苗木起苗后经运输到达施工现场后一般应马上种植，对于不能立即种植的要进行假植。对于裸根苗木假植可以采用湿草覆盖或开沟根部覆土的方法。带土球的苗木假植时应集中堆放，周围培土，上部树冠用绳索拢好。假植苗木要及时进行浇水和叶面喷水。

3.种植前苗木处理

（1）保湿处理

苗木经过运输，根系及地上枝叶部分水分散失导致植株体内缺水。为了及时补充植物体内水分，常采用浸水、蘸泥浆、喷洒抗蒸腾剂等方法维持植物水分平衡。

（2）苗木修剪

苗木在挖掘过程中，根系会受到不同程度的损伤，植物根冠比减小。为了使根冠比恢复正常，应结合苗木整形，人为地修剪过于冗繁的枝条，调整地上部分与地下部分的平衡。与此同时，对受损严重的根部进行修剪有利于伤口愈合和新根的产生。

在修剪时，剪口要求尽量平整、不劈不裂，以利伤口愈合。对于较大的伤口，应涂抹防腐剂。种植乔木（特别是裸根乔木）前，应采取根部喷布生根激素，促使栽后的新根生长。

4.种植技术

（1）带土球栽植

①种植的乔木应保持直立，不得倾斜。乔木定向应选丰满完整的面，朝向主要视线。

②定植时土球（或种植穴）底部堆放20～30cm土层，以使土球底部透水、透气，便于新根系的生长。

③乔木栽植深度应保证在土壤下沉后，根茎和地表面等高。移植处在地面低洼时，应堆土填高。

④不论带土球移植还是裸根移植，坑内填土都不得有空隙。

⑤带土球种植。先踏实穴底土层，然后将植株放入种植穴并定位，去掉包扎物，再将细土填在土球四周，最后逐层捣实、浇水，直到填土略高于球面不再下沉后，做围堰并浇足定根水。整个过程不可破坏土球。

（2）裸根栽植。将根群舒展在坑穴内，填入结构良好、疏松的土壤，并将乔木略向上提动、抖动，扶正后边培土边分层夯实，不断填土、浇水，直到土面略微高出根茎10cm左右并不再下沉为止，做围堰，并浇足定根水。

（3）技术要求

①确定合理的种植深度。种植深度是否合理，直接关系到苗木的成活。栽种过浅，根系容易受到外界影响而脱水；栽种过深，容易造成根系窒息而死亡。一般情况下，要求苗木根茎部原土痕与种植穴地面平齐或比其略低3～5cm。

②根据植物的生长特性和绿化要求确定正确的种植方向。栽种高大的树木，应保持其原生长方向；对于较小或移栽容易成活的苗木，在种植时应尽量将观赏面好的一侧朝向主观赏方向；树冠高低不同时，应将低的一面作为观赏面；苗木弯曲时，应使弯曲的一侧与行列方向一致。

③保持根系与土壤紧密接触。在种植中，尤其是裸根种植，保持根系与土壤接触紧密是提高成活率的重要措施。栽种前根系蘸泥浆，覆土后踩实，栽后浇定根水都可有效提高根系与土壤的接触程度。

5.栽后管护

①开堰浇水。栽植后，浇透第一遍水，3d内浇第二遍水，一周内完成第三遍水。浇水应缓浇慢渗，出现漏水、土壤下陷和乔木倾斜时，应及时扶正、培土。黏性土壤，宜适量浇水；根系不发达的树种，浇水量宜较多；肉质根系树种，浇水量宜少。

②设立支架。在进行大树栽植或在栽植季节有大风的地区，栽植后应立支架固定，防止树体晃动而影响生根。裸根苗木栽植常采用标杆式支架，即在树干旁打一杆桩，用绳索将树干缚扎在杆桩上。带土球苗木在苗木两侧各打入一杆桩，杆桩上端用一横担缚连，将树干缚扎在横担上完成固定。在设立支架时需要注意，支架不能打在土球或骨干根系上。在后期的养护中，如果移植乔木随地面下沉，应及时松动支撑，提高绑扎位置，避免吊桩。

③树干包裹与树盘覆盖。对于干径较大的苗木，定植后需进行裹干，即用草绳、蒲包、苔藓等具有一定保湿性和保温性的材料，严密包裹主干和比较粗壮的一、二级分枝。裹干可避免强光直射和干风吹袭，减少干、枝的水分蒸腾，同时，减少夏季高温和冬季低温对枝干的伤害。

④搭架遮阳。对于大规格苗木以及在高温干燥季节栽植，要搭建阳棚遮阳，减少树体的水分蒸腾。方法是在苗木上方及四周搭设阳棚。阳棚与树冠保持30～50cm间距以保证棚内有一定的空气流动空间。阳棚的遮阳度为70%左右，让树体接受一定的散射光，以保

证树体光合作用的进行。

## 六、特殊立地环境的种植

### （一）铺装地面的种植

在城市绿地建设中，常需要在具有铺装的场地进行种植，如广场、停车场、人行道等。这些立地在施工时往往没有考虑植物种植的问题，进而导致种植槽浅、土质差、土壤通透性差，加之地面辐射大、气温高、湿度低，极易造成种植的失败。

在铺装地面的苗木种植时要注意以下几点。

①种植时选择根系发达、抗逆性强的树种。

②适当更换种植穴土壤（一般更换深度为50～100cm），改善土壤肥力和通透性。

③树盘处理以增加根系土壤体积。通过树盘地面种植花草、覆盖，可以有效地保墒，同时起到美观的作用。

### （二）屋顶花园的种植

在城市绿化中，为了提高绿化面积，改善生态环境，提供休闲场所，屋顶花园越来越受到人们的重视。然而，屋顶花园受屋顶荷载的限制，不可能堆放过厚的土壤，进而导致土层薄、有效土壤水容量小、肥料差。同时，屋顶受太阳直射，光照强，温差大，环境恶劣。

1.植物种类选择

在选择植物时，尽量选适应能力强、易栽培、耐修剪、生长缓慢、低矮、抗风的种类，如罗汉松、铺地柏、紫薇、桂花、山茶、月季、蔷薇、常春藤、紫藤等。

2.种植类型

（1）地毯式

其适用于承受力小的屋顶，常以草坪或低矮灌木进行绿化。种植土壤厚度一般为15～20cm。常用的植物种类有金银花、紫叶小檗、迎春花、地锦、常春藤等。

（2）群落式

其适用于承受力不小于400kg/m²的屋顶，土壤厚度为30～50cm。常选用生长缓慢或耐修剪的小乔木或灌木，如罗汉松、红枫、石榴、杜鹃等。

（3）庭院式

其适用于承受力大于500kg/m²的屋顶。可将屋顶设计成露地庭院式绿地。在种植植物的同时，还可以设置假山、浅水池等建筑。但为了安全，应将其沿周边或有承重墙的地方进行安置。

3.种植技术

（1）屋顶防水防腐处理

屋顶花园在建造前，首先要对屋顶的地面进行防水防腐处理，避免渗流造成不必要的损失。常用的防水处理有刚性防水层、柔性防水层和涂膜防水层等。为提高防水效果，最好采用复合防水层，并做相应的防腐处理，以防止水分等对防水层的腐蚀。

（2）种植方式

种植时常有直铺式种植和架空式种植两种。直铺式种植是指在防水层以上直接铺设排水层和种植层。架空式种植是指在距离屋面10cm处设混凝土板和种植层，混凝土板设有排水孔。和直铺式种植相比，架空式种植排水更加通畅，但因下部隔层土壤较浅，植物长势不佳。

### （三）园林植物的容器种植

在商业街、广场等地段中，植物种植受地下管线、地表铺装、水泥硬化等影响而不能正常进行。为了增加城市绿植量，营造植物景观，常常采用容器种植的方式进行处理。

1.植物种类选择

种植容器中土壤、空间有限，因此在选择植物时，应尽量选择生长缓慢、浅根性、抗逆性强的种类，如罗汉松、山茶、月季、桂花、八角金盘、菲白竹等。

2.种植容器与基质

（1）种植容器

可以根据实际需要选择种植容器。常见的种植容器的材质有陶质、瓷质、木质、塑料等，形状各异。容器大小因种植的植物种类和大小而异，以能满足植物生长所需的土壤为度。容器的深度要求能够固定树体，一般中等灌木为40～60cm，大灌木和小乔木为80～100cm。

（2）种植基质

为了便于移动容器，种植基质应尽量轻；为了适应植物生长，基质还要求疏松透气、有机质含量高。常用的基质有草炭、稻壳、珍珠岩、泥炭等。使用时按一定的比例进行混合。

## 七、成活期的养护管理

### （一）扶正、培土

风吹和人为干扰等因素容易导致新种植的苗木晃动、倾斜，根系与土壤接触受到影响，应及时扶正，同时踩实覆土；如果树盘下沉，应及时覆土填平，避免积水烂根。

## （二）加强水分管理

刚刚种植的苗木新根尚未长出，体内水分平衡还没有恢复，苗木对水分非常敏感。因此，成活期的水分管理正确、及时，是保证种植成功的关键。

栽植后应立即浇透第一遍水，3d内浇第二遍水，一周内浇第三遍水，浇水应缓浇慢渗。出现漏水、土壤下陷和乔木倾斜时，应及时扶正、培土。当气温较高、水分蒸腾较大时，应对地上部分的树干、树冠包扎物及周围环境喷雾，早晚各一次——在上午10时前和下午3时后进行，达到湿润即可。同时，可覆盖根部，向树冠喷施抗蒸腾剂，降低蒸腾强度。久雨或暴雨易造成根部积水，必须立即开沟排水。为了更好地给树体补充水分和养分，常采用输液的方式。具体做法：用铁钻在根茎主干和中心干上每隔80～100cm向下与树干呈30°夹角，交错钻一个深达髓心的输液孔。孔径与输液用的针头大小一致，孔数视植株大小而定，分布要均匀。然后用专用注射器，从钻孔把配液输入，输完后用胶布封贴钻孔，以便下次揭去胶布再输液。配液用泉水或井水烧开后的冷开水或磁化水，每千克水加0.1g 5号生根粉和0.5g 的磷酸二氢钾，以促进植株生根、发叶和抽梢。

## （三）适当施肥

移栽苗木的新根未形成和没有较强的吸收能力之前，可采用叶面施肥。具体做法是用尿素、硫酸铵、磷酸二氢钾等速效性肥料配制成浓度为0.5%～1%的肥液，选在阴天或晴天早晚进行叶面喷洒。一般10～20天进行一次，重复4～5次。

## （四）除萌与修剪

在苗木移栽中，经强度较大的修剪，树干或树枝上可能萌发出许多嫩芽、嫩枝，消耗营养，扰乱树形。在苗木萌芽以后，除选留长势较好、位置合适的嫩芽或幼枝外，其余应尽早抹除。

此外，受起苗、运输、种植的影响，苗木常常出现枝条枯死的现象，应及时剪去。常绿树种，除丛生枝、病虫枝、内膛过弱的枝条外，当年可不必剥芽，到第二年修剪时再进行。

## （五）成活调查与补植

定期检查苗木的成活情况，防止苗木“假活”。判断乔木是否成活，一般至少要经过第一年的高温干旱考验。银杏等树体养分丰富的树种，一般要经过2～3年的观察才能确定。对于死亡的植株要及时进行补植。

若叶绿有光泽，枝条水分充足，色泽正常，芽眼饱满或萌生枝正常，则可转入常规养护。

# 第二节 草坪工程

## 一、草坪的类型及特点

### （一）草坪的概念

由人工建植及养护管理，起到绿化、美化环境作用的草地称为草坪。就其组成而言，草坪是草坪植被的简称，通常是指以禾本科草及其他质地纤细的植物为覆盖，并以它们的根或匍匐茎充满土壤表层的地被。

### （二）常见草坪的类型及特点

1.依植物组成分类

（1）单一草坪（纯一草坪）

它是草坪铺设的一种高级形式。一般是指由一种草坪草中某一个品种构成的草坪，它具有高度的一致性与均匀性，是建立高级草坪和特种用途草坪（如高尔夫球场的发球台和球盘）的一种特有形式。在我国北方地区，通常采用野牛草、瓦巴斯、匍匐减股颖来建坪，在南方则多用天鹅绒、天堂草、假俭草来建坪。通常多用无性繁殖方式来建坪，但最好是用高纯度的种子繁殖建坪比较方便。

（2）混播草坪

它是由两种以上草坪草混合播种构成的草坪。混播草坪可以根据草坪草的生物学特性及功能和人们的需要进行合理搭配。例如，用夏季生长良好和冬季抗寒性强的草种混播，可以延长草坪的绿期；用宽叶草种和细叶草种混播，可以提高草坪的弹性；用耐践踏性强和耐强修剪的草种混播，可以提高草坪的耐磨性；用速生草种（一年生）和缓生草种（多年生）混播，可以提高建坪的速度并延长草坪的使用年限等。

几种草种混播，可以使草坪适应差异较大的环境条件，更快地形成草坪和延长草坪的使用年限。但其缺点是不容易获得颜色统一的草坪。

（3）混合草坪

它是由一个草坪草种的几个品种构成的草坪，具有较高的一致性和均一性，同时，它比单一草坪具有更强的环境适应能力和抗性，是高级草坪中养护管理少而粗放，但草坪品质又不低的实用草坪类型，如用匍匐型和直立型剪股颖混合播种建立的草坪。

（4）缀花草坪

它通常是以草坪为背景，间以多年生观花地被植物，如在草坪上自然地点缀种植水仙、鸢尾、石蒜、韭兰、点地梅、紫花地丁等草本及球根地被植物。它们的种植数量一般不能超过草坪总面积的1/3，分布应有疏有密，自然交错，使草坪绿中有艳，时花时草，增加观赏性。

（5）疏林草坪

它是大面积自然式草坪，多由天然草地改造而成，即在以草地为主体的地段内，少量散生（种）部分林木。多利用地形排水，管理粗放，造价低廉。通常见于城市近郊旅游休闲地、工矿区周围、医疗区、风景区、森林公园以及防护林带相结合地区。其特点是：森林夏季可以庇荫，冬天有充足的阳光，是人们户外活动的良好场所。

2.根据用途分类

（1）游息草坪

它无固定的形状，一般面积较大，管理粗放，人可以在草坪内滞留活动。这种草坪为人们提供美好的休闲环境，因此，可以在草坪内配置孤立的树，点缀石景，栽植树群和其他休闲设施。周围边缘配以半灌木花带、丛林，中间留有较大空间的空地，可容纳较多的人流。这种草坪大多设置在医院、疗养地、住宅区、机关、学校等地方。

（2）观赏草坪

它是设置在园林绿地中，专供欣赏景色的草坪，也称为“装饰性草坪”或造型草坪。例如，雕像、喷泉、建筑纪念物等处用作装饰和陪衬的草坪，用草皮和花卉等材料构成的各种图案、标牌等。这类草坪不容许人进入践踏，管理极为精细，草坪品质很高，是作为艺术品供人观赏的高级草坪。这种草坪的面积不宜过大，草坪草则以低矮、平整、艳绿、绿期长的草种为宜。

（3）运动场草坪

它是专供竞技和体育活动用的草坪，如赛马场的跑道、足球场、网球场、曲棍球场、马球场、高尔夫球场等运动性场所的草坪。各类运动场草坪应选用适合各自体育运动项目特点的草坪草。通常，运动场地草坪所用草坪草应具备耐践踏、耐频繁修剪、根系发达、再生能力强的特点，且一般是多种草坪草组成的混播草坪。

（4）水土保持草坪

它主要建设在坡地和水岸边，如公路、水库、堤坝、陡坡等地方的草坪，用于防止水土流失。这类草坪管理很粗放，但建坪的难度很大，通常用播种、铺装草皮或植生带、栽植营养体等方式建坪。有时在坡度较大的地段，也可以采用强制绿化的方法建坪。草种宜选用适应性强、根系发达、草丛繁茂、耐寒、抗旱、抗病、覆盖地面能力强的草坪草，如结缕草、假俭草等。

（5）环保草坪

它主要建立在有污染物质产生的地方，用以转化有害物质，降低粉尘，减弱噪声，调节空气湿度、温度，保护环境。

（6）放牧草坪

它是以放牧食草性动物为主，结合园林游息、休假地和野游地建立的草坪。它以放牧型牧草为主，养护管理粗放，面积较大，利用地形排水。一般宜在人口不多的城镇郊区、森林公园、疗养地、休假地、旅游风景区中设立。

3.按照绿期分类

（1）常绿草坪

它是一年四季保持绿色的草坪。这类草坪通常用暖季型与冷季型草种混播。

（2）夏绿草坪

它是由暖季型（夏绿型）草坪草建立的草坪，春、夏、秋三季保持绿色，冬季则枯黄休眠。这类草坪的生长旺季，通常为仲夏至仲秋。禾本科植物中，画眉草亚科的草坪草属于暖季型（夏绿型）种类。

（3）冬绿草坪

它是由冷季型（冬绿型）草坪草建立的草坪，秋、冬、春三季保持绿色，夏季则枯黄休眠。这类草坪往往有春、秋两个生长旺季。在禾本科植物中，早熟禾亚科的草坪草全部是冷季型（冬绿型）种类，通常喜冷凉气候，不耐热，其开始生长的温度约为5℃，适宜的生长温度约为18℃，常绿型，生长曲线为春秋生长的双峰形，在冷季也能生长。冬绿草坪适合在高纬度、高海拔的寒冷地区生长。

## 二、草坪草

### （一）草坪草的特性

草坪草绝大多数是禾本科植物，也有部分莎草科、豆科及其他科的植物。它们具有如下特征。

（1）地上部分生长点低，并有坚韧的叶鞘保护。因此，在修剪时受到的机械损伤较小，并有利于生长，也可以减轻因踏压而引起的物理伤害。

（2）叶片的数目多，尺寸一般较小，细长而直立。细而密集的叶对建立地毯状的草坪是至关重要的，直立细长的叶有利于光线进入草坪的下层，因此，下层的叶很少发生黄化和枯死现象，草坪修剪后不会产生色斑。

（3）多为低矮型和丛生型或匍匐茎，覆盖力强，容易形成草坪的覆盖层。

（4）对不良环境的适应性强。禾本科植物因适应各种环境而广泛分布。特别是在贫瘠、干燥、多盐分的地方生长的种类多，因而容易从中选育出适应各类土地条件的种类。

（5）繁殖力强。通常产种量大，种子发芽性好。其中，匍匐茎种类具有强大且迅速向周围扩散的能力，因此，容易建成大面积草坪。

除禾本科以外，还有部分豆科植物，它们也具有再生能力强、匍匐茎、耐瘠薄等特点。

### （二）草坪草在草坪利用上的特性

（1）草本植物，具有一定的柔软度，叶低而细，多密生，因而使草坪具备一定的弹性，具有良好的触感。

（2）一般为匍匐型或丛生型，能紧密地覆盖地表，使整体颜色均匀一致。

（3）生长旺盛，分布广泛，再生能力强。因此，草坪即使进行多次修剪也容易得到恢复，能促进其密生。

（4）对环境的适应性强。对气候、土壤条件及其变化均具有良好的适应性，尤其对大气、土壤干旱等不良环境有极强的适应能力。

（5）对外力的抵抗性强，对踏压和修剪等有较强适应性。

（6）容易建成草坪。它们的结实率通常较高，容易收获果实，且发芽力强；此外，还可以用匍匐茎、草皮、植株进行营养繁殖，因此，易于大面积建坪。

（7）对人畜无害。草坪草通常无刺以及无其他刺入的器官。一般无毒，无不良气味，不含会弄脏衣服的乳汁等不良物质。

以上是草坪草必备的特性，但也因品种的不同而具有一定的差异，可以根据利用目的来加以选择。

### （三）草坪草的分类

1.依据气候与地域分布分类

（1）暖地型

该类型的草最适生长温度为25～30℃，主要分布在长江流域及长江流域以南地区。

（2）冷地型

该类型的草最适生长温度为15～20℃，主要分布在华北、东北、西北等地区。

2.依据植物种类分类

（1）禾本科

它是草坪草的主体，分属早熟禾亚科、羊茅亚科、画眉亚科等，约有几十个品种。

（2）其他

例如，白三叶、多变小冠花、匍匐马蹄金、沿阶草、细叶苔、异穗苔。

3.依据叶片宽度分类

（1）宽叶型

该类型的草叶宽茎粗，生长强健，适应性强，适用于较大面积的草坪建植，如结缕草、地毯草、假俭草、竹节草等。

（2）细叶型

该类型的草茎叶纤细，可形成致密的草坪，但长势较弱，要求光照充足，土质良好，如小糠草、细叶结缕草、早熟禾、野牛草等。

4.依据草种的高度分类

（1）低矮型

该类型的草植株高度一般在20cm以下，可形成低矮致密的草坪，具有发达的匍匐茎和根茎，耐践踏，管理方便，其中的大多数种类适合我国夏季高温多雨的气候。多进行无性繁殖，形成草坪所需要的时间较长。若铺装建坪，则成本较高，不适于大面积和在短期内形成草坪。常见的有结缕草、细叶结缕草、狗牙根、野牛草、地毯草、假俭草等。

（2）高型草坪草

该类型的草植株高度通常为30～100cm，一般用播种繁殖，速生。在短期内可形成草坪，适于大面积建坪。缺点是：必须经常修剪才能形成平整的草坪，多数为密丛型草类，无匍匐茎和根茎，补植和恢复困难。常见的有早熟禾、剪股颖、黑麦草等。

5.依据用途分类

（1）观赏草坪草

该类型的草是具有优美叶丛或叶面具有美丽条纹的一类草种，如块茎燕麦草、兰羊茅、匍匐萎陵菜。

（2）生态草坪草

该类型的草是具有显著生态效益的草坪草，如护坡、边坡水土保持类草坪草等。

## （四）常见草坪草

1.香根草

香根草又名岩兰草，为禾本科香根草属、多年生、粗壮草本植物。非洲至印度、斯里兰卡、泰国、缅甸、印尼、马来西亚一带广泛种植。我国江苏、浙江、福建、台湾、广东、广西、海南及四川均有引种。

香根草茎秆丛生，高1～2.5m，直立，叶片相对互生，长30～70cm，宽5～10mm，叶层高1.5m以上。圆锥花絮顶生，雌雄同花，一般秋季抽穗开花，穗长15～40cm，但花而不育，难结实，主要靠分蘖繁殖。须根呈网状、海绵状，含挥发性浓郁的香气，粗1～2mm，深2～3m，甚至可达5m，被认为是“世界上具有最长根系的草本植物”，故主要用于水土保持。

2.结缕草

结缕草，禾本科草本植物，茎叶密集，植株低矮，茎高15～25cm，具有细长而坚硬的地下根状茎，叶片短，呈批针形。结缕草喜阳光，不耐阴，喜深厚肥沃、排水良好的沙质土壤，在微碱性土壤中也能正常生长。结缕草由于植株低矮，修剪后坪高可保持在2～5cm，耐践踏性较强，因而在园林、庭院和体育运动场所被广泛应用，是较理想的运动场草坪草。

3.狗牙根

狗牙根，俗称爬根草等，禾本科多年生草本植物，具有根茎或匍匐茎，节间长短不等。茎秆平卧部分长达1m，并从节上产生根和分枝。叶舌短小，具小纤毛；叶片条形，宽1～2mm。

（1）生态习性

喜光，但稍耐阴，能经受住初霜。因为属于浅根系，所以夏季耐旱能力不强，在烈日下有时部分叶片枯黄。叶柔软，颜色浓绿，干旱时叶短小。喜生长于深厚、肥沃、排水良好的湿润土壤中，也能在含盐稍高的海边及瘠薄石灰土壤中生长。

（2）使用特点

该草是我国栽培应用最广泛的一种优良草坪草，在华北和长江中下游地区广泛用于草坪及运动场中。由于极耐践踏，再生能力极强，因此，在球赛结束后，如能在当晚立即喷水，一般1～2d后即可复苏。若及时施入氮肥，则能很快茂盛生长，继续供球赛使用。此外，该草的覆盖力极强，保持水土的能力极佳，故而适合在河滩、沙地、公园、道路两侧、机场停机坪栽种，也可用作饲草。

4.假俭草

假俭草是多年生禾本科植物，分布于长江流域以南。株高10～15cm，秆自基部直立，具有爬地生长的匍匐茎。叶片线形，长2～5mm，宽1.5～3mm，常基生，黄绿至蓝绿色，花茎上的叶多退化。

（1）生态习性

耐旱，耐瘠薄，耐践踏，喜光，比细叶结缕草更耐阴湿。在排水良好、土层深厚、较肥沃的湿地生长旺盛。该草既适合单一栽植，又能与其他草种混种。

（2）使用特点

我国南方优良草坪草之一。株型低矮，根深耐旱，茎叶密集，平整美观，绿期长，具有抗二氧化硫等有害气体及吸附尘埃的能力。不仅可作为庭院中的开放草坪，还是保护环境、固土护坡草坪的良好材料。

5.地毯草

地毯草，俗称大叶油草，属禾本科地毯草属多年生草本植物。具有匍匐茎，秆扁平，节上着生灰白柔毛，高8 ~ 30cm，叶阔条形，长6 ~ 7cm，宽8 ~ 12mm。

（1）生态习性

对土壤要求不是很严格，特别适宜于适度湿润的砂质土壤，因而在地下水位较高的矿土或砂壤土上生长最好，在干旱砂质土或高燥地则生长不良。

（2）使用特点

既可用种子繁殖，也可无性繁殖，种子结实率和发芽率都较高。在华南地区为优良的固土护坡植物，也可用来铺建草坪，可与其他草种混合铺设运动场草坪。

6.两耳草

两耳草，俗称小竹节草、叉子草。属于禾本科雀稗属多年生草本植物。主要分布于华南地区，常见于田野潮湿的地方。株丛高8 ~ 30cm，具有匍匐茎，茎秆上部直立或倾斜，叶片扁平，批针形，淡绿，长8 ~ 20cm，宽5 ~ 15mm。

（1）生态习性

极耐阴湿，匍匐茎具有很强的趋水性，在水中也能生根，在肥沃潮湿的土壤中生长茂盛，又能在树下生长。

（2）使用特点

该草生活力极强，生长快，极易形成单一的自然群落，且为湿地草坪草种，因而在地势低洼、排水欠佳的地段建立单一草坪。

7.竹节草

竹节草，俗称黏人草，属于禾本科金须茅属多年生禾草。常见于陡坡、山地和旷野的略湿地方，分布于广东、广西、云南及亚热带地区。具根状茎及匍匐茎，秆高20 ~ 50cm，茎基部常直立，上部平卧，叶片条形，宽3 ~ 6mm，长2 ~ 5cm。

（1）生态习性

比较耐干旱、耐潮湿，具有一定的耐践踏性，但不抗寒，侵占力极强。叶片多着生在匍匐茎基部，短而柔嫩，平铺地面，覆盖力惊人，极易形成平坦的坪面。种子成熟后，因小穗的盘茎生有倒刺状毛，一旦触碰，即与穗轴分离而挺起，黏附于人畜身上，借以传播种子。

（2）使用特点

竹节草是我国南方地区良好的固土护坡植物，又是理想的草坪草种，因此，适宜于水土保持、风景地及与草坪草混播，铺建绿地草坪、球场等。

8.野牛草

野牛草是多年生禾本科草本植物，具有匍匐茎，秆高5 ~ 25cm，较细弱。叶片细条形，长10～20cm，宽1～2mm，两面均疏生白色柔毛。叶色绿中透白，色泽美丽。

（1）生态习性

抗旱，但不耐湿，喜光，也能耐半阴，耐土壤瘠薄。夏季耐热，耐旱，且具有较强的抗寒能力，能在东北-33℃低温下顺利越冬。一般营养繁殖容易，生长迅速，与杂草竞争力强，具有一定的耐践踏性，在深厚肥沃的砂性土壤中生长良好。

（2）使用特点

该草目前是我国栽培面积最大的一种草坪草，在使用上具有如下优点。

①植株比较低矮，枝叶柔软，不经修剪也能形成近似草坪的草地，较耐践踏，可建成开放活动的场地。

②繁殖容易，生长快，见效快，较为经济。

③养护管理容易，易普及推广。

④抗寒、耐旱，适合在大陆性气候较强的地区生长。在无灌溉的条件下，利用雨季栽植也能成活。

9.黑麦草

黑麦草须根发达，分蘖旺盛。秆高40～70mm，叶片条形，宽3～5mm。穗状花序扁，小穗以背面对向穗轴。

（1）分布

原产于亚洲温暖地带及非洲北部，中国各地广泛引种栽培。

（2）习性

不耐干旱和瘠薄，宜生长于排水良好、肥沃的黏质土壤中。喜光照充足，阴处则叶色黄绿，生长不良。

（3）应用

优良的饲料，作为草坪草与草地早熟禾等草种混播，可用于足球场和高尔夫球场。

10.早熟禾

早熟禾，俗称小鸡草，属禾本科早熟禾属一年生或越年生植物。秆细弱，丛生，高8～30cm，叶鞘自中部以下闭合。叶片柔软，宽1～5mm。

（1）生态习性

耐寒，能在0℃以下正常生长，因此，它是早春现绿比较早的草坪草。耐阴性强，能在强遮阴下正常生长。喜冷凉湿润的气候，不耐旱，对土壤适应性强，耐瘠薄，在一般土壤中均能良好地生长。属越年生草种，种子小，成熟后自然脱落，自播能力极强。如果管理得当，能很好地自然更新，使草坪保持经久不衰。

（2）使用特点

该草体形低矮，整齐美观，绿期长，耐阴，因此，适宜于光照较差的林下、花坛内、行道树下、建筑物阴面等作为观赏草坪。在江南及西南等地区，也可与其他草种混播，以延长草坪的绿期。

11.草地早熟禾

草地早熟禾是多年生禾本科植物，主要分布于黄河流域及东北、江西、四川等地。具有细根状茎，秆丛生，光滑，高50～80cm；叶片条形，柔软，宽2～4mm，密生于基部。

（1）生态习性

喜温暖湿润气候，适合于北方种植；喜光耐阴，适合于树下生长。耐寒性强，抗旱能力较差，在夏季炎热季节生长停滞，秋凉后生长繁茂，直至晚秋。在排水良好、土质肥沃的湿地中生长良好。

（2）使用特点

该草通常与多年生黑麦草、小糠草等混播，用于庭院建坪。其城市绿化效果较好，但耐践踏能力较差，因此，多用于观赏和水土保持。

12.小糠草

小糠草，俗称红顶草，属禾本科剪股颖属多年生草本植物，野生种多生于潮湿的山坡或山谷，在我国分布于华北、长江流域和西南地区。具有较粗壮的根状茎，高90cm左右，具5～6个节。叶片宽3～8cm，长17～32cm，线形扁平。

（1）生态习性

适应性强，喜冷凉湿润气候，耐寒、耐旱、抗热。对土壤要求不严格，耐瘠薄，以黏土和壤土最好，在微酸性土壤中也能正常生长，但不耐阴，分蘖能力和再生能力均强，长成后一般能自行繁殖。

（2）使用特点

其常与其他草坪草混播，建立混合草坪。除可用于公园、庭院及小型绿地外，也可用于建植运动场草坪的材料。

13.白三叶

白三叶是多年生草本植物，具匍匐茎，无毛。复叶有3小叶，小叶倒卵形或倒心形，长1.2～2.5cm，宽1～2cm；栽培的叶长可达5cm，宽达3.8cm，顶端圆或微凹，基部宽楔形，边缘有细齿，表面无毛，背面微有毛；托叶呈椭圆形，顶端尖，抱茎。花序头状，有长总花梗，高出于叶；萼筒状，萼齿三角形；花冠呈白色或淡红色。荚果倒卵状椭圆形，有3～4个种子；种子细小，近圆形，黄褐色。其花期为5月，是水土保持的良好植物，又为优良牧草，也可作为绿肥。

14.马蹄金

马蹄金属旋花科植物，多年生草本植物。茎细长，匍匐地面，被灰色短柔毛，节上生不定根。叶互生，圆形或肾形，基部心形。花小，单生于叶腋，黄色；花梗短于柄。花冠钟表形。蒴果近球形。喜温暖湿润气候，适应性、扩展性强，耐轻微践踏。耐寒性差，耐阴、抗旱性一般，适宜于细致、偏酸、潮湿而肥力低的土壤，不耐碱。有匍匐茎，可以形成致密的草皮。在良好的灌溉条件下生长良好，可用于管理粗放的低质量草坪及公园的观赏草坪。

## 三、草坪建植

### （一）草坪的草种选择

正确地选用草种，对于草坪的栽培管理，尤其是获得优质草坪至关重要，是决定所建草坪是否成功的关键。因此，草种选择应从生态适应性强、符合利用目的需要和养护管理费用低这三个方面进行考虑。

1.生态适应性强

选用的草坪草种，必须适应草坪所在地的气候、土壤条件，即适应该地的环境，能正常生长发育。同时，还需能忍受、抵抗异常的环境，即能在各种自然灾害条件下长期生存下去。不同的地区，选用不同的草种，才能获得理想的效果。北方地区，要求草种能耐寒、抗干旱、绿草期长，通常选用冷季型草种，并采用混播的方式。南方地区，则要求夏季能耐炎热、耐湿、抗病，冬季枯萎期短，或者终年基本不枯。地处我国北疆的乌鲁木齐地区，草种选择则要求耐干旱、炎热、严寒、土壤瘠薄，繁殖容易，生长迅速，草形低矮，草色美观，保持绿色期长。为保证草坪建植的成功，宜优先选用乡土草坪草。若是从异地引进的草种，必须经过较长期的试种观察，确定能够适应当地环境后，方可大力发展。

2.符合利用目的需要

不同利用目的的草坪，对草种有不同的要求。观赏草坪、游息草坪及儿童乐园、小游园和医院供病人户外活动的草坪，一般选用色彩柔和、低矮、平整、美观、软硬适中、较耐践踏的草种，如细叶结缕草（俗称天鹅绒）、马尼拉草、匍茎剪股颖等。运动场草坪，一般选用耐践踏、耐修剪、有健壮发达的根系、再生能力强、能迅速复苏的草种，如狗牙根、中华结缕草、结缕草、假俭草、细叶剪股颖、黑麦草等。江、河、湖、泊的堤岸护坡固土草坪，一般选用耐湿、耐淹、具有一定的耐旱能力、根系发达、铺盖能力强、营养繁殖和种子繁殖均可的草种，如狗牙根、假俭草、两耳草、双穗雀稗、长花马唐等。

3.养护管理费用低

建坪时的费用通常容易解决，但以后长期的养护管理费用却往往被忽视。因此，草坪草种的选择，还应考虑养护管理是否简单，经济实力是否能够承受等因素。武汉、南京、上海等地种植混合剪股颖，夏季不枯黄，形成优质的常绿草坪，但需要高水平的管理条件。虽建坪较易，费用也便宜，但要求精细地养护管理，维持草高不逾1.5～2cm，平均3～5d需剪草1次，与此相适应需要高水平的施肥、灌溉，越夏期及其前后还要注意防治病虫害，因此，养护管理费用较高。而选用天鹅绒、马尼拉草、假俭草等草种建植草坪，无须精细管理，即可获得良好效果，可大大节省养护管理费用。

### （二）草坪植物种植技术

1.整地

整地质量的好坏是草坪建植成败的关键因素之一，必须认真对待，切不可马虎从事。主要操作包括土壤准备、施底肥、除灭杂草、防虫和整平等。

（1）土壤准备

草坪植物的根系，一般在表土层20～30cm。深厚肥沃的土壤，对草坪植物的生长发育极为有利。建植草坪的土壤，必须耕翻疏松，深度以不小于30cm为宜，为草坪植物的生长创造良好的环境条件。土壤中的砖石杂物、建筑垃圾等，应清除干净，至少保证10cm厚的表土层没有影响草坪植物生长发育的硬质杂物。一般草坪植物，适合在微酸性、中性和微碱性土壤中生长。南方过酸的土壤须撒施石灰中和。对于污染严重以及含有石灰质的土壤，则应将30cm厚的表土层全部更换为砂质壤土。

（2）施底肥

为提高土壤肥力，在整地时可结合深翻增施1次基肥。基肥以腐熟的堆肥及其他有机肥为佳，但马粪因含有大量杂草种子应避免施用。施肥量每亩为2500～3000kg，或施用氮、磷、钾复合颗粒肥料100kg左右。不论施用哪种肥料，都应粉碎、撒均，与土壤充分拌匀。

（3）除灭杂草

在草坪的养护管理中，清除杂草是一项艰巨而长期的任务。一旦草种落地，发生同步杂草危害，则甚为麻烦。因此，在建坪之前，应综合应用各种清除杂草的技术，尽量使土内的杂草种子萌发，并加以清除。由于杂草具有季相变化，最好进行反复多次清除。同时，还应尽量防止新的杂草种子侵入。通常采用耕作除草和化学除草来清除杂草。化学除草通常应用高效、低毒、残效期短的灭生性除草剂，如草甘膦等。用药时还需注意主要防除对象，如防除白茅选用茅草枯更好。

（4）防虫

为防治地下害虫，保护草根，可于施肥的同时，施以适量农药，但必须注意撒施均匀，避免药粉成团块状，影响草坪植物的成活。

（5）整平

没有平整的地面，就没有平整的草坪。地面平整是基础整地、排灌系统安排后的一道工序，在整个坪址上体稳定后开始进行。摊平地面后，用2t左右的磙子碾压，避免产生坑坑洼洼的现象。

在铺植草皮之前，有条件的地方应浇1次透水，这样可以使虚实不同的地方显示出高低，有利于最后平整地面。

2.地形与排水

新建草坪的中心位置必须略高于四周边缘，以防草坪积水。整地时，应尽量按照习惯上的0.3%~0.5%的比降排水要求进行地形整理。

运动场草坪对排水的要求更高，除地表排水按0.5%~0.7%的比例进行平整外，还应设置地下排水系统。目前，常用的主要是盲沟排水设施。具体做法是：草坪整地前，每隔15m挖一条深、宽各1m左右的盲沟。沟内自下而上分层填入小卵石（厚约35cm）、粗砂（20~30cm）、细砂（约15cm）。细砂上面填一般砂质壤土与地表相平，盲沟两端与排水干管相通。

3.种植

草坪的建植有多种方法，目前，各地常用的有播种、草鞭栽种、铺种草皮等多种方法。

（1）播种

直播的方法较为简便，成本低，成坪快，生命力强，因而越来越广泛地被采用。

①选种。播种用草种，必须选用优良草籽，发芽率高，不含杂质（尤其是不能含野草种子）。

②播种量。播种前必须做发芽试验，以便确定合理的播种量。一般情况下，每亩播种量为：结缕草、中华结缕草、地毯草和假俭草3~4kg，狗牙根2.5~3.5kg，黑麦草4~5kg，紫羊茅2.5~3.5kg，草地早熟禾2.5~3kg，剪股颖1~1.5kg。

③种子处理。为使草籽发芽快，出苗整齐，播种前应做种子处理。常用的方法有冷水浸种法、温汤处理法和化学药物处理法。

冷水浸种法。冷水浸种前，先用手揉搓种子，也可在筛子里用砂纸揉搓，除去种皮外的蜡质后，放入水中冲洗。然后将湿种子放入蒲包或布袋内，每天冲洗1次（冲至水清为止）。待有20%~30%的种子开始萌芽时即可播种。

温汤处理法。将种子放入50℃的温水中浸泡，随即用木棒搅拌，待水凉后，再用清水冲洗多次。捞出后，摊开晾干水分，即可播种。

化学药物处理法。对发芽率差的草地早熟禾中的瓦巴斯等草籽，可采用0.2%的硝酸钾溶液浸泡处理1~2h，然后用清水冲洗多次，晾干后播种。对发芽困难的结缕草，可用0.5%烧碱溶液浸泡24h，捞出后再用清水冲洗干净，最后将种子放在阴凉、通风处，待晾干外皮，即可播种。为提高结缕草的发芽率，还可用层积催芽法，即采用湿砂分层堆放于阴凉处催芽，注意调控砂的适宜湿度，待草籽裂口后，连同湿砂一道播种。

④播种时间。播种时间主要根据草种与气候条件来确定。播种草籽，自春季至秋季均可进行。在北京地区，以夏末秋初（8月下旬至9月上旬）最适合。

⑤播种技术。草坪播种要求种子均匀地撒播在整平的土地上，并使种子埋入1～15cm的土层中去。大面积播种可利用播种机，小面积则常采用手播。草籽播种机，一般分为手推式和手摇式两种。手推式播种机，是将草籽拌和干细土（或细砂）进行撒播，通过调控拌土量、推行速度以及下种孔缝隙大小来调节播种密度。种子播完后，使用细齿耙轻耙表土盖种。手播草籽，通常采用撒播法。为了保证播种的均一性，大块土地撒播种子，可事先将场地和种子分为相应的若干等份，分区定量播种。草籽播种的前一天，在整平的土地上灌水浸地，待水渗透稍干后，先用细齿耙拉松表土，然后将处理好的草籽掺入2～3倍的干细砂或细土中，均匀地撒播于耙松的表土上。最好先纵向撒一半，再横向撒一半，采用重复撒播，这样可以避免1次撒播不均匀的弊端。种子撒播后，再次使用细齿耙反复耙松表土。无论是机械播种，还是采用手播，最后均需使用200～300kg的磙子碾压，使耙入土层中的种子与土壤密切结合。如果播种面积小，使用磙子不方便，可用脚并排踩压，效果也好。

为了使草籽出苗快、生长好，最好结合播种，在种子中混入一些速效化肥。每1m²土地可施入氮素肥10～15g、过磷酸钙20～25g、硫酸钾10g左右。

⑥后期管理。播种后，如果不下雨，应及时喷水。水点要细密、均匀，以不冲动种子为好。要经常保持土壤湿润，喷水不可间断。约经1个月时间，就可以形成草坪了。此外，还必须将草坪围护起来，防止践踏。

为了增强对气候和土壤的适应性，提高观赏价值和使用效果，在建植草坪时，人们常把几种不同类型的草坪草组合起来，实行混合播种。例如，冬绿草（即冷季型草）和夏绿草（即暖季型草）按一定的比例组合，既能使草坪抗寒，又能在高温季节生长良好，从而使草坪四季不枯，周年常绿。不同质地的草种组合，即宽叶草和细叶草的组合，能增添草坪的外观美感；一、二年生草种（黑麦草）和长期多年生草种混合种植，能提高草坪的使用效果。近年来，我国从国外购入的商业性种子，一般都是3～6种不同类型种子的混合包装。上海、南京、武汉等地，已开始这方面的研究和摸索。各地在铺建草坪时，应选择适合本地区的草种和品种，实行混合试种，取得经验后再扩大推广。

（2）草鞭栽种

它是利用草根或嫩匍匐茎进行无性繁殖，扩大建植草坪。此法操作简便，费用较低，节省草源，管理容易，能迅速形成草坪。草鞭栽种，一般在草坪植物旺盛生长期进行。

①选择草源地。草源地一般是事前建立的草圃，以保证草源的充足供应。在无专用草

圃的情况下，也可选择杂草少、生长健壮的草坪作为草源地。草源地的土壤，如果过于干燥，应在起掘草皮前灌水，水渗入深度应在10cm以上。

②掘取母草根。掘取具有匍匐茎的细叶结缕草、匍匐剪股颖、野牛草的草根时，最好多带一些宿土，掘后及时装车运走。草根堆放要薄，并放在阴凉之地，防止草皮内部发热，并经常喷水保持草根湿润。一般1m²草源可以栽种草坪5～8m²。

北方的羊胡子草，因根系丛生，无匍匐茎，在掘取时应尽量保留根系完整、丰满，不可掘得土过浅以免造成伤根。掘前可将草叶剪短，掘起后可去掉草根上带的土，并将杂草挑净，装入湿蒲包或湿麻袋中，及时运走。如果不能立即栽植，应存放于阴凉处，并随时喷水养护。该草1m²草源可栽种草坪2～3m²。

③栽草。匍匐性草类的茎，有分节生根的特点，故根茎均可栽种，很容易形成草坪。栽草常用点栽及条栽两种方法。

点栽法。点栽比较均匀，形成草坪迅速，但比较费工。栽草时，每2人为1个作业组，一人负责分草，并将杂草剔净；另一人负责栽草。一般采用种花铲挖穴，深度和直径均为6～7cm，株距15～20cm，按梅花形（三角形）将草根栽入穴中，用细土埋平，用花铲拍紧，并顺势随时搂平地面，最后再碾压一次，及时浇（喷）水。南方多采用喷头细喷，北方习惯采用畦灌方法。不论采用哪种方法，均须经常保持新繁殖的草地潮湿。高温下草根生长较快，经60～80d即可形成新草坪。

条栽法。条栽比点栽省工，用草量较少，施工速度也快，但草坪形成时间比点栽要慢。操作方法比较简单，先挖沟，沟深5～6cm，沟距20～25cm，草鞭一小块或2～3根为一束，前后搭接埋入沟内，填土盖严，碾压，灌水。之后，要及时清除杂草。此法一般需要1年多的时间才能形成草坪。无匍匐茎的羊胡子草栽种方法，是先将结块草根撕开，剪掉草叶，挑除杂草，将草根均匀地撒在整好的地面上，铺撒密度以草根互相搭接，基本盖满地面为宜。上盖细土将草根埋严，并用200kg重的光面磙子碾压一遍，然后及时喷水。水点要细，以免将草根冲露出来。如果发现草根被冲出，应及时覆土埋严。保持土壤经常潮湿，以利草根成活生长。一般2～3周就可以恢复生长。

（3）铺种草皮

它是用带土成块移植种草坪的方法。因此法为带厚土块移植，所以新草坪形成很快。其缺点是成本高，且容易衰老。

在武汉，大部分草坪都是采用铺种草皮。除严冬不能铺种外，其余季节均可施工，但以春末夏初和深秋季节为好。各草种均可采用此法。

①铲取草皮。目前，各地铲取草皮的方法，一种是方块形，另一种是长方形。在武汉，习惯用方块形状铲取。在选好的草源地上，如果土壤干燥应事先灌水，待水渗透便于操作时，人工可用平锹（或平板铲）把草坪切成长、宽各为30cm的方块，草块带土厚度

为3～4cm或稍薄些。长条形状搬运，像蛋卷一样，把铲起来的宽30cm的长条草皮，卷成草皮卷搬运。

②运输及存放草皮。草皮铲取后，4～5块叠放在一起，并用草绳捆绑好，然后装车运输。运至铺草坪现场后，应将草皮单层放置（切忌几块叠放在一起，以免草皮内部发热变黄），并注意遮阴，经常喷水，保持草块潮湿，并及时铺种。

③铺种草皮。在铺植以前，应检查场地是否整平等。面积大的铺植场地，铺草前应进行1～2次镇压，将松软土压实，另用细土填平低洼之处。把草块顺次平铺在已整好的土地上，块与块之间应保留1cm左右的空隙，主要是防止草皮块在搬运途中干缩，遇水浸泡后，出现边缘膨大而重叠的现象。草块一定要铺平，草块薄时应垫土，草块太厚则应适当削薄一些，草块与地面应紧密连接。最后用500kg碌子碾压，并浇透水养护，约10天即可长出新根。铺草时，如果草块上带有少量杂草，应立即剔除；如果草块上杂草过多，则应淘汰。

④草皮植生带建坪。此法是近年来兴起的一种工厂化种草新法。它的生产工艺主要是通过简单的滚动设备，把筛选好的优良种子，按比例均匀地撒播在两层纸或两层布的中间，经过复合定位工序后，滚成一卷卷的人造“草皮植生带”。一般每卷100m$^2$（即长100m，宽1m）。这种草皮植生带，对于适宜用种子播种建坪的草种，相比种子直播法有一定的优越性。它施工简便，种植时就像铺地毯一样，将其摊开平铺在整平的土地上，上面覆盖1cm厚的薄层，经过碾压，使植生带紧密与土壤相结合，经常喷水保湿，植生带种子遇湿，即能迅速发芽，生根出苗。如果铺设时整地不平，部分植生带悬空，种子吸不到水，则难以生根出苗。

由此可见，整地平整，是铺种草皮植生带的关键技术。这种人造草皮植生带，可在工厂里采用自动化设备连续成批生产，产品又可成卷入库储存，运输方便，使用面广，并且可以大面积铺种，工时短，效果好，但成本较种子直播坪为高。

目前，这种铺建草坪的方法已先后在上海、齐齐哈尔、青岛、甘肃等地推广试用，受到绿化单位的重视和欢迎。

⑤液压喷种。这种新的种草建坪方法，国外应用较早，我国已在大连、哈尔滨、深圳等城市推广试用。它是将混有草坪草籽、黏着剂、保湿剂、特殊肥料以及黏土、水等，搅拌混合均匀成具有颜色（通常为绿色）的黏性泥浆，通过高压水泵的强大压力，将黏性泥浆直接喷射到地面或难以铺植草皮的陡坡上。由于这种方法具有先进的保湿条件，因此喷洒后，混入泥浆中的种子在合适的湿度和温度下，容易发芽（一般为3～5d），出苗整齐，能在短期内（30～45d）迅速形成新的绿色草坪。

液压喷种法施工简便，完全依靠高压喷力均匀喷洒。同时，由于黏性泥浆具有颜色标志，因此，它易于依次喷射，不易出现重复和遗漏。这种方法对于强行绿化斜坡裸地、平地绿化等都有很好的效果。

## （三）草坪的养护管理

草坪的养护管理水平，直接影响草坪的生长质量和观赏效应。新植草坪，只有加强管理，才能使草坪草生长茁壮、整齐、优美。

1.浇水

草坪宜用喷灌系统浇水，尤其在干旱时期应经常喷水。土壤保墒层应在10cm以下，防止草坪受旱枯萎而影响效果。越冬前还应浇一次防冻水。

2.清除杂草

草坪初建期，杂草随时都可侵入。清除杂草是一项重要的日常工作。清除杂草时，要坚持除小、除早、除净，保持草坪植物的纯净性和观赏性。

3.修剪

草坪草生长很快，应经常进行修剪，控制其适宜的高度。修剪草坪视各类草种的不同，通常以离地高度2～3cm为最好。生长旺季每星期修剪一次，一般每月修剪1～2次。每次修剪量不宜过大，以免影响观赏效果。

4.施肥

草坪植物施肥以化肥为主。每年2～3次，结合浇水，每亩1次施硫酸铵5～7kg、尿素2～3kg。

5.通气

草坪形成2～3年后，根系密集，土壤通透性减弱。这时可用打孔机在草坪上打孔，改善土壤通气利于养分深入土层，刺激新根生长。

6.防治病虫害

一般草坪常见病虫害有腐霉病、丝核病、淡剑夜蛾、黏虫等。腐霉病发病期在5～6月，可用500倍46%杀毒矾可湿性粉剂浇灌。丝核病发病期在7月上旬，可用500倍多菌灵浇灌。淡剑夜蛾7月中下旬危害较烈，可用1000倍乳剂喷洒。黏虫3代，可用1000～1500倍90%敌百虫溶液喷洒，或用2000倍50%辛硫磷溶液喷洒防治。草坪病虫害应及时喷药防治，防患于未然。

7.围栏保护

对于观赏性草坪，要采取保护措施，设栏杆围护，防止践踏。保护设施的设置，应尽量与周围景观协调一致。

# 第三节　园林植物养护管理

## 一、园林植物养护管理概述

园林植物养护管理是指对园林植物经繁殖、栽植后，采取灌溉、排涝、修剪、防治病虫、防寒、支撑、除草、中耕、施肥等技术措施，使之发挥最佳的绿化、美化效果的过程。

园林植物养护管理工作是经常性的工作，必须四季不间断地进行。在养护管理过程中，应按相应技术标准要求，及时、认真地进行。

## 二、园林植物的养护管理技术

### （一）土壤管理

1.松土除草

松土除草是植物养护管理中一项十分繁重的工作。松土可以疏松土壤，切断土壤表层的毛细管，从而减少土壤中水分的蒸发，改善土壤通气状况，促进土壤微生物的活动，提高植物对土壤有效养分的利用率。除草可以减少水分、养分的消耗，减少病虫害的发生。

在植物的生长期内，除草和松土一般同时进行，次数根据气候、植物种类、土壤等而定。例如，乔木、大灌木可两年一次，草本植物则一年多次。具体的除草松土时间可安排在天气晴朗或雨后、土壤不过干和不过湿的情况下进行，方可获得最大的保墒效果。除草松土时应避免碰伤植物的树皮、顶梢等，生长在地表的浅根可适当削断。松土的深度和范围应视植物种类及植物当时根系的生长状况而定，一般树木松土范围在树冠投影半径1/2以外至树冠投影外1m以内的环状范围内，深度为6～10cm。对于灌木、草本植物，深度可在5cm左右。

2.地面覆盖

利用有机物或活体植物对地面进行覆盖，可以减少水分蒸发，减少杂草生长，增加土壤有机质，调节土壤温度。覆盖材料因地制宜。稻草、秸秆、木屑、马粪都是良好的覆盖材料。对于草地疏林的树木，多采用根盘覆盖的方法，厚度一般为3～6cm。

活体植物覆盖一般宜选择植株低矮、根系分布浅的地被植物，如石竹、常春藤、沿阶草、三叶草、苜蓿、鸢尾等。

3.土壤改良

土壤改良是指采用物理、化学或生物等措施改善土壤理化性质，提高土壤肥力。

为了改善土壤质地，常采用植豆科绿肥或多施农家肥等措施。当土壤过砂或过黏时，可采用砂黏互掺的方法。对于酸化或碱化的土壤，可采用化学改良剂改变土壤酸性或碱性。常用的化学改良剂有石灰、石膏、磷石膏、氯化钙、硫酸亚铁、腐殖酸钙等。例如，对碱化土壤需施用石膏、磷石膏等以钙离子交换出土壤胶体表面的钠离子，降低土壤的pH；对于酸性土壤，则需施用石灰性物质。

在实践操作中，土壤改良剂被广泛应用于土壤改良。例如，施石灰用来调整酸性土壤的pH，施石膏用来抑制土壤中的$Na^+$、$HCO_3^-$、$CO_3^{2-}$等离子，施用有益微生物来提高土壤生物活性等。土壤改良剂主要有以下几类。

（1）矿物类。主要有泥炭、褐煤、风化煤、石灰、石膏、蛭石、膨润土、沸石、珍珠岩和海泡石等。

（2）天然和半合成水溶性高分子类。主要有秸秆类、多糖类物料、纤维素物料、木质素物料和树脂胶物质。

（3）人工合成高分子化合物。主要有聚丙烯酸类、醋酸乙烯马来酸类和聚乙烯醇类。

（4）有益微生物制剂类等。

## （二）水分管理

1.灌溉

水是植物各个器官的重要组成部分，是植物生长发育过程中必不可少的物质。园林植物和其他所有植物一样，整个生命过程都离不开水。因此，依据不同的植物种类及在一年中各个物候期的需水特点、气候特点和土壤的含水量等情况，采用适宜的水源适时适量灌溉，它是植物正常生长发育的重要保证措施。

（1）灌溉方式

在园林绿地中常用的灌溉方式有以下几种。

①单株灌溉。对于露地栽植的单株乔灌木，如行道树、庭荫树等，先在树冠的垂直投影外开堰，利用橡胶管、水车或其他工具，对每株树木进行灌溉。灌水应使水面与堰埂平齐，待水慢慢渗下后，及时封堰与松土。

②漫灌。适用于在地势较平坦地区的群植、林植植物。这种灌溉方法耗水较多，容易造成土壤板结，注意灌水后及时松土保墒。

③沟灌。适用于宽行距栽培的花卉、苗木。行间开沟灌水的方式可以让水完全到达根

区，但灌水后易引起土面的板结，应在土面干后进行松土。

④喷灌。其是指利用喷灌设备系统，使水在高压下，通过喷嘴将水喷至空中，呈雨点状落在周围植物上的一种灌溉方式。这种方式易于定时控制，节省用水，并能使植物枝叶保持清新状态，还可改善环境小气候，适合于盆花、花坛、草坪、地被植物、花灌木、小乔木等。

⑤滴灌。利用低压管道系统，使水分缓慢不断地呈滴状浸润根系附近的土壤，可为植物提供定点、定量、定时供水，而使其他土面保持相对干燥，可防止杂草滋生，减少病虫危害，同时还能节约用水。其主要缺点是滴头易堵塞，且设备投资额较高。

一天内灌水最好在清晨进行，此时水温与地温相近，对根系生长活动影响小。早晨风小光弱，蒸腾作用较弱；若傍晚灌水，湿叶过夜，易引起病害。但夏季高温酷暑，灌溉也可在傍晚进行；冬季则因早晚气温较低，灌溉应在中午前后进行。

（2）灌溉量及灌溉次数

灌溉量及灌溉次数因植物类型、种类、发育时期以及气候、土壤条件而异。

对于根系较浅的一、二年生草本花卉及一些球根花卉，灌溉次数应较宿根花卉为多。木本植物根系比较发达，吸收土壤中水分的能力较强，灌溉量及灌溉的次数可少些；观花类花卉，特别是花灌木，灌水量和灌水次数要比一般树种多。针对蜡梅、虎刺梅、仙人掌等耐旱的植物，灌溉量及灌溉次数可少些；不耐旱的如垂柳、枫杨、蕨类、凤梨科等植物，灌溉量及灌溉次数要适当增多。每次灌水深入土层的深度，一、二年生草本花卉应达30～35cm，一般花灌木应达45cm，生理成熟的乔木应达80～100cm。

2.排水

不同种类的植物，其耐水力不同。当土壤中水分过多，尤其当土壤较黏滞、降水较多时要及时采取排水措施。常用的方法如下。

（1）地表径流法

该法即将地面改造成一定坡度（以0.1%～0.3%为宜），保证雨水顺畅流走。这是园林绿地常用的排水方法。

（2）明沟排水法

其是指当发生暴雨或阴雨连绵积水很深时，在不易实现地表径流的绿化地段挖一定坡度的明沟来进行排水的方法。沟底坡度以0.1%～0.5%为宜。

（3）暗沟排水法

该法是在绿地下挖暗沟或铺设管道，借以排出积水。

## （三）施肥管理

植物生长所需的营养元素从空气、水及土壤中获得，分为大量元素和微量元素。随着植物的不断生长，所需营养量不断增加，而环境中营养水平会随着植物的吸收不断降低，因此，需要及时补充养分。

1.肥料种类

（1）有机肥

有机肥又称为全效肥料，即含有氮、磷、钾等多种营养元素和丰富的有机质，是迟效性肥料，常做基肥用。常用的有堆肥、厩肥、圈肥、人粪尿、饼肥、骨粉、鱼肥、血肥、作物秸秆、树枝、落叶、草木灰等。有机肥在逐渐分解的过程中，能释放出各种营养元素和大量的二氧化碳等供植物利用，其作用是任何化肥所不能替代的。所用的有机肥要充分发酵、腐熟和消毒，以防烧坏植物根系、传播病虫害等。

（2）无机肥

无机肥又称为矿质肥料，是由化学方法合成或由天然矿石提炼而成的化学肥料，是速效性肥料，常作为追肥用。其主要有氮肥（尿素、硫酸铵等）、磷肥（过磷酸钙等）、钾肥（氯化钾、硝酸钾）、复合肥（磷酸二氢钾、氮磷钾混合颗粒肥等）以及微量元素肥料。其肥效较快，使用方便、卫生，能及时满足植物不同生长发育阶段的要求。

2.施肥方式与时期

在生产上，施肥常分为基肥、追肥和根外追肥三种。

基肥又叫作底肥。一般常以厩肥、堆肥、饼肥等有机肥料作为基肥，并结合整地翻入土中或埋入栽植穴内。在北方一些地区，多在早秋对园林树木施基肥。

追肥是在苗木生长发育期施用肥料（多为速效肥），以及时补充苗木在生长发育旺盛时期对养分的大量需要。一般无机肥为多；园林花卉可用粪干、粪水及饼肥等有机肥料。通常花前、花后及花芽分化期要施追肥。对于观花、观果类花卉，花后追肥更为重要。

根外追肥是将速效性肥料的水溶液直接喷洒在苗木的叶片上，使营养通过叶片气孔或叶面角质层逐渐渗入体内，以供苗木的需要。主要在植物迅速生长期或出现缺素症时采用。

另外，一、二年生花卉幼苗期应主要追施氮肥，生长后期主要追施磷、钾肥；多年生花卉追肥次数较少，一般3～4次，分别为春季开始生长后、花前、花后、秋季叶枯后。对花期长的花卉，如美人蕉、大丽菊等花期，也可适当追施一些肥料。对于初栽2～3年的园林树木，每年的生长期，也要进行1～2次的追肥。

3.施肥的方法

（1）环状沟施肥法

该法是在树冠外围稍远处挖30～40cm宽环状沟，沟深根据树龄、树势以及根系的分布深度而定，一般深20～50cm，将肥料均匀地施入沟内，覆土填平灌水。随着树冠的扩大，环状沟每年外移，每年的扩展沟与上年沟之间不要留隔墙。此法多用于幼树施基肥。

（2）放射沟施肥法

该法是以树干为中心，从距树干60～80cm的地方开始，在树冠四周等距离地向外开挖6～8条由浅渐深的沟，沟宽30～40cm，沟长视树冠大小而定，一般是沟长的1/2在冠内、1/2在冠外，沟深一般为20～50cm，将充分腐熟的有机肥与表土混匀后施入沟中，封沟灌水。下次施肥时，调换位置开沟，开沟时要注意避免伤大根。此法适用于中壮龄树木。

（3）穴施法

在有机物不足的情况下，基肥以集中穴施最好，即在树冠投影外缘和树盘中开挖深40cm、直径50cm左右的穴。其数量视树木的大小、肥量而定，施肥入穴，填土平沟灌水。此法适用于中壮龄树木。

（4）全面撒施法

该法是把肥料均匀地撒在树冠投影内外的地面上，再翻入土中。此法适用于群植、林植的乔灌木及草本植物。

（5）灌溉式施肥

该法是结合喷灌、滴灌等形式进行施肥。此法供肥及时，肥分分布均匀，不伤根，不破坏耕作层的土壤结构，劳动生产率高。

（6）根外追肥

根外追肥是指根据植物生长的需要，将各种速效肥水溶液喷洒在叶片、枝条及果实上的追肥方法。根外追肥的浓度和施用量因肥料种类、苗木大小而异。对于播种的小苗，一般为0.1%～1%。叶面喷施时间以无风的早晚或阴天为宜。如果喷后2d内遇雨，雨后还要补喷一次。

## 三、园林植物的修剪整形

修剪是指对植株的某些器官进行剪裁或剔除的操作；整形是指对植株进行一定的修剪，使之形成栽培者所需要的树体结构形态。修剪整形是园林植物综合管理的重要技术措施，也是维持和营造植物景观的重要手段。

### （一）修剪整形的目的和作用

通过修剪整形，可以使植物形态更加符合种植美化的要求。同时，修剪整形还可以调节水分、养分的集中供应，促进树体复壮；改善养分供应，促进植物开花结果；改善通风透光条件，减少病虫害。

## （二）修剪的时期与方法

修剪的时期因树种的抗寒性、生长特性及物候期而异。一般来说，可分为休眠期（冬季）修剪及生长期修剪。修剪的基本方法有疏枝、短截、剥芽、摘心、去蘖等。

1.疏枝

疏枝是指从基部剪去过多过密的枝条。疏枝可以减少养分争夺，有利于通风透光。对于乔木树种，能促进主干生长；对于花卉、灌木树种，能促进提早开花。

2.短截

短截是指剪去枝条的一部分，保留枝条的一定长度和一定数量的芽。短截能刺激剪口下侧芽的萌发，促进分枝，增加生长量。短截有轻短截和重短截之分。在育苗中常采用重短截，即在枝条基部留少数几个芽进行短截，剪后仅一个芽发育成强壮枝条，育苗中多用此法培育主干枝。

3.剥芽

树木在发芽时，通常是许多芽同时萌发，根部吸收的水分和养分不能集中供应需要留下的芽、这就需要剥去一些芽以促使枝条的发育，形成理想的树形。

4.摘心

树木在生长过程中，为避免枝条生长不平衡而影响树冠的形态，应对其强枝进行摘心，控制生长，以调节树冠各主枝的长势，达到树冠匀称、丰满的目的。

5.去蘖

在新生枝未木质化时，除去主干上或根部萌发的无用嫩枝条。

## （三）整形的方式

园林植物整形的方式因种植目的、功能、环境、所营造的氛围不同而有差异，概括起来有以下三类。

1.自然式整形

其是指按植物自身生长发育特征，在保持其自然树形的基础上适当修剪的方式。修剪的主要对象是影响树形的徒长枝、冗枝、内膛枝、反向枝、枯枝、病虫枝等。

2.人工式整形

其是指将植物整剪成各种规则的几何形状或不规则的形体，如方形、球形、鸟、城堡、雕塑等。

3.自然、人工混合式整形

其是指根据园林绿化的特殊要求，对自然树形加以人工干预而形成树形。常见的有杯状形、自然开心形、多领导干形、丛球形、棚架形等。

### （四）各类园林植物的修剪整形

1.行道树类

在修剪时，行道树要求主干通直，以3～4m为好，有一定枝下高。一般要求人行道为2m左右，机动车道为4m左右。整形方式多采用自然形；如果上方有管线，则可采用杯状形。

2.庭荫树类

庭荫树要求树冠庞大，树干挺秀。在整形时多采用自然形，主干保留1.8～2m，修剪主要是去除过密枝、病虫枝以及扰乱树形的枝条。

3.花果树类

幼树时防早衰，重视夏季修剪，以轻剪为主。成形后，扩大树冠的同时又要保证开花，还要培育各级骨干枝，以维持树体平衡。对于老衰树，应在促进根系生长的基础上剪枝更新。

4.绿篱类

一般按规定的形状和高度进行修剪。每次修剪应保持形状轮廓线条清晰，表面平整、圆滑。修剪后新梢生长超过10cm时，应进行第二次修剪。若生长过密影响通风透光，则应进行内膛疏剪。

5.草坪类

草坪的修剪高度应保持在6～8cm，当草高超过12cm时，必须进行修剪。混播草坪修剪次数不少于20次/年，结缕草不少于5次/年。

## 四、自然和人为灾害的防治

园林植物在生长发育过程中经常遭受极端高温、低温、旱害、水害、病虫害等自然灾害。同时，城市绿地中的植物还容易受到各种市政工程的伤害。及时、有效地对这些灾害进行诊断、治疗，是维持植物景观的重要措施。

### （一）自然灾害的防治

1.高温危害防治

（1）高温伤害的表现

在仲夏和初秋，异常高温和强烈的日光会对植物造成不同程度的伤害，使植物表现出日灼、叶片灼伤变褐、植株萎蔫失水、严重时叶片脱落等现象。

（2）高温伤害的防治

首先应选择耐高温、抗性强的园林植物；新移栽的苗木要尽量保护根系，并对地上部分进行修剪；对于树干易受灼伤者，可对树干进行涂白或包裹稻草；加强综合管理，特别是水分管理，增施钾肥；对于遭受伤害的植物，应进行适当修剪，去掉枯死枝叶；对灼伤区域进行休整、消毒、涂漆处理。

2.低温伤害防治

（1）低温伤害的表现

无论是在生长期还是休眠期，植物都有可能受到低温的伤害。因受害程度不同，伤害表现大致有花芽受冻、枝条冻害、树干冻裂、根茎根系冻伤、干梢。

（2）低温伤害的防治

贯彻适地适树的原则，选择抗寒性强的植物种类或品种；加强抗寒栽培，提高树体抗寒性；改善小气候，增加温度、湿度；在低温来临之前采取树体包裹、设风障等措施。

（3）涝害与旱害防治

涝害主要是由降水量过大、种植地低洼、排水不良、植物选择不当造成的。树体受涝害后多表现为叶片发黄、萎蔫，严重时落叶、落果，根系呈水浸状，严重时变为褐色。如果受害时间较短，应采取积极措施进行救护，如及时疏通排水、铲除根际淤泥、裸根培土、对受淹的表土进行翻耕晾晒等。

干旱不仅会延迟植物的萌芽、开花时间，严重时还会导致抽条、日灼、落花、落果等。防治措施主要是选择抗旱性强的种类；加强水分管理，及时浇灌；及时进行树盘覆盖、中耕除草等。

3.病虫害的防治

（1）园林植物病虫害的种类及其特点

①病害种类及其特点。根据是否有侵染性，病害一般可以分为侵染性病害和非侵染性病害。

侵染性病害是指由病毒、细菌、真菌、线虫、寄生性种子植物等寄生所引发的病害，有传染性，如猝倒病、白粉病、锈病、软腐病等。真菌引起的病害在病症上一般表现为粉状物、霉状物、点状物和颗粒状物。细菌引起的病害在病症上一般表现为脓状物，并往往伴有臭味。侵染性病害在发生时常常表现为从点开始，进而扩大的特点。

非侵染性病害又叫作生理性病害，主要由水分、温度、光照、营养元素等过多或不足引发，无传染性。一般在相同栽培条件下，非侵染性病害的发生具有普遍性、均一性。

②虫害种类及其特点。园林植物的害虫主要有地下害虫和地上害虫两类。地下害虫主要有地老虎、蝼蛄、蛴螬等，它们生活在土壤中，主要咬食根和幼苗，造成大量缺苗、死苗，严重影响苗木生产。地上害虫主要有尺蠖、蚜虫、粉虱等，它们蚕食树叶，刺吸汁液，破坏新梢顶芽，影响苗木生长。

（2）病虫害的防治措施

园林植物病虫害的发生会严重影响植物的生长发育，降低景观效果。防治病虫害，应贯彻“预防为主，综合治理”的防治方针，遵循“治早、治小和治了”的原则。

①加强检疫，严把苗木质量关。在引种、种植苗木时，对种子、种苗进行全面病虫害检疫，一旦发现病虫害应及时处理。若发现危险性病虫害开始传染给人，则应积极防治、彻底消灭。

②提高植物生长质量，增强抗逆性。在种植时，遵循适地适树的原则；种植后加强管理，提高植物抗性。成片种植时，尽量采用混植的方式。通过修剪整形，增加树体通透性，及时清除枯枝、病虫枝。

③耕作防治。通过轮作、中耕除草、改变种植期等方式，可以破坏病虫害传播的世代交替链，进而有效地对病虫害的发生加以控制。

④物理机械防治。其是指通过物理的手段和简单的工具进行病虫害防治的方法，如通过人工捕杀的老虎幼虫，黑光灯诱杀夜蛾，摘除病叶，紫外线、高温杀菌等。

⑤化学防治。其是指使用农药防治动植物病害的方法，具有高效、速效、使用方便、经济效益高等优点，是目前应用最为广泛的一种防治方法。在公共绿地使用时要考虑环境卫生和安全，尽量选择毒性小、残留低的种类。施用时要设置警戒线，喷药人员戴口罩以防中毒。

⑥生物防治。其是指利用天敌消灭病虫，是目前大力提倡的病虫害防治方式。通过“以菌制菌”“以菌治虫”“以虫治虫”“以鸟治虫”及生物工程技术来控制病虫害发生，是当下以及将来的重点研究课题。

### （二）人为灾害的防治

1.填挖方对园林植物危害的防治

园林植物的生长与土壤的结构（尤其表层土）关系密切，植物的根系都分布在一定的土层。在市政工程中，填挖方的取土、填土严重影响土壤的结构。例如，填充物阻滞了土壤中水分与空气的正常流动，造成土壤窒息；取土造成土壤表层大量营养物质和土壤微生物流失。这些因素均对植物的生长不利，致使植物生长缓慢、枝条死亡、树冠稀疏、树势减弱，严重时整株死亡。

为降低填方对园林植物的危害，可采用安装地下通气管、建干井、铺填大颗粒填充物等方法。对于挖方所造成的伤害，主要采取裸根覆盖、施肥、合理修剪等措施。

2.地面铺装对园林植物危害的防治

在市政工程中，地表铺装普遍采用浇筑水泥、沥青、铺设地砖等方式。不正确的铺装会妨碍空气与土壤的水、气交换，导致土壤干燥、氧气减少。另外，铺装会显著增加地表与近地层温差，致使表层根系遭受极端温度伤害。某些过于靠近树干基部的铺装会妨碍树干的增粗，造成干基环割。

为避免或减少铺装对植物的危害，首先要选择对土壤水气通透性不敏感、抗性强的植物；尽量减少铺装面积或选择通透性强的铺装材料；在铺装过程中，改进铺装技术，设置通气透水系统。

3.污水对园林植物的危害

污水对园林植物的危害主要体现在污水含盐碱高，易造成土壤盐碱化，进而影响根系吸收，从而导致植物生长不良。

## 五、古树名木的养护管理

### （一）古树名木的概念及保护的意义

1.《中国农业百科全书》对古树名木的内涵界定

《中国农业百科全书》对古树名木的内涵界定为："树龄在百年以上的大树，具有历史、文化、科学或社会意义的木本植物。"《城市绿化条例》第24条规定："百年以上树龄的树木，稀有、珍贵树木，具有历史价值或者重要纪念意义的树木，均属古树名木。"

2.保护古树名木的意义

（1）古树名木是历史的见证。许多古树名木记载着一个国家的文化、历史。

（2）古树名木为文化艺术增添光彩。它们是历代文人咏诗作画的题材，往往伴有优美的传说和奇妙的故事。

（3）古树名木具有很高的旅游价值。例如，黄山的卧龙松，铁杆虬枝若苍龙腾飞，给人以美的享受。

（4）古树是研究自然史的重要资料。它复杂的年轮结构，蕴含古水文、古地理、古植被的变迁史。

（5）古树对研究树木生理具有特殊意义。人们无法跟踪研究长寿树木从生到死的生理过程，而不同年龄的古树可以同时存在，能把树木生长、发育在时间上的顺序展现为空间上的排列，有利于科学研究工作。

（6）古树对于树种规划有很大的参考价值。

### （二）古树名木衰老的原因

研究表明，古树名木的衰老是内因与外因共同作用的结果，其中人为因素是重要的原因。

（1）随着树龄增长，古树名木生理机能下降，生命力减弱，树龄老化，树根吸收水分、养分的能力越来越不能满足地上部分的需要，从而导致内部生理失去平衡，部分树枝逐渐枯萎落败。

（2）人类生活对古树名木的影响主要体现在人口增长过程中，不合理的采伐、城市的建设等，都影响到古树的生存空间。

（3）一些古树分布于丘陵、山坡、墓地、悬崖等土壤贫瘠处。那里水土流失严重，营养面积少，摄取的养分不能维持其正常生长，很容易造成严重的营养不良而衰弱，直至死亡。

（4）城市公园里游人密集，地面受到大量践踏，土壤板结，密实度高，透气性降低，造成树木长势减弱。

（5）树干周围铺装面积过大，土壤理化性质恶化，使古树处于透气性极差的环境中。

（6）人为损害。人们在树下堆放杂物、乱刻、乱钉钉子等，使树体受到严重损害。

（7）雷击、风暴、冰雪、病虫害等加剧了古树的衰弱和死亡。

### （三）古树名木的养护管理措施

1.树体加固

古树由于年代久远，主干或有中空，主枝常有死亡，造成树冠失去均衡，树体容易倾斜；又因树体衰老，枝条容易下垂，因而需用他物支撑。例如，北京故宫御花园的龙爪槐、古松均用钢管呈棚架式支撑，钢管下端用混凝土基加固，干裂的树干用扁钢箍起，收效良好。

2.树干疗伤

古树名木进入衰老年龄后，对各种伤害的恢复能力逐渐减弱，更应注意及时处理。对于枝干上因病、虫、冻、日灼或修剪等造成的伤口，首先应当用锋利的刀刮净削平四周，使皮层边缘呈弧形，然后用2%～5%的硫酸铜溶液、0.1%的升汞溶液、石硫合剂原液等消毒。对于修剪造成的伤口，应将其削平，然后涂以保护剂。选用的保护剂要求容易涂抹，黏着性好、受热不融化、不透雨水、不腐蚀树体组织，又有防腐消毒的作用，如铅油、接蜡等均可。大量应用时也可用黏土和鲜牛粪加少量石硫合剂的混合物作为涂抹剂，如用激素涂剂对伤口的愈合更有利，用含有0.01%～0.1%的萘乙酸膏涂在伤口表面，可促进伤口愈合。由于雷击使枝干受伤的苗木，应将烧伤部位锯除并涂保护剂。

3.树洞修补

若古树名木的伤口长久不愈合，则长期外露的木质部会受雨水浸渍，逐渐腐烂，从而形成树洞。目前，对古树的树洞处理方式主要有以下几种。

（1）开放法

如果孔洞不深，无填充的必要时，可将洞内腐烂木质部彻底清除，刮去洞口边缘的死组织，直至露出新的组织为止，然后用药剂消毒，并涂防护剂。防护剂每隔半年左右重涂1次。同时，改变洞形，以利排水；也可在树洞最下端插入排水管，并注意经常检查排水情况，以免堵塞。如果树洞很大，给人以奇树之感，欲留作观赏时就可采用此法。

（2）封闭法

对于较窄的树洞，可在洞口表面覆以金属薄片，待其愈合后嵌入树体而封闭树洞；也可将树洞经处理消毒后，在洞口表面钉上板条以油灰和麻刀灰封闭（油灰是用生石灰和熟桐油以1∶0.35的比例混合而成），再涂以白灰乳胶、颜料粉面，以增加美观，还可以在上面压树皮状纹或钉上一层真树皮。

（3）填充法

填充物最好是水泥和小石砾的混合物，填充材料必须压实。为加强填料与木质部连接，洞内可钉若干电镀铁钉，并在洞口内两侧各挖一道深约4cm的凹槽。填充物从底部开始，每20～25cm为一层，用油毡隔开。每层表面都略向外倾斜，以利排水；外层用石灰、乳胶、颜粉涂抹。为了增加美观，富有真实感，可在最外面钉一层真树皮。

（4）设避雷针

据调查，千年古银杏大部分曾遭过雷击，受伤的苗木生长受到严重影响，树势衰退。如果不及时采取补救措施，可能会很快死亡。所以，高大的古树应加长避雷针。如果遭受雷击，应立即将伤口刮平，涂上保护剂并堵好树洞。

（5）灌水、松土、施肥

春、夏干旱季节灌水防旱，秋、冬季节浇水防冻。灌水后应松土，一方面可以保墒，另一方面可以增加土壤的通透性。古树施肥要慎重，一般在树冠投影部分开沟（深0.3m、宽0.7m），沟内施腐殖土加稀粪，或适量施化肥等增加土壤的肥力。但要严格控制肥料的用量，绝不能造成古树生长过旺。特别是原来树势衰弱的苗木，如果在短时间内生长过盛，会加重根系的负担，造成树冠与树干及根系的平衡失调。

（6）树体喷水

由于城市空气浮尘污染，古树的树体截留灰尘极多，特别是在枝叶部位，不仅影响观赏效果，更会减少了叶片对光照的吸收，从而影响光合作用。可采用喷水方法加以清洗。此项措施费工费水，一般只在重点区采用。

（7）整形修剪

古树名木的整形修剪必须慎重处置。一般情况下，以基本保持原有树形为原则，尽量减少修剪量，避免增加伤数。对病虫枝、枯弱枝、交叉重叠枝进行修剪时，应注意修剪手法，以疏剪为主，以利通风透光，减少病虫害滋生。必须进行更新、复壮修剪时，可适当短截，促发新枝。

（8）防治病虫害

古树衰老，容易招虫致病，加速死亡，应更加注意对病虫害的防治。例如，黄山迎客松有专人看护，监测红蜘蛛的发生情况，一旦发现应立即处理。北京天坛公园针对天牛是古柏的主要害虫，从天牛的生活史着手，抓住每年3月中旬左右天牛要从树内到树皮上产卵的时机，在古柏上打二二三乳剂，称为“封树”。5月易发生蚜虫、红蜘蛛，要及时喷药加以控制。7月注意树干害虫危害。

（9）设围栏、堆土、筑台

在人为活动频繁的立地环境中生长的古树，要设围栏进行保护。围栏一般要距树干3～4m或在树冠的投影范围之外，在人流密度大、苗木根系延伸较长者，对围栏外的地面也要做透气性的铺装处理；在古树干基堆土或筑台可起保护作用，也有防涝效果。砌台比堆土收效尤佳，应在台边留孔排水，切忌围栏造成根部积水。

（10）立标示牌

安装标志，标明树种、树龄、等级、编号，明确养护管理负责单位，设立宣传牌，介绍古树名木的重大意义与现况，可起到宣传教育、发动群众保护古树名木的作用。

## （四）古树复壮

古树名木的共同特点是：树龄较高、树势衰老，自体生理机能下降，根系吸收水分、养分的能力和新根再生的能力下降，树冠枝叶的生长速率也较缓慢。如果遇到外部环境的不适或剧烈变化，极易导致树体生长衰弱或死亡。所谓更新复壮，是运用科学、合理的养护管理技术，使原本衰弱的树体重新恢复正常生长，延缓其生命的衰老进程。必须指出的是，古树名木更新复壮技术的运用是有前提的，它只对那些虽说年老体衰，但仍在其生命极限之内的树体有效。

我国在古树复壮方面的研究水平较高。在20世纪八九十年代，北京、泰山、黄山等地对古树复壮的研究与实践就已取得较大的成果，抢救与复壮了不少古树。例如，北京市园林科学研究所针对北京市公园、皇家园林中古松、古柏、古槐等生长衰弱的根本原因是土壤密实、营养及通气性不良、主要病虫害严重等，采取了以下复壮措施，效果良好。

1.埋条促根

在古树根系范围，填埋适量的树枝、熟土等有机材料，改善土壤的通气性以及肥力条件，主要有放射沟埋条法和长沟埋条法。多年实践证明，古树的根可在枝条内穿伸生长。具体做法是：在树冠投影外侧挖放射状沟4～12条，每条沟长120cm左右，宽为40～70cm，深80cm。沟内先垫放10cm厚的松土，再把截成长40cm枝段的苹果、海棠、紫穗槐等树枝缚成捆，平铺一层。每捆直径20cm左右，其上撒少量松土。每条沟施麻酱渣

1kg、尿素50g，为了补充磷肥，可放少量动物骨头和贝壳等，覆土10cm后放第二层树枝捆，最后覆土踏平。如果树体间相距较远，可采用长沟埋条，沟宽70～80cm，深80cm，长200cm左右，然后分层埋树条施肥、覆盖踏平。

复壮基质也可采用松、栎的自然落叶——取腐熟加40%半腐熟的落叶混合，再加少量N、P、Fe、Mn等元素配制而成。硫酸亚铁（$FeSO_4$）使用剂量按长1m、宽0.8m复壮沟内施入0.1～0.2kg为宜。配置后的复壮基质，pH控制在7.1～7.8，富含多种矿质元素、胡敏素、胡敏酸和黄腐酸，可有效促进土壤微生物活动，促进古树名木的根系生长。有机物逐年分解后与土壤胶合成团粒结构，其中固定的多种元素可逐年释放出来。施后3～5年土壤有效孔隙度可保持在12%～15%，有效改善了土壤的物理性状。

2.地面处理

采用根基土壤铺梯形砖、带孔石板或种植地被的方法，目的是改变土壤表面受人为践踏的情况，使土壤能与外界保持正常的水汽交换。

在铺梯形砖时，下层用砂衬垫，砖与砖之间不勾缝，留足透气通道。北京采用石灰、砂子、锯末配制比例为1∶1∶0.5的材料衬垫，在其他地方要注意土壤pH的变化，尽量不用石灰。许多风景区采用带孔或有空花条纹的水泥砖或铺铁筛盖。例如，黄山玉屏楼景点，用此法处理“陪客松”的土壤表面，效果很好。采用栽植地被植物措施，对其下层土壤可做与上述埋条法相同的处理，并设围栏禁止游人践踏。

3.换土

若因古树名木的生长位置受到地形、生长空间等立地条件的限制，而无法实施上述复壮措施时，则可考虑更新土壤的办法。例如，北京市故宫园林科用换土的方法抢救古树，使老树复壮。典型的范例有皇极门内宁寿门外的1株古松，当时幼芽萎缩，叶片枯黄，好似被火烧焦一般。职工们在树冠投影范围内，对主根部位的土壤进行换土，挖土深0.5m（随时将暴露出来的根用浸湿的草袋盖上），以原来的土壤与砂土、腐叶土、锯末、粪肥、少量化肥混合均匀之后填埋其中。换土半年之后，这株古松重新长出新梢，地下部分长出2～3cm的须根，复壮成功。

4.病虫防治

（1）浇灌法

利用内吸剂通过根系吸收、经过输导组织至全树而达到杀虫、杀螨等作用的原理，解决古树病虫害防治经常遇到的分散、高大、立地条件复杂等情况而造成的喷药难等问题。具体方法是，在树冠垂直投影边缘的根系分布区内挖3～5个深20cm、宽50cm的弧形沟，然后将药剂浇入沟内，待药液渗完后封土。

（2）埋施法

利用固体的内吸杀虫、杀螨剂埋施根部的方法，以达到杀虫、杀螨和长时间保持药效的目的。方法与上述相同，将固体颗粒均匀撒在沟内，然后覆土浇足水。

（3）注射法

对于周围环境复杂、障碍物较多，而且吸收根区很难寻找的古树，利用其他方法很难解决防治问题，但可以通过此法解决。此方法是通过向树体内注射内吸杀虫、杀螨药剂，经过苗木的输导组织传输至苗木全身，达到较长时间的杀虫、杀螨目的。具体方法见苗木的一般养护。

（4）化学药剂疏花疏果

植物在缺乏营养，或生长衰退时出现多花多果的情况，这是植物生长过程中的自我调节现象，结果却造成植物营养的进一步失调，古树出现这种现象后果更为严重。如果采用疏花疏果，则可降低古树的生殖生长，扩大营养生长，恢复树势而达到复壮的效果。疏花疏果的关键是疏花，可采用喷施化学药剂来达到目的。一般喷洒的时间以秋末、冬季或早春为好。例如，在国槐开花期喷施50mg/L萘乙酸加3000mg/L的西维因或200mg/L的赤霉素效果较好。对于侧柏和龙柏（或桧柏），若在秋末喷施，侧柏以400mg/L萘乙酸为好，龙柏以800mg/L萘乙酸为好，但从经济角度出发，200mg/L萘乙酸对抑制侧柏和龙柏第二年产生雌雄球花的效果也很好；若在春季喷施，以800～1000mg/L萘乙酸、800mg/L 2，7–D、400～6600mg/L吲哚丁酸为宜。对于油松，若在春季喷施，可采用400～1000mg/L萘乙酸。

（5）喷施或灌施生物混合制剂

据雷增普等报道，用生物混合剂（“五四零六”细胞分裂素、农抗120、农丰菌、生物固氮肥相混合）对古圆柏、古侧柏实施叶面喷施和灌根处理，明显促进了古柏枝、叶与根系的生长，增加了枝叶中叶绿素量及磷含量，也增加了植物的耐旱力。

# 第九章　园林植物的土肥水管理与病虫害防治

## 第一节　园林树木的土肥水管理

### 一、园林树木的土壤管理

#### （一）园林树木生长地的土壤条件

园林树木生长地土壤大体可划分为如下几类。

1.田园肥土

田园肥土最适合树木的生长发育，在实际中遇到的不多。

2.荒山荒地

荒山荒地的土壤因未能很好地风化，所以石多，孔隙度低，土层薄，肥力差。需要深翻熟化、施用有机肥，并种植耐瘠土壤的树木。

3.水边和低湿地

水边和低湿地的土壤一般都很紧实，通气不良，且多带盐碱。因此，水边和低湿地应种植耐水湿的植物。低湿地可通过排水、填土、施有机肥或松土晒干等措施处理，还可以深挖成湖。

4.煤灰土或建筑垃圾

城市中人类的活动给树木生长环境带来诸多影响，如煤灰、树叶、菜叶、菜根和动物的骨头等，对树木的生长有利无害，可以作为盐碱地客土栽植的隔离层。大量的生活垃圾可以掺入一定量的好土作为绿化用地。

建筑垃圾中通常有砖头、瓦砾、石块、木块、石灰和水泥等。少量的砖头、瓦砾、木块、木屑等存留物可增加土壤的孔隙度，对树木生长无害；而水泥、石灰及其灰渣则有害于树木的生长，必须清除。

5.市政工程与建筑场地

城市的市政工程和建筑建设很多，如市内的水系改造、人防工程、广场的修筑、道路的铺装，等等。土壤多经过人为的翻动或填挖而成，结果将未熟化的心土翻到表层，使土壤结构不良，透气不好，肥力降低。加之机械施工反复碾压土地，造成土壤紧实度增加。因此，应该深翻栽植地的土壤或相应地扩大种植穴，施用有机肥。特别要注意老城区的土壤，因为老城区大多经过多次的翻修，造成老路面、旧地基与建筑垃圾及用材等的遗留，致使土壤侵入体过多；老路面与旧地基的残存，会影响栽植于其上的树木的生长，使该地段透水透气不良，同时，还会阻碍树木根系往深处伸展。

6.人工地基

人工修造的代替天然地基的构筑物，如屋顶花园、地铁、地下停车场、地下储水池等上面均为人工地基。人工地基一般修筑在小跨度的结构上面，与自然土壤之间有一层结构隔开，没有任何的连续性，即使在人工地基上堆积土壤，也没有地下毛细水的上升作用。由于建筑负荷的限制，土层的厚度也受到一定的影响，土层薄、受外界气温影响大导致土温变化幅度较大，土壤易干燥，微生物活动弱，腐殖质形成的速度较慢。因此，人工地基上要选择保水、保肥、质轻、通气性强的土壤材料，如蛭石、珍珠岩、煤灰土、泥炭和陶粒等。土壤最好使用田园土，也可使用土壤加堆肥，土与轻量材料的体积混合比约为3：1。土壤厚度达30cm以上时，一般可以不经常浇水。

7.海边盐碱地

沿海地区的土壤非常复杂，且多带盐碱。土壤中含有大量的盐分，不利于树木的生长，必须经过土壤改良方可栽植。另外，海边的海潮风很大，空气中的水汽含有大量的盐分，会腐蚀植物叶片，所以应选种耐海潮风的树种，如海岸松、杜松、圆柏、银杏、糙叶树、木瓜、女贞、木槿和黑松等。

8.酸性红壤

我国长江以南地区多红壤。红壤呈酸性反应，土粒细，土壤结构不良，水分过多时，土粒吸水成糊状；干旱时水分易蒸发散失，土块得变坚实坚硬，又常缺乏氮、磷、钾等元素，导致许多植物不能适应这种土壤，因此，需要改良。

9.工矿污染地

工矿污染地是指受来自矿山和工厂的有害成分污染过的土地，这种地段往往不能种植植物，如果需要绿化，就必须换好土，别无他法。

10.受人流与车流干扰的土地

人流的践踏与车辆的碾压会使土壤紧实度增加，土壤容重可达1.5 ~ 1.8 g/cm$^3$，使土壤板结、孔隙度小、含氧量低，导致树木烂根乃至死亡。不同土壤在一定的外力作用下，孔隙度变化不同。土壤粒径越小，受压后孔隙度减少得越多；粒径大的砾石受压后几乎不变化；沙性强的土壤受压后孔隙度变小；黏土受压后孔隙度变化较大，需要采取深翻、松土或掺沙、多施有机肥等措施来改变。

11.污水影响的土地

生产、实验和人类生活排出的废水，多数对树木的生长不利，应将其排走或处理后使用。可设置排污管道或由污水处理厂处理。污染严重的土地需置换新土，再栽植树木。

### （二）松土除草

1.松土除草的作用

园林树木立地复杂，有的地方寸草不生，土壤板结；有的地方土壤虽不板结，却杂草丛生。因此，松土除草的作用、要求与方法各不相同。松土是指疏松表土，可切断表层与底层土壤的毛细管联系，以减少土壤水分的蒸发，改善土壤通气状况，促进微生物的活动，加速有机质的分解和转化，从而改良土壤结构，提高土壤的综合营养水平，以利于树木的生长。除草可排除杂草对水、肥、气、热、光的竞争，同时，又可增加绿地景观效果，减少病虫害的发生，保护树木的正常生长。

2.松土除草的时期与方法

松土除草对于幼树尤为重要，二者一般应同时进行，但也可根据实际情况分别进行。松土除草的次数和季节要根据当地的具体条件和树木的生育特点及配置方式等综合考虑确定。一般情况下，散生与列植的幼树，一年可松土除草2～3次，第一次在开春之后和盛夏之前，在杂草刚出土幼嫩时应及时除掉，最晚在其开花之前将其除掉，防止杂草结籽；第二、三次松土除草在立秋后。生长季松土一般在灌溉或降水后土壤出现板结时进行。公共绿地旅游旺季，一些地方由于游人踩踏严重，要及时松土。杭州园林局规定，市区级主干道的行道树，每年松土、除草应不少于4次，市郊每年不少于2次，对新栽2～3年生的风景林木，每年应该松土除草2～3次。在城市环境中采用人工和机械除草的措施比较好，尽量不用或少用除草剂，以免污染环境。

松土除草应在天气晴朗时或者初晴之后，在土壤不干不湿时进行。松土除草深度应根据树木生长情况和土壤条件而定，树小宜浅松，树大应深松；根茎处宜浅松，向外逐渐加深；沙土浅松，黏土深松；土湿浅松，土干深松。一般松土除草深度为3～10cm，大苗6～9cm、小苗3cm。除草松土的范围可在树盘以内，但要注意逐年扩盘。大树每年可在盛夏到来之前松土除草一次，并要注意割除树身藤蔓。

对于地面有铺装的树木，其裸露的树盘小，但人的踩踏往往致使土壤紧实度过高，可以用打孔的办法进行松土通气，也可使用钢钎人工作业，还可以使用专门的机械如电钻等进行。具体方法是在树盘范围内，以根茎为中心，以“十”“米”等形状，以树干为中心画放射线，在线上每隔50～60cm打一孔，每条放射线的第一孔，应距根茎30～50cm，具体视树干的粗度确定，树干细可近一些，树干粗要远一些，以不过多地损伤根系为度。相邻两条放射线上的孔不应并列。孔的深度为60～120cm，具体情况根据土壤的坚实情况确定，有的地方土层坚硬，可深一些。孔径大小一般为3～6cm，如果仅以通气为目的，孔径可小，以钢钎粗度即可，如果结合施肥，孔径应大一些，如果机械操作方便，大孔中的土最好挖出来，换上有机肥后再回填。稍加振动的机械打孔方法有利于土壤疏松，有条件的地方可试用。在有草坪的树下等不便于松土的地方，也可以采用打孔的方法松土。

### （三）地面覆盖与地被植物

以活的植物体或有机物覆盖在土壤表面，可防止或降低水分蒸发，减少地表径流，增加土壤有机质；还能调节土温，减少杂草生长，为树木生长创造良好的环境条件。若在生长季进行覆盖，后期把覆盖的有机物随即翻入土中，还可增加土壤有机质，改善土壤结构，提高土壤肥力。覆盖的材料以就地取材、经济适用为原则，如水草、谷草、豆秸、树叶、树皮、木屑、发酵后的马粪、泥炭等均可应用。在大面积粗放管理的园林中，还可将草坪修剪下来的草头随手堆于树盘附近，用以进行覆盖。一般对于幼龄的园林树木或疏林草地的树木，多仅在树盘下进行覆盖，覆盖的厚度通常以3～6cm为宜，鲜草5～6cm，过厚会产生不利的影响，一般均在生长季节土温较高且较干旱时进行地面覆盖。杭州历年进行树盘覆盖的效果证明，这样做可比对照树的抗旱能力延长20天。

地被植物可以是紧伏地面的多年生植物，也可以是一、二年生的较高大的绿肥作物，如饭豆、绿豆、黑豆、苜蓿、苕子、猪屎豆、紫云英、豌豆、蚕豆、草木樨和羽扇豆等。用绿肥作物覆盖地面，除覆盖作用外，还可在开花期翻入土内，收到施肥改土的效果。用多年生地被植物覆盖地面可减少尘土飞扬，增加园景美观，又可占据地面与杂草竞争，降低园林树木养护成本。常用的草本地被主要有铃兰、石竹类、勿忘草、百里香、萱草、二月兰、酢浆草、鸢尾类、麦冬类、丛生福禄考、玉簪类、吉祥草、蛇莓、石碱花、沿阶草、白三叶、红三叶、紫花地丁，等等。木本地被有地锦类、金银花、木通、扶芳藤、常春藤类、络石、菲白竹、倭竹、葛藤、野葡萄、山葡萄、蛇葡萄、裂叶金丝桃、偃柏、爬地柏、金老梅、凌霄类等。用作地面覆盖的地被植物或绿肥作物，要求适应性强，覆盖作用小，有一定的耐阴能力，繁殖力强，且与树木的矛盾不大。如果为疏林草地，则选用的覆盖植物应耐践踏、无汁液流出、无针刺，以便于游人活动，还应具有一定的观赏性和经济价值。

## （四）土壤改良

1.深翻熟化

（1）深翻适应的范围

在荒山荒地、低湿地、建筑的周围，以及土壤的下层有不透水层的地方、人流的践踏和机械压实过的地段等栽植树木，特别是栽植深根性的乔木时，定植前应该深翻土壤。对重点布置区或重点树种也应该适时、适量深耕，合理的深翻虽然伤断了一些根系，但由于根系受到刺激后会生发大量的新根，因而提高了吸收能力，促使树木生长健壮。

（2）深翻的时期

实践证明，园林树木土壤一年四季均可深翻，但应根据各地的气候、土壤条件以及园林树木的特点适时深翻才会收到良好的效果。一般情况而言，深翻主要在秋末和早春两个时期。秋末冬初，地上部分生长基本停止或趋于缓慢，同化产物消耗少，此时，根系的生长出现高峰，深翻后的伤根也容易愈合，并发出部分新根。同时，秋翻可松土保墒，利于土壤风化和雪水的下渗。一般秋耕后比未秋耕的土壤含水量要高3%～7%。春翻应在土壤解冻后及时进行，此时，树木地上部分尚处于休眠状态，根系刚刚开始活动，生长较为缓慢，伤根易愈合和再生。春季土壤解冻后水分开始上移，此时，土壤蒸发量较大，易导致树木干旱缺水；而且早春时间短，气温上升快，伤根后根系还未来得及很好地恢复，地上部分就已经开始生长，需要大量的水分和养分，往往因为根系供应的水分和养分不能满足地上部分的需要，造成根冠水分代谢不平衡，致使树木生长不良。因此，在春季干旱多风地区，春翻后需要及时灌溉，或采取措施覆盖根系，耕后耙平、镇压，春翻深度也比秋耕浅。

（3）深翻的次数与深度

深翻作用持续时间的长短与土壤特性有关，一般情况下，黏土、涝洼地深翻后容易恢复紧实，因而保持年限较短，可每1～2年深翻耕一次；而地下水位低、排水良好、疏松透气的沙壤土保持时间较长，一般可每3～4年深翻耕一次。深翻的深度与土壤结构、土质状况以及树种特性有关。如土层浅、下部为半风化岩石，或土质黏重，浅层有砾石层和黏土夹层的土壤，地下水位较低的土壤以及深根性的树种，深翻深度宜较深；沙质土壤或地下水位高时可适当浅翻，一般而言，深翻的深度可达60～100cm，最好距根系主要分布层稍深、稍远一些，以促进根系向纵深及周边生长，从而扩大吸收面积，提高根系的抗逆性。

（4）深翻的方式

园林树木土壤深翻的方式，主要有树盘深翻与行间深翻两种。树盘深翻是在树冠垂直投影线附近挖取环状深翻沟，以利树木根系向外扩展，这适用于园林草坪中的孤植树和株间距大的树木；行间深翻则是在两排树木的行中间挖取长条形深翻沟，用一条深翻沟达到对两行树木同时深翻的目的，这种方式多适用于呈行列种植的树木，如风景林、防护林带、园林苗圃等；此外，还有全面深翻、隔行深翻等形式，应根据具体情况灵活运用。各种深翻均应结合施肥和灌溉，可将上层肥沃土壤与腐熟有机肥拌匀填入深翻沟的底部，以改良根层附近的土壤，为根系生长创造有利条件，将生土放在上面可促使生土迅速熟化。

2.客土栽培

（1）栽植地土质完全不合乎栽植树种的生长要求

最突出的例子是在北方种植喜欢酸性土壤的植物，如栀子、杜鹃、山茶、八仙花等，栽植时应将局部地段或花盆内的土壤换成酸性土，至少也要加大种植穴或采用大的种植容器，并放入山泥、泥炭土、腐叶土等，还要混拌一定量的有机肥，以符合喜欢酸性土壤树种的要求。

（2）需要栽植地段的土壤根本不适宜园林树木的生长

例如，重黏土、砂砾土、盐碱地及被工厂、矿山排出的有毒废水污染的土壤等，或建筑垃圾清除后土壤仍然板结，土质不良，此时，应考虑全部或局部更换肥沃的土壤。

客土种植时应注意的问题：①客土栽植较一般栽植需要的经费多，因此，栽植前应做好预算；②应根据具体情况作出合理的、科学的换土设计计划，并说明换土的深度以及好土的来源、废土的去处；③不能随便挖取耕地土壤和破坏植被；④如果换土量较大，好土的来源较困难，客入土的质量并不十分理想，但在实施过程中进行改土，如添加泥炭土、腐叶土、有机肥、磷矿粉、复合肥及各种结构改良剂等。

3.土壤质地的改良

（1）培土（壅土、压土）

培土具有增厚土层、保护根系、增加营养和改良土壤结构等作用，在我国南北各地区普遍采用，特别是果园应用较多。在我国南方高温多雨且土壤淋洗损失严重的地区，多将树木种在土台上，以后还需大量培土。在土层薄的地区也可以采用培土的方法，以增加土层厚度，促进树木健壮生长。

培土的质地根据栽植地的土壤性质决定，黏土应压沙土，沙土应压黏土。北方寒冷地区一般在晚秋初冬季节进行，既可起到保温防冻、积雪保墒的作用，同时压土掺沙后，能够促使土壤熟化，改善土壤结构。

压土的厚度要适宜，过薄起不到压土的作用，过厚对树木生长不利。“沙压黏”或“黏压沙”时要薄一些，一般厚度为5～10cm；压半风化石块可厚些，但不要超过15cm。连续多年压土，土层过厚会影响树木根系呼吸，造成根茎腐烂，树势衰弱。所以，一般压土时，为了防止嫁接树木接穗生根或对根系产生不良影响，亦可适当将土扒开露出根茎。

（2）增施有机质

土壤过沙或过黏，其改良的共同方法是增施纤维素含量高的有机质。增施有机质利于沙性土壤保持水分和矿质营养，也可改善黏土的透气排水性能，改善土壤结构。但一次增施的有机质不能太多，否则，可能会产生可溶性盐过量的问题。一般认为100m²的施肥量不应多于2.5m³，约相当于增加3cm表土。改良土壤最好的有机质是粗泥炭、半分解状态的堆肥和腐熟的厩肥。未腐熟的肥料，特别是新鲜有机肥，氨的含量较高，容易损伤根系，施后不宜立即栽植。

（3）增施无机质

过黏的土壤在深翻或挖穴过程中，应结合施用有机肥掺入适量的粗沙；反之，如果土壤沙性过强，可结合施用有机肥并同时掺入适量的黏土或淤泥。在用粗沙改良黏土时，应避免用建筑细沙，且要注意加入量要适宜。如果加入的粗沙太少，可能像制砖一样，增加土壤的坚实度。因此，在一般情况下，加沙量应达到原有土壤体积的1/3，才会有改良黏土的良好效果。除了在黏土中加沙外，还可加入陶粒，粉碎的火山岩、珍珠岩和硅藻土等。但这些材料比较贵，只能用于局部或盆栽土改良。此外，石灰、石膏和硫黄等也是土壤的无机改良剂。

（4）应用土壤改良剂

土壤改良剂是一些可以改善土壤理化性状，促进营养物质吸收的材料。长期以来，人们对于天然土壤改良剂早就有所了解，如黏土中掺粗沙土，沙土中加黏土，一般土壤加泥炭、石灰或石膏等。近年来，有不少国家已经开始运用一些特殊的土壤结构改良剂改良土壤，提高土壤肥力，并有专门的商品销售。如国外生产上广泛应用的聚丙烯酰胺，是人工合成的高分子化合物，使用时先把干粉溶于80℃以上的热水中，制成2%的母剂，再稀释10倍浇灌至5cm深的土层中，通过其离子键、氢键的吸收使土壤形成团粒结构，从而优化土壤水、肥、气、热条件，达到改良土壤的目的，其效果可达3年以上。

## 二、园林树木施肥

### （一）树木施肥的意义与特点

园林树木生长地的土壤条件复杂，而且树木一旦定植后，就要在生长地生长数十年甚至数百年。在这漫长的岁月里，由于园林树木栽植地的特殊性，营养物质片面地消耗，使其营养循环经常失调。由于地面铺装及人踩车轧，土壤非常紧实，地面营养不易下渗，根系难以利用；加之地下管线、建筑地基的修建，减少了土壤的有效容量，限制了根系的吸收和活动范围。随着园林绿化水平的提高，乔、灌、草多层次的配置，更增加了养分的消耗和与树木对养分的竞争。因此，通过科学的施肥管理，改善土壤的理化性质，提高土壤的肥力，是保证树木健康长寿的有力措施之一。

根据园林树木生物学特性和栽培的要求与环境条件，其施肥的方法与农作物、园林苗木施肥方法表现出以下不同的特点。

第一，园林树木是多年生植物，长期生长在同一地点，从施入肥料的种类来看，应以有机肥为主，同时，适当施用化学和生物肥料。施肥方式以基肥为主，基肥与追肥兼施。

第二，园林树木种类繁多，习性各异，作用不一，防护、观赏或经济效用各不相同，因此便反映出施肥种类、用量和方法等方面的差异。

第三，园林树木生长地的环境条件有悬殊，既有高山、丘陵，又有水边、低湿地及建筑周围等，这便增加了施肥的困难，因此，应根据栽培环境的特点，采用不同的施肥方式和方法。同时，在园林中对树木施肥时必须注意园容的美观，避免在白天施用奇臭的肥料，有碍游人的活动，应做到施肥后随即覆土。

### （二）肥料的种类

肥料品种繁多，根据肥料的性质及营养成分，园林树木用肥大致可分为无机肥料、有机肥料及微生物肥料三大类。

#### 1.无机肥料

无机肥料又称为化肥、矿质肥料、化学肥料，是用物理或化学工业方法制成的，其养分形态为无机盐或化合物。化肥种类很多，按植物生长所需要的营养元素种类，可分为氮肥、磷肥、钾肥、钙肥、镁肥、硫肥、微量元素肥料、复合肥料、草木灰、农用盐等。按照化肥中营养元素种类可将化肥分为单质化肥和复合肥。

化学肥料大多属于速效性肥料，供肥快，养分含量高，施用量少，能及时满足树木生长需要。但化学肥料只能供给植物矿质养分，一般无改土作用，养分种类也比较单一，肥效不能持久，而且容易挥发、流失或发生强烈的固定，降低肥料的利用率。所以，生产上一般以追肥形式使用，且不宜长期单一施用化学肥料，以化学肥料和有机肥料配合施用。

在常用的化肥中，氮肥有尿素、硫酸铵、氯化铵、碳酸氢铵；磷肥有过磷酸钙、磷酸铵、磷矿粉，其中磷酸铵既含磷又含氮；钾肥有氯化钾、硝酸钾、硫酸钾等，其中硝酸钾既含钾又含氮，常用的微量元素肥料有硼肥（硼砂、硼酸）、锌肥（硫酸锌）、铁肥（硫酸亚铁）、锰肥（硫酸锰）、铜肥（硫酸铜）等。

#### 2.有机肥料

有机肥料是指天然有机质经微生物分解或发酵而成的一类肥料，也就是我国所称的农家肥。其特点是原料来源广，数量大；养分全，但含量低，有完全肥料之称；肥效迟而长，须经微生物分解转化后才能为植物所吸收；改土培肥效果好，但施用量大，需要较多的劳力和运输力量。此外，对环境卫生也有一定影响。有机肥一般以基肥形式施用，施用前必须采取堆积方式使之腐熟，使养分快速释放，提高肥料质量及肥效，避免肥料在土壤中腐熟时产生某种对树木不利的影响。常用的有机肥主要有堆沤肥、厩肥、绿肥、饼肥、鱼肥、人粪尿、泥炭等。

3.微生物肥

微生物肥料也称为生物肥、菌肥、细菌肥及菌剂等，是由一种或数种有益微生物、培养基质和添加物（载体）培制而成的生物性肥料。菌肥中微生物的某些代谢过程或代谢产物可以增加土壤中的氮、某些植物生长素、抗生素的含量，或促进土壤中一些有效性低的营养性物质的转化，或者兼有刺激植物的生育进程及防治病虫害的作用。依据生产菌株的种类和性能，微生物肥料大致有根瘤菌肥、固氮菌肥料、磷细菌肥料、钾细菌肥料、抗生菌肥料、菌根菌肥料及复合微生物肥料等几大类，在中国农业上应用最广泛的是根瘤剂，其次是抗生菌肥料和固氮菌剂。近年来，磷细菌剂和钾细菌剂应用也日趋广泛，出现了以解磷解钾为主的硅酸盐菌剂（生物钾肥）和复合菌剂等有代表性的微生物肥料。

## （三）施肥原则

1.按需施肥

按需施肥是植物施肥的重要原则之一，也是使施肥措施更经济、更合理的重要原则。树木需肥与树种及其不同发育阶段和物候期有关。例如，泡桐、杨树、重阳木等树种生长迅速、生长量大，比柏木、马尾松、小叶黄杨等慢生、耐瘠树种需肥量大，因此，应根据不同的树种调整施肥用量。柑橘类几乎全年都能吸收氮素，但吸收高峰在温度较高的仲夏；磷素主要在枝梢和根系生长旺盛的高温季节吸收多，冬季显著减少；钾的吸收主要在5～11月；而栗树从发芽即开始吸收氮素，在新梢停止生长后，果实肥大期吸收最多；磷素在开花后至9月下旬吸收量较稳定，11月以后几乎停止吸收；钾素在花前很少吸收，开花后（6月份间）迅速增加，果实肥大期达吸收高峰，10月以后急剧减少。可见，施用三要素的时期也要因树种而异。

树木不同生长发育阶段所需的营养元素的种类和数量也不同，幼年阶段由于树体较小对肥料的需要较少，对氮肥需要量相对较多。成年树木由于树体较大，对肥料的需求量较多，同时，由于成年树木开花结果，需要的磷钾肥比例增加。在树木新梢生长期，其需氮量逐渐提高，此后，其需氮量降低；在花芽分化、开花、坐果和果实发育时期，树木对各种营养元素的需要都特别迫切，而钾肥的作用更为重要；树木生长后期，对氮和水分的需要一般很少。可见，应根据树木不同生长发育时期的需肥特点而施肥。

2.按目的施肥

施肥要有目的性，才能真正做到按需施肥。为改善土壤的理化性质，改良土壤的结构，就要多施有机肥；为了保持树木持续稳定地生长，就要施基肥；为了保证开花坐果阶段树木对养分的大量需要，就要进行追肥。树木的观赏特性以及园林用途也影响其施肥方案，一般来说，观叶、观形的树种需要较多的氮肥，而观花、观果树种对磷、钾肥的需求量大。

3.根据气象条件施肥

施肥要充分考虑树木栽植地的气候条件，如生长期的长短，生长期中某一时期温度的高低，降水量的多少及分配情况，以及树木越冬条件等。在生长期内，光照充足，温度适宜，光合作用强，根系吸肥量大；如果光合作用减弱，由叶片运输到根系的合成物质减少，则树木从土壤中吸收营养元素的速度也会变慢。低温会减慢土壤养分的转化，削弱树木对养分的吸收功能。试验表明，在各种元素中，磷是受低温抑制最大的一种元素。干旱常导致植物发生缺硼、钾及磷；多雨则容易促发缺镁。

4.根据土壤条件施肥

施肥量是根据树木需肥与土壤供肥状况而定的，但是土壤的物理性质、土壤水分、酸碱度高低等都会影响肥料的利用，因此，对树木的施肥种类和数量都有很大的影响。

土壤的物理性质，如土壤容重、土壤紧实度、通气性以及水、热等特性均受土壤质地和土壤结构的影响。沙性土壤的质地疏松、通气性好，温度较高，吸收容量小，湿度较低，是“热性土”，宜用猪粪、牛粪等冷性肥料，施肥宜深不宜浅，且应少量多次施肥。黏性土质地紧密，通气性差，吸收容量大，温度低而湿度小，属“冷性土”，宜选用马粪、牛粪等热性肥料，施肥深度宜浅不宜深，每次施肥量可加大，减少施肥次数。

土壤水分含量与肥效有密切的关系，土壤中水分亏缺，施肥后土壤溶液浓度增高，树木不但不能吸收利用，反而会遭受毒害。积水或多雨地区肥分易淋失，会降低肥料的利用率。因此，施肥应根据当地土壤水分变化规律或结合灌水进行。

土壤酸碱度影响某些物质的溶解度及树木对营养物质的吸收。如在酸性条件下，可提高磷酸钙和磷酸镁的溶解度；在碱性条件下，可降低铁、硼和铝等化合物的溶解度。在酸性反应的条件下，有利于阴离子和硝态氮的吸收；而在中性或微碱性反应条件下，则利于铵态氮的吸收；碱性反应条件有利于阳离子的吸收。

5.根据树木条件施肥

施肥就是为了让树木更好地生长，除了考虑树木所需的营养外，还需要考虑树木的其他条件，如根系的深度和分布范围。肥料应集中施在根系的附近，以利吸收。一般大树的根系深，分布广，吸收根远离根茎，施肥时应施在吸收根的分布范围内。树木生长发育的青年期、成年期需肥量较大，而衰老期则需肥量较少。

6.根据肥料特性施肥

肥料特性不同，施肥的时期、方法、施肥量也有所不同，对土壤理化性状也有影响。易流失挥发的速效性肥料，如碳酸氢铵、过磷酸钙等，宜在树木需肥期稍前期施入；而迟效性的有机肥料，需腐烂分解后才能被树木吸收利用，故应提前施入。氮肥在土壤中移动性强，即使浅施也能渗透到根系分布层内供树木吸收利用；而磷、钾肥移动性差，故宜深施，尤其磷肥需施在根系分布层内才有利于根系吸收。氮肥应适当集中使用，少量氮肥在土壤中往往没有显著增产效果；磷、钾肥的使用，除特殊情况外，必须用在不缺氮素的土壤中才经济合理。有机肥及磷肥等，除当年的肥效外，往往还有后效，因此，施肥时也要考虑前一两年施肥的种类和用量。肥料的用量并非越多越好，而是在一定的生产技术措施配合下，有一定的用量范围。化学肥料应本着宜淡不宜浓的原则，否则易烧伤树木根系。而菌肥施用应避免高温、农药等，以确保菌种的生命活力和菌肥的功效，且应与其他耕作管理措施相配合。任何一种肥料都不是十全十美的，在实践中应将有机与无机、速效性与迟效性、酸性与碱性、大量元素与微量元素等结合施用，提倡复合配方施肥。

### （四）施肥时期

1.基肥的施用时期

基肥是在较长时期内供给树木养分的基本肥料，所以宜施迟效性有机肥料，如腐殖酸类肥料、堆肥、厩肥、圈肥、鱼肥、血肥以及作物秸秆、树枝、落叶等。基肥分春施基肥和秋施基肥。

秋施基肥以秋分前后施入效果最好，此时施肥，可使施入的有机质腐烂分解的时间较充分，来年春天可及时供给树木萌芽、开花、枝叶和根系生长的需要。如能再结合施入部分速效性化肥，提高细胞液浓度，也可增强树木的越冬性。秋施基肥，树木根系吸收的时间较长，吸收的养分积累起来，为来年生长和发育打好物质基础。

春施基肥应充分腐熟，如果有机质没有充分分解，肥效发挥较慢，早春不能及时供给根系吸收，到生长后期肥效发挥作用，往往会造成新梢二次生长，对树木生长发育不利，特别是对某些观花、观果类树木的花芽分化及果实发育不利。

2.追肥的施用时期

追肥又称为补肥，是在树木生长过程中加施的肥料。其目的主要是供应树木在某个时期对养分的大量需要，或者补充基肥的不足。追肥一般使用速效肥，如化肥等。

一年可进行多次追肥。在生产上追肥分为前期追肥和后期追肥，前期追肥又分为花前追肥、花后追肥、花芽分化期追肥。花前追肥通常是对春季开花的树木而言，早春温度低，微生物活动弱，土壤中可供树木吸收的养分少，而树木在春天萌芽、开花需要大量的养分，因此为了解决土壤与树木营养供需之间的矛盾，一般需在花前进行追肥，花后追肥的目的是补充开花消耗的营养，保证枝条健壮生长，为果实发育和花芽分化奠定基础；这次追肥对观果树木来说尤其重要，可减少生理落果。花芽分化期追肥，又称为果实膨大期追肥，花芽的形成是开花和结果的基础，此次追肥主要是解决果实发育与花芽分化之间的矛盾：一方面减少生理落果，另一方面保证花芽的形成。后期追肥是为了使树体积累大量的营养，保证花芽正常、健康地发育，为翌年树木萌芽、开花打好物质基础。对于果树，为了果实迅速增大，减少后期因营养不良而落果，更应进行后期追肥。

具体追肥时期，则依据地区、树种、品种、树龄及各物候期特点和目的进行追肥。如果花后进行了追肥，则花芽分化期追肥可以考虑不施；如果秋施基肥，后期追肥也可以考虑不施。如果是观花树种，花后追肥可以不施，花芽分化期追肥必施，后期追肥可施可不施；而对于观果树木而言，花后追肥与花芽分化期追肥比较重要。总之，应视具体情况合理安排，灵活掌握。树木有缺肥症状时可随时进行追施。追肥应合理使用氮肥、磷肥和钾肥，例如，花后幼果期氮肥过量或比例过大，容易造成大量落果；生长后期过量施用氮肥易造成树木徒长而影响越冬性。

## （五）施肥量

1.经验法确定施肥量

园林中，花农根据多年施肥的经验而确定施肥量，也就是根据不同施肥量观察植物生长发育的状况，不断总结施肥的经验教训，最后摸索出一套施肥用量相对标准。这种凭经验施肥的方法虽然比较古老，但是，是我国目前行之有效的确定施肥用量的方法。

一般可按树木每厘米胸径180～1400 g的混合肥施用。这一用量对任何树木都不会造成伤害，如果施用后效果不佳，可在1～2年内重新追肥，普遍使用的最安全用量是每厘米胸径350～700 g完全肥料。胸径不大于15cm的树木，施肥量应该减半。此外，有些树木对化肥比较敏感，施用量也应酌情减少或者改施有机肥。

对于常绿树，特别是常绿针叶幼树易遭化肥伤害，以前一般很少使用化肥，多施用有机肥提供氮素，这样比较安全。春天每10m$^2$面积约施2.44kg动物下脚料或棉籽粉。施用化肥应松土或浇水施用，以便与土壤充分混合。成年的常绿针叶树，使用化肥比较安全。如果成片生长，每10m$^2$应施氮：磷：钾为10：6：4的化肥0.98～1.95kg，开阔地生长的大树，每厘米胸径约施0.36kg，常绿阔叶树施肥问题比较复杂，像杜鹃花、月桂等要求酸度较高的土壤，应避免使用降低或缓和土壤酸度的肥料。如果在土壤中施用大量堆肥有机质，可以获得非常满意的效果，酸性泥炭藓和腐熟的株叶土是其中最好的两种堆肥，它们不但可以提供足够的营养，而且有利于保持土壤的酸度在缺氮的贫瘠土壤中，可按每10m$^2$施用2.4kg棉籽粉或动物下脚料。

2.通过测定方法确定施肥量

（1）叶面分析

叶片所含的营养元素量可反映树体营养状况，发达国家广泛应用叶面分析法确定树木的施肥量，用此法不仅能查出肉眼见得到的症状，还能分析出多种营养元素的不足或过剩，以及能分辨两种不同元素引起的相似症状，而且在病征出现前及早得知，所以，可以根据叶片分析及时施入适宜的肥料种类和数量，以保证树木的正常生长和发育。对于大多数的落叶和常绿果树来说，最有代表性和准确性的部分是叶片，但葡萄则是叶柄为理想的部分。许多因素影响叶片内元素的浓度，如叶龄、枝条是否结果、叶片在植株上的位置（高度、外围或内膛、方位）、叶片的大小、采样的时间（一年内和一天内的时间）、砧木类型、灌溉水的分布、年份、施肥、结果多少等。一般情况下，采样的时间大多数是在7月下旬到8月底。落叶果树叶子应从生长势中等的延长新梢上采取，每一个新梢只采一张位于其中部的叶片，叶龄为2～5个月完全展开的叶片。必须强调，供分析用的样品应该从一定类型的枝条上的一定部位采取叶龄近似的叶子，才能得到可靠的结果。叶片分析应与果园栽培技术结合起来进行判断。例如，如果土壤排水不良，叶片分析的结果是缺素；同样，如果发生线虫病，树体的营养状况也不好。叶面分析作为一种科学研究的工具，可以用来评价施肥试验的结果。叶片分析技术的发展，大大简化了施肥试验，但应与土壤分析结合起来进行更为科学和有效。

（2）测土配方施肥

测土配方施肥就是国际上通称的平衡施肥技术，此技术是联合国在全世界推行的先进农业技术。概括来说，一是测土，取土样测定土壤养分含量；二是配方施肥，经过对土壤的养分诊断，按照作物需要的营养配方施肥。测土配方施肥目前在作物中应用较多，在果树生产中也有应用，如荔枝、香蕉、苹果等，园林树木中应用较少。

### （六）施肥方法

1.土壤施肥

（1）施肥的位置

施肥的位置应最有利于根系的吸收，因此受树木主要吸收根群分布的控制。一般而言，树木根系的水平伸展范围稍大于树冠垂直投影的圆周直径，吸收根的范围在树冠半径的1/3～1/2向外到根梢的范围内；吸收根系的分布深度一般集中分布在30～60cm土层范围内。国外有一种凭经验估测多数树木根系水平分布范围的方法，即根系伸展半径以地面以上30cm处直径的12倍为依据。例如，一棵树地面以上30cm处的直径为20cm，它的根系大部分在2.4m的半径内，其吸收根则在离干0.8m的范围以外。当然，根系的伸展范围并不都能用枝条伸展来确定，有的树木根系至少伸展至冠幅1.5～3倍的地方。根系的分布与树龄、树种、土壤类型有关，成年树木比幼年树木根系分布范围大；大乔木一般比小乔木和灌木的根系分布范围大；土层薄、质地黏重、坚实的土壤根系分布范围小，因此，确定施肥位置时应综合考虑。

根据树木根系的分布状况与吸收功能，施肥的水平位置一般应在树冠投影半径的1/3至树冠垂直投影轮廓附近；垂直深度应在密集根层以上40～60cm。在土壤施肥中必须注意三个问题：一是不要靠近树干基部；二是不要太浅，避免简单的地面喷洒；三是不要太深，一般不超过60cm。目前施肥中，普遍存在的错误方法是把肥料直接施在树干周围，这样做不但没有好处，有时还会有害，特别是容易对幼树根茎造成烧伤。

（2）土壤施肥方法

①沟状施肥。沟状施肥就是挖沟施肥。在吸收根分布的范围内，挖一定长度、宽度和深度的沟，将肥料与适量土壤混合后施入沟内，然后用土壤覆盖，多用于施以有机肥为主的基肥。在有地面铺装或树盘较小的地方不能进行沟状施肥；沟状施肥会较多地损伤根系，破坏地表，但同时有深翻土壤、疏松土壤、增加土壤透性的作用。沟状施肥有环状沟施肥、放射沟施肥和平行沟施肥三种方法。

环状沟施肥：此法是幼树常用的施肥方法，施肥沟的直径一般与树冠的冠径基本相等，沟宽30～60cm，深至根系集中分布区底部。将肥料和适量土壤混合后施入沟中，然后用土壤覆盖。施肥前最好松土，每隔4～5年施肥一次。此法施肥既经济，操作又简单，但挖沟时易切断水平根，施肥面积较小。也可以进行局部环状沟施肥，即将树冠的地面垂直投影分成4～8等份，间隔开沟施肥，此方法对根系的损伤较少。

放射沟施肥：也叫作辐射状沟施肥，是顺水平根系生长的方向挖沟，根据树冠的半径确定沟的起始位置及长度和宽度。一般以根茎为起点，从树冠半径的1/3～1/2为距离的地方开始，以等距离间隔挖4～8条宽度为30～60cm、深度为30～65cm，深达根系密集层的内浅外深、内窄外宽的辐射沟，沟挖至略大于树冠投影处。沟的多少视树木的大小而定，大树应多，小树应少。将计算好的施肥量，均匀地施在每个沟中，然后覆土。下次以本方法施肥时应避开上次的施肥位置。此法伤根少，一般成年树多采用此法施肥。

平行沟施肥：在树木行间（每行或隔行）开沟，施入肥料，也可结合土壤深翻熟化分层进行。

②穴状施肥。在树冠投影外缘附近挖若干个直径为30cm的穴，其穴的多少与深度视树木的种类、大小而定，一般约数十个，深度为30～60cm，排成一环或交错排成2～3环，把肥料施入穴内，然后覆土。栽在草坪上的树木即多采用穴施法，先铲起草皮，将肥料施好后再将草皮还原铺上。此法肥效尚可，但施肥不均匀，也较费工。

③打孔施肥。此法是从穴状施肥衍变而来的一种方法，通常大树下面多为铺装地面或种植草坪、地被，不能开沟施肥时，可采用打洞的办法将肥料施入土壤中，此法可使肥料遍布整个根系分布区。方法是每隔60～80cm在施肥区打一个30～60cm深的孔，打孔后将额定施肥量均匀地施入各个孔中，约达孔深的2/3，然后用泥炭藓、碎粪肥或表土堵塞孔洞、踩紧。如果地面狭窄，洞距可减少到50～60cm。可用孔径5cm的螺旋钻打孔，忌用冲击钻打洞，以免使土壤坚实影响通气性；也可用直径为3～5cm的普通钢钎进行手工打孔。国外一些树木栽培的专门公司，已大量使用现代化的打孔设备如电钻、气压钻等，不但施肥速度快，而且具有孔壁不太紧实的优点。还有一种本身带有动力和肥料的钻孔与填

孔的自动施肥机，由汽油发动机驱动，每分钟可钻孔4个左右，其装料箱可容45kg肥料，并通过送料斗施入孔中。

填入洞穴的肥料最好用林业专用缓释肥料，其次可用优质有机肥为主的混合肥料，适当配入少量的速效化肥，不能用大量易溶性化肥集中填入洞中，否则会烧伤或烧死植物。如果打孔施肥后树木的生长效果不明显，应通过探头抽查几个点，看肥料是否施在根系附近，以便采取补救措施。

④微孔释放袋施肥。微孔释放袋又称为微孔释放包，它是把一定量的16-8-16的水溶性肥料，热封在双层聚乙烯塑料薄膜袋内施用，袋上有经过精密测定的一定量的“针孔”，针孔的直径和数量决定释放养分的快慢。栽植树木时，将袋子放在吸收根群附近，当土壤中的水汽经微孔进入袋内，使肥料吸潮，并以液体的形式从孔中溢出供树木根系吸收。这样释放肥料的速度缓慢，数量也相当少，但可以不断地向根系流入，不会像直接进行土壤施肥那样对根系造成伤害，对于沙性土施肥，此种方式可减少流失。微孔释放袋的活性受季节变化的影响，随着天气变冷，袋中的水汽也随之变小，最终停止营养释放。到春天气温升高，土壤解冻，袋内水汽压再次升高，促进肥料的释放，满足植物生长的需要。这样土壤水汽压的变化定时触发肥料释放或停止，确保肥料供应的有效性，对于已定植的树木，也可用110 ~ 115 g的微孔释放袋，埋在树冠垂直投影线以内约25cm深的土层中，根据树龄大小决定用量的多少。这种微孔释放袋埋置一次，约可满足8年的营养需要。

⑤液态土壤施肥。可将肥料溶解在水中，使肥料随水进入土壤中，肥料分布比较均匀，能更好地为根系所吸收利用，提高肥料利用率。此法不伤根系，也不会破坏土壤结构，若通过灌溉系统如喷灌、滴灌为树木施肥，还可节约肥料和劳动力，但是容易造成废料流失，如硝酸铵等，灌溉施肥效果不好。

2.根外追肥

根外追肥也称为叶面喷肥、叶面追肥，其是指在树木生长发育期间将水溶性肥料的低浓度溶液喷施在树冠上，使肥料随水分从枝叶的气孔进入，被树体吸收的方法。叶面喷肥在我国各地早已广泛采用，并积累了不少经验。近年来，由于喷灌机械的发展，大大促进了叶面喷肥技术的广泛应用，叶面喷肥简单易行、用肥量小，发挥作用快，可及时满足树木的急需；并可避免肥料中的某些元素在土壤里产生化学和生物的固定作用；在缺水季节或缺水地区以及不便施肥的地方（山坡），均可采用此法。但叶面喷肥并不能代替土壤施肥，据报道，叶面喷氮肥素后，仅叶片中的含氮量增加，其他器官的含量变化较小，这说明叶面喷氮在转移上有一定的局限性。而土壤中施用有机肥还可以改良土壤的理化性质，使土壤疏松、温度升高，改善根系生长的环境，有利于根系生长发育，但是土壤施肥见效慢。由此可见，土壤施肥和叶面喷肥各具特点，可以互补不足，如能运用得当，既能发挥肥料的最大效用，又能更好地促进树木健壮生长。

3.树干注射营养液

近年来的实验证明，当树木营养不良时，尤其是缺少微量元素时，在树干上打孔，注射相应的营养元素，具有很好的效果。如在树木出现缺铁性褪绿症时，可以按照每厘米直径2 g的比例注射磷酸铁，将增加树体内的铁元素。以每厘米直径0.4g的比例给枝条注射尿素，可提高树体组织的含氮量，而且不产生药害。用0.25%的钾和磷，加上0.25%尿素的完全营养液，以每棵苹果树15 ~ 75 g的量注入树干，可在24h内被树木吸收，其增加的生长量，可等于土壤大量施肥的效果。

树干注射营养液的方法是将营养液装在一种专用的容器中，系在树上，将针管插入木质部，甚至于髓心，慢慢吊注数小时或数天，这种方法也可用于注射内吸杀虫剂与杀菌剂，防治病虫害。

还有一种比较简单的树干施肥方法，即将所需完全可溶性肥料，装入易溶性膜做成的胶囊中，用手钻在树干边材上钻一个直径1cm、深5 ~ 7.5cm稍微向下倾斜的孔洞，将制作好的胶囊（或条状颗粒肥料）放入孔中，再用油布水泥或沥青等材料封闭洞口，胶囊吸水溶解，逐渐释放营养，进入树体并输送至各个部位，此法的缺点是在钻孔消毒不严、堵塞不严的情况下，容易引起心腐和蛀干害虫侵入。

## 三、园林树木的水分管理

### （一）园林树木水分管理原则

1.根据气候条件及发育时期的水分要求进行水分管理

我国幅员辽阔，各地的气候相差很大，同一地区的不同年份气候差异也很大，所以，不能统一确定灌水与排水的时间。

2.根据不同树种、不同栽植年限对水分的要求进行水分管理

园林树木种类多、数量大，对水分的要求也不同，因此，应区别对待。例如，观花树种，特别是名贵的花灌木类植物的其灌水量和灌水次数均比一般的树种要多；樟子松、侧柏、油松、锦鸡儿等耐干旱的树种的灌水量和灌水次数均较少或不灌水；而对水曲柳、枫杨、垂柳、落羽松、水松、水杉等喜欢湿润土壤的树种，则应注意灌水，对排水要求不严；紫穗槐、旱柳、乌桕等树种既耐旱，也耐水湿，因此，其水分管理可粗放；而刺槐耐旱，但却不耐水湿。即使耐水湿或耐旱的树种，也都有各自的极限。

不同栽植年限的树种的灌水次数也不同。初栽的树木一定要连灌3遍水，方可保证成活。新栽植的乔木需要连续灌水3 ~ 5年，灌木最少灌5年，直到树木扎根较深、不灌水也能正常生长时为止。对于新栽常绿树，尤其常绿阔叶树，常常在早晨向树上喷水，有利于

树木成活生长。对于定植成活多年后的树木，除非遇上大旱，树木表现迫切需水时才灌水，一般情况则应根据具体条件而定。

排水也要根据树木的生态习性和忍耐水涝的能力决定，如玉兰、梅花、梧桐等树种在北方名贵树种中耐水力最弱，水淹3～5d即可死亡。对于榔榆、垂柳、旱柳、紫穗槐等树木，均能耐3个月以上的深水淹浸，是耐水力最强的树种，即使被淹，短时间内不排水问题也不大。

3.根据不同的土壤情况进行水分管理

土壤条件是影响灌溉的重要因子。如盐碱地灌溉要“明水大浇”“灌耕结合”，以利于压盐、洗盐，防止返盐；质地黏重土壤灌水次数和灌水量可适当减少，并施入有机肥和河沙进行改土；沙质土壤中生长的树木，因沙土保水力差，灌水次数应适当增加，以小水勤浇为好，可施有机肥增加其保水保肥性。低洼地也要“小水勤浇”，注意排水防碱。地下水位高的土壤，如果树木的根系能够利用地下水，则可不用灌溉，但积水时一定要注意排涝。

4.水分管理应与施肥、土壤管理等措施相结合

水分管理工作应与其他技术措施密切配合，以便在互相影响下更好地发挥其积极作用。例如，施肥前后应浇透水，做到“水肥结合”，既可避免引起肥害，又可满足树木对水分的正常需求。河南鄢陵花农对酸性花木研制的“矾肥水”就是水肥结合措施的典范，并有防治缺绿病和地下虫害之效。灌水应与中耕除草、培土、覆盖等土壤管理措施相结合，如山东菏泽花农栽培牡丹时就非常注意中耕，并有“湿地锄干，干地锄湿”和“春锄深一犁，夏锄刮破皮”等经验。当地常遇春旱和夏涝，但因花农加强了土壤管理，勤于锄地保墒，从而保证了牡丹的正常生长发育，减少了旱涝灾害与其他不良影响。

## （二）园林树木灌溉

1.灌溉水的质量

灌溉水的好坏直接影响园林树木的生长，用于园林绿地树木灌溉的水源有雨水、河水、地表径流、自来水、井水及泉水等。这些水中的可溶性物质、悬浮物质以及水温等各有差异，对园林树木生长有不同影响。如雨水中含有较多的二氧化碳、氨和硝酸，自来水中含有氯，这些物质不利于树木生长；地表径流含有较多树木可利用的有机质及矿质元素；河水中常含有泥沙和藻类植物，若用于喷、滴灌时，容易堵塞喷头和滴头；井水和泉水温度较低，会伤害树木根系，需储于蓄水池中，经短期增温充气后方可利用。总之，园林树木灌溉用水以软水为宜，不能含有过多对树木生长有害的有机、无机盐类和有毒元素及其化合物，一般有毒可溶性盐类含量不超过1.8 g/L，水温应与气温或地温接近。

2.灌水时期

（1）休眠期灌水

休眠期灌水是在秋冬和早春进行的，在中国的东北、西北、华北等地，降水量较少，冬春严寒干旱，灌水十分必要。秋末冬初的灌水（北京地区为11月上、中旬），一般称为灌“冻水”或“封冻水”，“封冻水”冬季结冻可放出潜热，提高树木的越冬安全性，并可防止早春干旱，因此，北方地区的这次灌水不可缺少，特别是边缘树种或越冬困难的树种，以及幼年树木等，灌冻水更为必要。我国的北方地区，在漫长的冬季雨水很少，加之春季风多，土壤非常干旱，特别是倒春寒比较长的年份，早春灌水非常重要，其不但有利于树木顺利通过被迫休眠期，为新梢和叶片的生长做好充分的准备，并且有利于开花与坐果。

（2）生长期灌水

①花前灌水。北方早春经常会出现多风少雨的干旱现象，及回灌水补充土壤水分的不足，是促进树木萌芽、新梢生长，特别是促进早春开花和提高坐果率的有效措施，同时，还可防止春寒和晚霜的危害。盐碱地区早春灌水后进行中耕，还可以起到压碱的作用。花前灌水可在萌芽后结合花前追肥进行，具体时间要因地、因树而异。

②花后灌水。多数树木在花谢后半个月左右是新梢速生期，如果水分不足，会抑制新梢生长，果树会引起大量落果。特别是北方各地，春旱多风，地面蒸发量大，适当灌水可保持土壤的适宜湿度。花后灌水可促进新梢和叶片生长，扩大同化面积，增强光合作用的能力，提高坐果率和促进果实膨大。同时，对后期的花芽分化也有良好作用。没有灌水条件的地区，也应积极做好保墒措施，如盖草、盖沙等。

③花芽分化期灌水。此次灌水对观花、观果类树木非常重要。树木一般是在新梢生长缓慢或停止生长时开始花芽的分化，此时正是果实速生期，水分不足会影响果实生长和花芽分化。因此，在新梢停止生长前及时而适量地灌水，可以促进春梢生长，抑制秋梢生长，有利于花芽分化及果实发育。

在北京地区，一般年份全年灌水6次，3月、4月、5月、6月、9月和11月各1次。干旱年份、土质不好或者因缺水引起生长不良时，应增加灌水次数。在西北干旱地区，灌水次数应更多一些。

3.灌水量

不同的气候条件，不同树种、品种及不同规格的植株，不同的生长状况，不同砧木以及不同的土质等都会影响灌水量。在灌水时，一定要灌足，切忌表土打湿而底土仍然干燥。适宜的灌水量以达到土壤最大持水量的60%～80%为标准。一般已达花龄的乔木，大多应浇水令其渗透到80～100cm深处。

目前，果园根据不同土壤的持水量、灌溉前的土壤湿度、土壤容重、要求土壤浸湿的深度，计算出一定面积的灌水量，即：

灌水量=灌溉面积×土壤浸湿深度×土壤容重×（田间持水量-灌溉前土壤湿度）

灌溉前的土壤湿度，每次灌水前均需测定田间持水量、土壤容重、土壤浸湿深度等项，可数年测定一次。

应用此公式计算出的灌水量，还可根据树种、品种、不同生命周期、物候期以及日照、温度、风、干旱持续的长短等因素进行调整，酌增酌减，以符合实际需要。这一方法在园林中可以借鉴。如果在树木生长地安置张力计，则不必计算灌水量，灌水量和灌水时间均可由真空计器的读数表示出来。还可以根据树木的耗水系数来计算灌水量，即通过测定植物蒸腾量和蒸发量计算一定面积和时间内的水分消耗量确定灌水量。水分的消耗量受温度、风速、空气湿度、太阳辐射、植物覆盖、物候期、根系深度及土壤有效水含量的影响。用水量的近似值可以从平均气象资料、园林树木的经验常数、植物总盖度及蒸发测定值等估算。耗水量与有效水之间的差值，就是灌水量。

4.灌水方法

（1）树盘灌水（围堰灌水）

以树木干基为中心，在树冠垂直投影以内的地面筑圆形或方形的围堰，围堰埴高为15~20cm，实际根据具体操作难度而定。灌水前先疏松围堰内土壤，以利水分下渗和扩散，待围堰内明水渗完后，铲平围堰，将土覆盖，以保持土壤水分。有条件时，可以用蒲包或薄膜覆盖。

此法灌水用水较经济，但浸湿土壤的范围较小，由于树木根系通常可比冠幅大1.5~2倍，因此，离干基较远的根系难以得到水分的供应，同时，还有破坏土壤结构、使表土板结的缺点。

（2）沟灌

成片栽植的树木，可每隔100~150cm开一条深20~25cm的长沟，将流水引入沟内进行灌溉，水慢慢向沟底和沟壁渗透，灌溉完毕后将沟填平。此法在苗圃中应用较多，属侧方灌溉。沟灌能够比较均匀地浸湿土壤，水分的蒸发与流失量较少，可以做到经济用水，防止土壤结构的破坏，有利于土壤微生物的活动，还可减少平整土地的工作量，并便于机械化耕作等。因此，沟灌是地面灌溉的一种较合理的方法。

国外对于传统的沟灌技术有所改进。如美国和俄罗斯采用塑料或合金管浸润灌溉法，即用直径30~50cm的塑料管或合金管代替水沟，水管上按株距开喷水孔，孔上有开关，可调节水流大小。灌水时将水管铺设田间，灌完后将水管收起，不必开沟引水，不仅节省劳力，也便于机械作业。

（3）漫灌

漫灌是传统的灌溉方法，主要适用于地面平整、规则配置的片林，在片林中可分区筑坡成畦状，在畦内进行灌水，水渗透完后，挖平土壤，适时松土保墒。此方法费水、费劳动力，灌水后土壤表层易板结，应尽量避免使用。但在盐碱地使用漫灌的方法具有洗盐、淋盐的作用。

（4）穴灌

在树冠投影外侧挖穴，将水灌入穴中，以灌满为度。穴的数量依树冠大小而定，一般为8～12个，直径在30cm左右，穴深以不伤粗根为准，灌后将土还原。干旱期穴灌，也可长期保留灌水穴而暂不覆土。现代先进的穴灌技术是在离干基一定距离，垂直埋置2～4个直径10～15cm、长80～100cm的瓦管或瓦管等永久性灌水（也可施肥）设施。若为瓦管，管壁布满许多渗水小孔，埋好后内装碎石或炭末等填充物，有条件时还可在地下埋置相应的环管并与竖管相连。灌溉时从竖管上口注水，注满以后将顶盖关闭，必要时再打开。这种方法用于地面铺装的街道、广场等，十分方便。此方法用水经济，浸湿的根系土壤范围较宽而均匀，不会引起土壤板结，特别适用于水源缺乏的地区。

（5）喷灌

喷灌包括人工降雨及对树冠喷水等。人工降雨是灌溉机械化中一种比较先进的技术，但需要人工降雨机及输水管道等全套设备，目前，我国正处于进一步推广应用和改进阶段。喷灌的优点很多，第一是基本上不会产生深层渗漏和地表径流，可以节约用水20%以上，在渗漏性强、保水性差的沙土上使用，甚至可节约用水60%～70%，而且可以很好地控制灌溉量、灌溉时间；第二是对土壤结构破坏小，可保持原有土壤的疏松状态；第三，是可冲洗树冠上的灰尘，使树木鲜亮青翠，喷灌的水花、水雾也是一道美丽的风景，并且可调节绿化区的小气候，减少高温、干风对树木的危害；第四，是可与施肥、喷药及使用除草剂结合进行；第五，是不受地形限制，地形复杂地段也可采用。喷灌的缺点主要是必须使用机械设备，成本较高；高湿有可能增加树木感染白粉病和其他真菌病害的危险；易受风力的影响而喷洒不均匀。据国外经验，在3～4级风力下，喷灌用水因地面流失和蒸发，损失可达10%～40%。

（6）滴灌

滴灌是近年发展起来的集机械化与自动化于一体的先进的灌溉技术，是用水滴或微小水流缓慢施于植物根区的灌溉方法。其最大优点第一，是节约用水，对土壤结构破坏小，在水资源短缺的地区应大力提倡使用。据澳大利亚等国的试验表明，滴灌比喷灌节水一半左右；其次是可自动化灌溉，节约劳动力，并可控制灌溉量，结合灌溉可施用营养液；再次是适合各种地形，一次安装设备可长期使用。滴灌的缺点是设备投入高；管道和滴头易堵塞，要求严格的过滤设备；不能调节小气候，不适于冻结期间应用；在自然含盐量较高的土壤中使用滴灌，容易引起滴头附近土壤的盐渍化，造成根系的伤害。

（7）渗灌

渗灌是利用埋在地下的多孔管道输水，水从管道的孔眼中渗出，浸润管道周围的土壤，达到灌溉的目的。此法灌溉的优点是节约用水，灌后土壤不易板结，便于耕作；缺点是设备条件投入较高，在碱性土壤中易造成地面返碱，影响树木生长。

## （三）园林树木的排水

1.明沟排水

明沟排水是在地面上挖掘明沟，排除径流。它常由小排水沟、支排水沟以及主排水沟等组成一个完整的排水系统，在地势最低处设置总排水沟。这种排水系统的布局多与道路走向一致，各级排水沟的走向最好相互垂直，但在两沟相交处应成锐角相交（45°~60°），以利水流顺畅，防止相交处沟道淤塞，且各级排水沟的纵向比降应大小有别。

2.暗道排水

在地下铺设暗管或用砖石砌沟，排除积水。其优点是不占地面，且不会引起土壤板结，节约用水，但设备费用较高，一般较少应用，在碱性土壤中使用须注意避免“泛碱”。

3.地面排水

目前，大部分绿地采用地面排水至道路边沟的方法，它是通过道路、广场等地面，汇聚雨水，然后集中到排水沟，从而避免绿地树木遭受水淹。这种方法最经济，但需要精心安排。

4.滤水层排水

滤水层排水实际就是一种地下排水方法，一般对于在低洼积水地以及透水性极差的立地上栽种的树木，或对一些极不耐水湿的树种在栽植初期采取的排水措施，即在树木生长的土壤下层填埋一定深度的煤渣、碎石等材料，形成滤水层，并在周围设置排水孔，遇积水就能及时排除。这种排水方法只能小范围使用，起着局部排水的作用。

# 第二节　园林植物病虫害防治

## 一、园林树木病害的基本知识

园林树木在生长发育过程中，因受到环境中的致病因素（非生物或生物因素）的侵害，使植株在生理、解剖结构和形态上产生局部的或整体的反常变化，导致植物生长不良、品质降低、产量下降，甚至死亡，严重影响观赏价值和园林景观的现象，称为园林树木病害。

### （一）病害的种类及病原微生物类型

园林树木、花卉病害可分为生理伤害引起的非传染性病害和病原菌引起的传染性病害两大类。如果同一地区有多种作物同时发生类似的症状，而没有扩大的情况，一般是冻害、霜害、烟害或空气污染所引起；如果同一栽培地的同一种植物，其一部分可全部发生似的症状，又没有继续扩大的情形时，可能是营养水平不平衡或缺少某种养分所引起，这些都是非传染性的生理病。如果病害从栽培地的某个地方发生，且渐次扩展到其他地方，或者病害株掺杂在健康株中发生，并有增多的情形；或者在某地区，只有一种作物发生病害，并有增加情形，这些都可能是由病原菌引起的侵染性病害。引起侵染性病害的病原菌种类很多，主要有真菌、细菌、病毒、线虫，此外，还有少数放线菌、藻类和菟丝子等。

### （二）病害的症状

园林树木受生物或非生物病原侵染后，表现出来的不正常状态，称为症状。症状是病状和病症的总称。寄主感病后本身所表现出来的不正常变化，称为病状。园林树木病害都有病状，如花叶、斑点、腐烂等。病原物侵染寄主后，在寄主感病部位产生的各种结构特征，称为病症，如锈状物、煤污等，它构成症状的一部分。有些病害的症状，病症部分特别突出，寄主本身无明显变化，如白粉病；而有些病害不表现病症，如非侵染性病害和病毒病害等。

病害是一个发展的过程，因此，园林树木的症状在病害的不同发育阶段也会有差异。有些园林树木病害的初期症状和后期症状常常差异较大。但一般而言，一种病害的症状常有固定的特点，有一定的典型性，只是在不同的植株或器官上，又会有一些特殊性。

在观察园林树木病害的症状时，要注意不同时期症状的变化。

1.坏死

植物受病原菌危害后出现细胞或组织消解或死亡现象，称为坏死。这种症状在植株的各个部分均可发生，但受害部位不同，症状表现也有所差异。在叶部主要表现为形状、颜色、大小不同的斑点；在植物的其他部位如根及幼嫩多汁的组织表现为腐烂；在树干皮层表现为溃疡等，如杨树腐烂病。

2.枯萎或萎蔫

典型的枯萎或萎蔫指园林树木根部或干部维管束组织感病后表现出的失水状态或枝叶萎蔫下垂现象。主要原因在于植物的水分疏导系统受阻。如果是根部或主茎的维管束组织被破坏，则表现为全株性萎蔫；侧枝受害，则表现为局部萎蔫。

3.变色

变色变色主要有三种类型：褪绿、黄化和花叶。园林植物感病后，叶绿素的形成受到抑制或被破坏而减少，其他色素形成过多，叶片出现不正常的颜色。病毒、支原体及营养元素缺乏等，均可引起园林树木出现此症状。

4.畸形

畸形是由细胞或组织过度生长或发育不足引起的。常见的有植物的根、干或枝条局部细胞增生而形成瘿瘤；植物的主枝或侧枝顶芽生长受抑制，腋芽或不定芽大量发生而形成从枝，如泡桐从枝病；感病植物器官失去原来的形状，如花变叶、菊花绿瓣病。

5.流胶或流脂

植物感病后细胞分解为树脂或树胶流出。

6.粉霉

植物感病部位出现白色、黑色或其他颜色的霉层或粉状物，一般是病原微生物表生的菌体或孢子，如芍药白粉病和玫瑰锈病等。

### （三）病害发生过程和侵染循环

病害的发生过程包括侵入期、潜育期和发病期三个阶段。侵入期指病原菌从接触植物到侵入植物体内开始营养生长的时期，该时期是病原菌生活中的薄弱环节，容易受环境条件的影响而死亡，也是防治的最佳时期。潜育期指病原菌与寄主建立寄生关系起到症状出现时止，一般为5～10d。可通过改变栽培技术，加强水肥管理，培育健康苗木，使病原苗在植物体内受抑制，减轻病害发生程度。发病期是病害症状出现到停止发展时止，该时期已较难防治，必须加大防治力度。

侵染循环是指病原苗在植物一个生长季引起的第一次发病到下一个生长季第一次发病的整个过程，包括病原菌的越冬或越夏、传播、初侵染与再侵染等几个环节。病原菌种类不同，越冬或越夏场所和方式也不同，有的在枝叶等活的寄生体内越冬越夏，有的以孢子或菌核的方式越冬越夏，必须有针对性地采取措施加以防治。病原菌必须经过一定的传播途径，才能与寄主接触，实现侵染。传播途径主要有空气、水、土壤、种子、昆虫等。了解其传播方式，切断其传播途径，便能达到防治的目的。病原菌传播后侵染寄主的过程有初侵染和再侵染之分。初侵染是指植物在一个生长季节里受到病原菌的第一次侵染。再侵染是指在同一季节内病原菌再次侵染寄主植物。再侵染的次数与病菌的种类和环境条件有关。无再侵染的病害比较容易防治，主要通过消灭初侵染的病菌来源或阻断侵入的手段来进行。存在再侵染的病害，必须根据再侵染的次数和特点，重复进行防治。绝大多数的树木花卉病害都属于后者。

## 二、病虫害的防治原则和措施

病虫害的防治的原则是"预防为主，综合防治"。在综合防治中，应以耕作防治法为基础，将各种经济有效、切实可行的办法协调起来，取长补短，组成一个比较完整的防治体系。园林树木病虫害防治的方法多种多样，归纳起来可分为耕作防治法、物理机械防治法、生物防治法、化学防治法、植物检疫等。

### （一）耕作防治法

1.选用抗病虫害的优良品种

利用抗病虫害的种质资源，选择或培育适于当地栽培的抗病虫品种，是防治病虫害最经济有效的重要途径。

2.选用无病健康苗

在育苗上应注意选择无病状、强壮的苗，或用组织培养的方法大量繁殖无病苗。

3.轮作

不少害虫和病原菌会在土壤或带病残株上越冬，如果连年在同一块地上种植同一种树种，则易发生严重的病虫害。实行轮作可使病原菌和害虫得不到合适的寄主，使病虫害显著减少。

4.改变栽种时期

病虫害发生与环境条件如温度、湿度有密切关系，因此，可把播种栽种期提早或推迟，避开病虫害发生的旺季，以减少病虫害的发生。

5.肥水管理

改善植株的营养条件，增施磷、钾肥，使植株生长健壮，提高抗病虫能力，可减少病虫害的发生。水分过多，不但对植物根系生长不利，而且容易使根部腐烂或发生一些根部病害。合理的灌溉对地下害虫具有驱除和杀灭作用，排水对富湿性根病具有显著的防治效果。

6.中耕除草

中耕除草可以为树木创造良好的生长条件，增加抵抗能力，也可以一定程度上消灭地下害虫。冬季中耕可以使潜伏土中的害虫病菌冻死，除草可以清除或破坏病菌害虫的潜伏场。

### （二）物理机械防治法

1.人工或机械的方法

利用人工或简单的工具捕杀害虫和清除发病部分，如人工捕杀幼虫、人工摘除病叶、剪除病枝等。

2.诱杀

很多夜间活动的昆虫具有趋光性，可以利用灯光诱杀，如黑光灯可诱杀夜蛾类、螟蛾类、毒蛾类等700种昆虫。有的昆虫对某种色彩有敏感性，可利用该昆虫喜欢的色彩胶带吊挂在栽培场所进行诱杀。

3.热力处理法

不适宜的温度会影响病虫的代谢，从而抑制它们的活动和繁殖。因此，可通过调节温度进行病虫害防治，如温水（40～60℃）浸种、浸苗、浸球根等可杀死附着在种苗、花卉球根外部及潜伏在内部的病原菌和害虫；温室大棚内短期升温，可大大减少粉虱的数量。

此外，还可以通过超声波、紫外线、红外线、晒种、熏土、高温或变温土壤消毒等物理方法防治病虫害。

### （三）生物防治法

生物防治法就是利用生物来控制病虫害的方法。生物防治是效果持久、经济、安全度高的防治方法。

1.以菌治病

以菌治病就是利用有益微生物和病原菌间的拮抗作用，或者某些微生物的代谢产物来达到抑制病原菌的生长发育甚至死亡的方法，加“五四〇六”苗肥（一种抗生素）能防治某些真菌病、细菌病及花叶型病毒病。

2.以菌治虫

以菌治虫是指利用害虫的病原微生物使害虫感病致死的一种防治方法。害虫的病原微生物主要有细菌、真菌、病毒等，如青虫菌能有效防治柑橘凤蝶、刺蛾等，白僵菌可以防治寄生鳞翅目、鞘翅目等昆虫。

3.以虫治虫和以鸟治虫

以虫治虫和以鸟治虫是指利用捕食性或寄生性天敌昆虫和益鸟防治害虫的方法。如利用草蛉捕食蚜虫，利用红点唇瓢虫捕食紫薇绒蚧、日本龟蜡蚧，利用伞裙追寄蝇防治寄生大蓑蛾、红蜡蚧，利用扁角跳小蜂防治寄生红蜡蚧等。

4.生物工程

生物工程防治病虫害是防治领域一个新的研究方向，近年来已取得了一定的进展。如将一种能使夜盗蛾产生致命毒素的基因导入植物根系附近生长的一些细菌内，夜盗蛾吃根系的同时将带有该基因的细菌吃下，从而产生毒素致死。

### （四）化学防治法

化学防治法是利用化学药剂的毒性来防治病虫害的方法。其优点是具有较高的防治效力、收效快、急效性强、适用范围广，不受地区和季节的限制、使用方便。化学防治法也有一些缺点，如使用不当会引起植物药害和人畜中毒，长期使用会对环境造成污染，易引起病虫害的抗药性，易伤害天敌等。化学防治法虽然是综合防治中一项重要的组成部分，但只有与其他防治措施相互配合，才能收到理想的防治效果。

在化学防治法中，使用的化学药剂种类很多，根据对防治对象的作用可分为杀虫剂和杀菌剂两大类。杀虫剂又可根据其性质和作用方式分为胃毒剂、触杀剂、熏蒸剂和内吸剂等。

在采用化学药剂进行病虫害防治时，必须注意防治对象、用药种类、使用浓度、使用方法、用药时间和环境条件等，根据不同防治对象选择适宜的药剂。药剂使用浓度以最低的有效浓度获得最好的防治效果为原则，不可盲目增加浓度以免对植物产生药害。喷药应对准病虫害发生和分布的部位，仔细认真地进行，阴雨天气和中午前后一般不进行喷药，喷药后如遇雨，则必须在晴天再补喷1次。

### （五）植物检疫

植物检疫是防治园林树木危险性病虫害以及其他一些有害生物通过人为活动进行远距离传播和扩散非常有效的手段。植物检疫分为对外检疫（国际检疫）和对内检疫（国内检疫）。根据国家及各省市颁布的检疫对象名单，对引进或输出的园林树木材料及其产品或包装材料进行全面检疫，发现有检疫性病虫害的植物及其产品要采取相应的措施，如就地销毁、消毒处理、禁止调用或限制使用地点等。

# 第十章 园林花草的养护

## 第一节 园林花卉栽培设施与无土栽培

### 一、园林花卉栽培设施

#### （一）温室

1.温室及作用

温室是一种覆盖透明材料并配备有防寒及加温设备的建筑，在花卉生产中发挥着至关重要的作用。它能够全面调节和控制环境因素，尤其得益于温室设备的高度机械化和自动化，花卉生产实现了工厂化和现代化，生产效率提升了数十倍，成为花卉生产中最重要和应用最广泛的栽培设施。温室在花卉生产中的主要作用包括以下几方面：

（1）在不符合花卉生长需求的季节内，创造适宜花卉生长的环境条件，满足花卉反季节生长的要求。

（2）在不适合花卉生长的地区，通过温室创造的条件栽培各类花卉，以满足人们的需求。

（3）利用温室可以实现花卉的高度集中栽培，采用高肥和密植技术，提高单位面积产量和质量，从而节省开支，降低成本。

2.温室的类型和结构

（1）根据建筑形式分类

①单屋面温室：此种温室的北、东、西三面由墙体构成，而南面则由透明材料覆盖。它特有的结构是单个向南倾斜的透明屋面，设计简约，适用于较小规模的温室建设，通常跨度为6～8m，北墙高度为2.7～3.5m，墙厚介于0.5～1m，屋顶高度为3.6m。此类型温室的主要优势在于良好的节能保温性和较低的投资成本，但缺点是光照分布不均。

②双屋面温室：此种温室结构呈南北向延伸，东西两侧配备有坡度相同的透明材料覆盖。双屋面温室的跨度通常在6～10m，有些甚至可达到15m。其屋面倾斜角度较单屋面温

室更小，大致在28°～35°，确保了温室从日出至日落享有均匀的光照，因此，也被称为全日照温室。这种温室的优点是光照均匀、温度相对稳定，但由于保温性能较差和通风问题，需要配备完善的通风和加温系统。

③不等屋面：此种温室沿东西方向延伸，南北两侧的屋面坡度一致但斜面长度不同，南侧较宽，北侧较窄。其跨度一般在5～8m，适合较小面积的温室建设。相较于单屋面温室，它在光照和通风方面表现更佳，但保温性能稍逊。

④连栋式温室：此种温室，亦称为连续式温室，它由两栋或更多栋相同结构的双屋面或不等屋面温室通过纵向侧柱相连，形成内部连通的大型温室。此种温室占地面积较小，建造成本较低，便于集中采暖、经营管理及机械化生产。但与单独温室相比，其光照和通风性能稍显不足。

（2）根据温室设置的位置分类

①地上式温室：其内部与外部地面几乎保持水平。

②半地下式温室：四周围以矮墙深入地面，只在地面上方留有侧窗。这类温室具有良好的保温性能，且能在室内维持较高的湿度。

③地下式温室：只有屋顶露出地面。这种温室在保温和保湿方面表现出色，但是存在光照不足和空气流通不畅的问题。

（3）根据屋面覆盖材料分类

①玻璃温室：采用玻璃作为覆盖材料。玻璃的主要优点是具有较高的透光性和较长的使用寿命（可达40年以上），但缺点是重量大，需要加粗支柱，这导致温室内的遮光面积增加，同时，玻璃易于破损且不耐冲击。

②塑料温室：以塑料材料作为屋面覆盖。塑料的优势在于重量轻，可以减少支柱数量，从而减少室内遮光面积，且价格较低。然而，塑料易老化，使用寿命较短（一般为1~4年），且具有易燃、易破损和容易污染的缺点。

③塑料玻璃温室：采用玻璃钢（如丙烯树脂加玻璃纤维或聚氯乙烯加玻璃纤维）作为覆盖材料。这种材料的特点是透光率高，重量轻，不易破损，使用寿命较长（通常为15~20年），但同样面临易燃、易老化和容易被灰尘污染的问题。

（4）根据建筑材料分类

①木结构温室：主要结构如屋架、支柱及门窗均由木材构成。这种温室的造价较低，但使用几年后，其密闭性会降低。

②钢结构温室：屋架、支柱及门窗等主要使用钢材制作。这类温室的优点是结构坚固耐用，用料较细，遮光面积小，能有效利用阳光，其缺点是造价较高且容易生锈。

③铝合金结构温室：其屋架、支柱及门窗等主要由铝合金材料制成。铝合金结构的特点是轻巧、强度高、密闭性好、使用寿命长，但其造价也相对较高。

④钢铝混合结构温室：使用钢材制作支柱和屋架，而门窗等与外界接触部分采用铝合金构件。这种温室结合了钢结构和铝合金结构的优点，其造价低于纯铝合金结构。

（5）根据温度分类

①高温温室：冬季内部温度维持在15℃以上，主要用于冬季花卉的促成栽培以及热带花卉的养护。

②中温温室：冬季内部温度保持在8~15℃，适合栽培亚热带花卉及一些对温度要求不严格的热带花卉。

③低温温室：冬季内部温度保持在3~8℃，用于保护那些不耐寒的花卉过冬，并且可以用来栽培一些耐寒性的草本花卉。

此外，还可以根据是否使用加温设备将温室分为无加温温室和有加温温室。

（6）根据用途分类

①生产性温室：主要以花卉生产为目的，其建筑设计注重栽培需求和经济实用性，不特别追求外观的美观。这类温室通常结构简单，室内生产空间能够得到充分利用，有助于降低生产成本。

②观赏性温室：专为展览、观赏和科普教育设计，常设于公园、植物园和高等教育机构等地，外形美观、宏伟，目的是吸引游客驻足欣赏和学习。

3.温室内的配套设备

（1）光照调节设备

①补光设备：该类设备的作用主要包括两个方面：一是补充光照，满足花卉光合作用的需求。特别是在高纬度地区的冬季，温室内的光照时数和强度通常不足，此时需要借助补光设备提供额外的光源。二是通过调节光周期来控制花期，这时所需的光照强度并不高。补光常见方式包括人工补光和反射补光。人工补光主要通过各类灯具实现，包括内炽灯、荧光灯、高压水银灯、金属卤化灯、高压钠灯和小型气体放电灯等。这些灯具一般配备反光罩，并被安置在距离植物1~1.5米的位置上。反射补光则是针对温室中因建筑结构导致光照不足的区域，如单屋面温室的北面和东西面，通过涂白墙面和悬挂反光板等方式，提高这些区域的光照水平。

②遮阴设备的使用主要是为了在夏季控制温室内部的光照强度和温度，避免过强的光照对花卉造成伤害。常用的遮阴材料包括各种透光率不同的遮阳网，以及苇帘或竹帘等自然材料。

③遮光设备则是通过减少光照时间来调控花卉的花期，常见的遮光材料有黑布或黑色塑料薄膜，通常覆盖在温室的顶部和周围。这样可以有效地调节植物的生长节奏，满足特定的养殖需求。

（2）温度调节设备

温度调节设备主要包括温度调节设备，保温设备，通风、降温设备三个部分。

加温设备主要分为烟道加温设备、暖风加温设备、热水加温设备、蒸汽加温设备和电热加温设备。每个设备的具体作用如下。

①烟道加温设备，利用燃烧产生的热量，通过炉筒或烟道传递热能以升高温室内的温度，并将烟气排放到室外。这种方式虽然投资较低，适用于简易或小型温室，但它使得室内温度难以精确控制，温度分布不均，且会导致空气干燥和空气质量下降。

②暖风加温设备，通过使用燃料加热空气，然后将加热后的空气通过风道送入温室内部，以达到提升温度的目的。根据使用的燃料类型不同，暖风机主要分为燃油暖风机和燃气暖风机，分别使用柴油和天然气作为燃料。

③热水加温设备，通过锅炉加热水，再将热水输送至温室内的热水管中，通过管壁辐射热量以升高室内温度。这种方法能够提供稳定且均匀的加温效果，适用于玻璃温室和大型温室，但其运行成本较高。

④蒸汽加温设备，使用蒸汽锅炉产生高温蒸汽，通过温室内的管道系统循环，释放热量以加热空气。蒸汽加温的预热时间短，温度调节灵活，适用于大面积温室，但需要注意由于其保温性能较弱，可能导致热量分布不均。

⑤电热加温设备，通过电加热元件直接对空气加热或对植物进行辐射加热。根据加温的面积大小，可以选用电加热线、电加热管、电加热片或电加热炉等方式。虽然电热加温设备操作简便，加温效果良好，但由于电力成本较高，通常不适用于大规模应用。

保温设备的作用主要通过以下方式实现：提高建筑外围保护结构的热阻，降低通风换气率，以及减少通过建筑基底土壤的热量散失。常见保温设备包括以下几方面：

①外覆盖保温材料。这种方法主要是在夜间或低温天气条件下，在温室的透明顶部覆盖保温材料，以减少室内热量的外泄，从而达到保温效果。广泛应用的保温材料包括保温被、保温毯和草帘等。其中，草帘成本低廉且保温效果显著；保温被和保温毯外层覆有防水材料，具有耐雨雪、重量轻、保温性能强和使用寿命长的优点，但初期投资较大。

②防寒沟。在气温较低的区域，可在温室周边挖设防寒沟，以减少土壤热量的流失。这些沟渠通常宽约30cm、深约50cm，内部填充干草并覆盖一层塑料薄膜，有效降低了土壤热量的散失，有利于温室内温度的保持。

为了在炎热的夏季保护温室内的花卉免受高温的侵害，确保它们能够正常生长发育，温室中需要安装适当的通风和降温设备。常用的降温设备包括以下几方面：

①遮阴设备，用于直接阻挡太阳光照，减少温室内部的热量积累。

②通风窗，这些窗户安装在温室的顶部、侧面和后墙上。在气温升高时，打开所有通风窗，利用空气流通达到降温效果。

③压缩式制冷机，可以快速有效地降低温室内的温度。尽管这种设备的降温效果显著，但由于其较高的能耗、成本和有限的制冷范围，一般只适用于控制特定环境条件的人工气候室中。

④水帘降温设备，它主要由排风扇和水帘构成，通常排风扇位于温室的一端（如南端），而水帘设置在另一端（如北端）。水帘使用一种特殊的蜂窝状纸板和回水槽制成。在运行时，冷水持续流经水帘，使其饱和，然后通过排风扇促使空气流动并蒸发，通过蒸发吸热降低温度。该系统在北方地区效果较好，但在南方地区效果不佳。

⑤喷雾设备，该设备通过多功能微雾系统，将细小的水雾喷洒到温室内，迅速蒸发并利用水蒸发时吸收的热量来降低空气温度，随后湿润的空气被排出室外，从而实现降温的目的。

（3）给水设备

①喷灌设备：喷灌是通过水泵和水塔，利用管道将水输送至灌溉区域，随后通过喷头把水分散射成微小的水滴或雾状形式进行灌溉。这种方式不仅补充了土壤的水分，同时还有助于降低气温和提高空气湿度，避免了土壤的板结现象。

②滴灌设备：该系统包括储水池、过滤器、水泵、肥料注入装置、输水管道、滴头和控制器等组成部分。从主管道引出的滴管被直接布置到各个植物上，精确控制给水，避免了叶片湿润，节约了劳动和水资源。此外，滴灌还能防止土壤板结，并可与施肥程序结合执行。然而，这种设备的材料成本相对较高。

## （二）塑料大棚

1.塑料大棚的作用

塑料大棚是一种以塑料薄膜作为覆盖材料的大型拱形结构，与传统温室相比，它具备结构简洁、易于建造和拆除、初期投资较低等显著优势。

2.塑料大棚的类型与构造

（1）根据屋顶形状分类

①拱圆形塑料大棚：国内大部分塑料大棚采用此形状，其屋顶为圆弧状，可根据需要调整面积大小，既适用于单独建造也适合连栋建设，特点是易于建造和移动。

②屋脊形塑料大棚：以木材或角钢作为框架的双坡屋顶大棚，通常为连栋式设计。

（2）按骨架材料分类

①竹木结构：利用3～6cm宽的竹条作为拱杆，立柱则采用木杆或水泥柱。该结构成本低廉，易于建设，但由于棚内支柱较多，反光率高，不便于操作，且对抗风雪能力较弱。

②钢架结构：使用钢筋或钢管焊接成的平面或立体桁架作为大棚骨架。这种结构的大

棚具有高强度，内部空旷无柱，透光性好，但钢材容易受到室内高湿环境的腐蚀，影响使用寿命。

③镀锌钢管结构：该类型大棚的拱杆、纵向拉杆和立柱均采用薄壁钢管，通过专用连接件组装。塑料薄膜通过卡槽和弹簧卡线固定，所有构件均进行热镀锌处理以防腐蚀，属于标准化、规范化的工业产品。此大棚为组装式结构，便于建设及拆迁，内部空间宽敞，方便作业，骨架截面小，遮光率低，具有良好的抗腐蚀性、高材料强度、强承载能力和稳定性，使用寿命长。

## （三）阴棚

### 1.阴棚的功能

许多温室花卉，如兰花和观叶植物等，属于喜半阴生长的种类，它们不耐夏季温室的高温。因此，夏季时，这些植物通常需要搬至温室外。此外，夏季的扦插、播种和上盆操作也需要遮阴。阴棚通过降低光照强度、减少温度、提高湿度、减缓蒸腾作用，为花卉在夏季的养护管理提供了理想的环境。

### 2.阴棚的种类

（1）临时性阴棚

临时阴棚通常在春末夏初搭建，并在秋季变凉时拆除。主架构通常由木材或竹材制成，顶部铺设苇帘或苇秆。建造时，阴棚一般呈东西方向延伸，高2.5～3m，宽6～7m，每隔3m设置一根支柱。为防止早晚阳光从东西两侧直射进阴棚，东西两端还需设置遮阴帘，且遮阴帘的下缘需距离地面大约60cm，以便空气流通。

（2）永久性阴棚

永久性阴棚的骨架采用铁管或水泥柱建造，其结构与临时性阴棚类似。棚架上可以覆盖遮阳网、苇帘、竹帘等遮阴材料，也可以利用紫藤、葡萄等藤本植物提供遮阴。

## （四）风障

风障是一种设置在栽培畦北侧的挡风设施，其方向垂直于当地季风，主要作为一种篱笆式的屏障。在中国北方，风障广泛应用于露地花卉的越冬保护，常与温床和冷床结合使用，以增强其保温性能。

### 1.风障的作用

风障通过减缓风速和稳定畦面的气流，发挥重要作用。风障一般可减弱10%～50%的风速，常将五六级的强风减缓至一二级风。风障的存在使得受保护区域能够有效利用太阳辐射热，从而提升土壤和空气的温度。增温效果在有风的日子最为明显，而在无风天气下效果不明显，且越靠近风障，增温效果越好。

2.风障的结构和设置

风障主要由篱笆、披风和基埂三部分构成。

（1）篱笆是构成风障的主体，一般高度为2.5～3.5m，材料可选用芦苇、高粱秆、玉米秸秆、细竹等。设置时，在垂直风向的地方挖深30cm的沟槽，放入篱笆材料，让其向南倾斜，与地面形成70°～80°角，随后回填土壤并压实。在距离地面大约1.8m的高度处加固一根横杆，以固定篱笆。

（2）披风位于篱笆北面基部，用柴草构成，高度为1.3～1.7m。其下部与篱笆一起埋置于沟中，中部则用横杆在篱笆上进行固定。

（3）基埂位于风障北侧基部，是一个土堆，高17～20cm，旨在固定风障并增强其保温效果。

风障通常作为一种临时性设施，在秋季末期建立，并于次年春季拆除。

## （五）温床与冷床

1.温床与冷床的作用

（1）提前播种：通常，春季露地播种需等到晚霜过后，但通过使用温床或冷床，可以将播种时间提前30~40d，从而提前花期。

（2）花卉越冬保护：在北方，某些一年生或二年生花卉（如三色堇、雏菊等）无法在露地越冬，此时可采用温床或冷床进行播种并安全过冬。

（3）小苗锻炼：温室或温床中育出的小苗，在搬至露地之前，可先在冷床中进行锻炼，以逐步适应露地的气候条件，然后再移植到露地。

2.温床和冷床的结构和性能

温床和冷床在形式上相同，多采用南低北高的框架结构。床框可由砖或水泥构建，或直接用土墙筑成，有时设计为半地下式。为提高保温性，可在北侧设置风障。床框宽度一般为1.2m，北侧高度为50～60cm，南侧高度为20～30cm，长度根据地形而定。床框顶部通常覆盖玻璃或塑料薄膜以保温。

温床加温方式主要有两种：发酵加温和电热线加温。发酵加温是指通过微生物分解有机物质释放的热能来增加床内温度。常用的发热材料包括稻草、落叶、马粪和牛粪等。使用时，将发热材料分层铺设于床内，每层约15cm，总共铺设三层，每层压实并浇水，然后封闭顶部，让其充分发酵。待温度稳定后，在顶部铺设10～15cm厚的培养土，用于扦插、播种或盆花越冬。电热线加温是指通过在床底铺设电热线并接通电源来加温，此法加热迅速、温度均匀，易于控制，但成本较发酵加温更高。

## 二、园林花卉无土栽培

### （一）无土栽培的概念与特点

无土栽培是近年来在花卉工厂化生产中较为普及的一种新技术，它是用非土基质和人工营养液代替天然土壤栽培花卉的新技术。

无土栽培的优点包括：一是环境条件易于控制：无土栽培系统能够为花卉提供充足的水分、无机营养素和空气，且这些条件容易通过人工手段进行调控，促进了栽培技术的现代化。二是节水节肥效益显著：作为一个封闭的循环系统，无土栽培的水耗仅为传统土壤栽培的1/7~1/5，同时避免了肥料在土壤中的固定与流失，使得肥料利用率提高了1倍以上。三是扩展了花卉种植的可能性：无土栽培技术使得在沙漠、盐碱地、海岛、荒山、砾石地甚至沙地等环境中的花卉种植成为可能，且栽培规模灵活多变。四是劳动力与时间节省：许多无土栽培的操作和管理过程可实现机械化和自动化，大幅减轻了劳动强度。五是无杂草、病虫害减少：由于没有使用土壤，因此，减少了病虫害的来源，实现了栽培的清洁卫生。

无土栽培的缺点包括：一是初始设备投资成本较高。无土栽培需要配备各种设施，如水培槽、营养液池、循环系统等，因此，初期投资较大；二是技术要求高。无土栽培中营养液的配置、调整及管理需要有专业知识的人士进行，对技术水平有较高要求。

### （二）无土栽培营养液的配制与管理

1.营养液的配制

（1）营养液的配制原则

①营养液需含有植物生长所必需的全部营养元素，共16种。碳、氢、氧由水和空气供给，其余13种需由根部吸收，因此，营养液主要由含有13种元素的化合物组成。

②含各种营养元素的化合物必须是根部可以吸收的状态，也就是可以溶于水的呈离子态的化合物。通常都是无机盐类，也有一些是有机螯合物。营养液中各种营养元素的数量比例应符合植物生长发育的要求，而且是均衡的。

③营养液中各营养元素的无机盐类构成的总盐浓度及其酸碱反应应是符合植物生长要求的。

④组成营养液的各种化合物，在栽培植物的过程中，应在较长时间内保持其有效状态。

⑤组成营养液的各种化合物的总体，在根吸收过程中造成的生理酸碱反应，园林植物栽培与养护应是比较平衡的。

（2）营养液的组成

①水。无土栽培中对水源和水质有具体要求：一是水源：自来水、井水、河水、雨水和湖水均可用于配制营养液，但应无病菌且不影响营养液成分和浓度。使用前需调查化验水质以确定其可用性。二是水质：配制营养液的水硬度宜不超过10°，pH为6.5～8.5，溶氧接近饱和。水中重金属及其他有害元素不得超过最高容许值。

②含有营养元素的化合物。根据化合物纯度不同，可分为化学药剂、医用化合物、工业用化合物和农业用化合物。考虑无土栽培成本，配制营养液时，大量元素通常使用价格较低的农用化肥。

（3）营养液配制的方法

营养液中含有钙、镁、铁、锰、磷酸根和硫酸根等多种离子，如果配制过程控制不当，易产生沉淀。为便于生产，通常先制备浓缩储备液（即母液），再按需稀释以得到用于实际栽培的营养液。

①母液配制：母液分为A、B、C三种，分别称为A母液、B母液、C母液。A母液主要包含钙盐，适用于不与钙反应生成沉淀的盐类。B母液主要由易与磷酸根形成沉淀的盐类组成。C母液则由铁和微量元素组成。

②工作营养液配制：为防止沉淀，配制时先加入90%的水，依次加入A、B、C母液，最后调至所需体积。配制完毕后，调整酸度，并测试营养液的pH和EC，确保其符合预设标准。

2.营养液管理

（1）浓度管理：营养液浓度直接关系植物的产量和品质。不同植物或同一植物在不同生长期所需的营养液浓度有所不同，需定期使用电导仪监测营养液浓度变化。

（2）pH管理：植物对离子的吸收会改变营养液的pH，导致营养液变酸或变碱。需要定期调整pH，使用的调节剂通常为硫酸、硝酸（酸性）或氢氧化钠、氢氧化钾（碱性）。调整时，先将调节剂稀释至1～2mol/L，再缓慢加入储液池并充分搅拌。

（3）溶存氧管理：无土栽培系统中，根系呼吸主要依赖营养液中的溶解氧。增氧措施包括机械方法和物理方法，以增强营养液与空气的接触，提高溶解氧含量。

（4）供液时间与次数：无土栽培的供液方式分为连续供液和间歇供液。基质栽培通常采用间歇供液，每天1～3次，每次5～10min。水培可采用间歇供液（每2小时一次，每次15～30min）或连续供液（白天连续，夜间停止）。供液频率需根据季节、天气、植株大小和生育期调整。

（5）营养液的补充与更新：对于非循环供液的基质培，由于所配营养液一次性使用，所以不存在营养液的补充与更新。而循环供液方式存在营养液的补充与更新问题。因在循环供液过程中，每循环1周，营养液被植物吸收、消耗，营养液量会不断减少，回液量不足1天的用量时，就需要补充添加。营养液使用一段时间后，组成浓度会发生变化，或者会产生藻类、发生污染，这时就要把营养液全部排出，重新配制。

# 第二节　园林花卉的栽培与养护

## 一、一、二年生花卉的栽培与养护

### （一）概念及特点

1.一年生花卉

一年生花卉，是指其生命周期在一个生长季（即一年时间）内完成的植物，包括从种子萌发、生长、开花、结果到死亡的全过程。这类花卉通常分为两大类：一是本身即为一年生花卉，能在一个生长季内完整经历生命历程的植物；二是原本属于多年生植物，但因不耐寒，或在栽培两年后生长劣化、观赏性下降，故在某些地区作为一年生植物栽培，例如，一串红、矮牵牛和藿香蓟等。一般在春季播种，夏秋季节开花结果，冬季来临之前结束生命周期。根据对温度的适应性，一年生花卉可分为耐寒性、半耐寒性和不耐寒性三种类型，分别具有不同的生长和开花条件。大多数一年生花卉喜好阳光充足、排水良好且肥沃的土壤，通过调节播种时间、光照管理或施用生长调节剂，可以有效控制其花期。

2.二年生花卉

二年生花卉指的是那些从播种开始到开花、结实及最终枯死，整个生命周期跨越两个生长季（即两年时间）的植物。它们主要分为两类：一是真正的二年生花卉，这类花卉在连续两个生长季内完成其生命过程；二是本为多年生，但因偏好冷凉环境、不耐高温，在某些地区按二年生方式栽培的植物，如三色堇、雏菊和金鱼草等，它们在第二年春夏季开花后，在高温到来时结束生命周期。二年生花卉一般在秋季播种，次年春至初夏开花结果，具有较强的耐寒能力，能够承受低于零度的低温，但不耐受高温。苗期需要短日照条件，在0至10℃的低温下经历春化阶段，成长期则需长日照以促进开花。

## （二）繁殖要点

1.自育苗的栽培

（1）选地与整地

选地：大部分花卉喜好肥沃、疏松、排水良好的土壤环境。土壤的深度、肥力、质地和结构直接影响花卉根系的生长和分布。一、二年生花卉对土壤的水分和养分条件有较高要求，选址时应考虑地块的管理便利性、地形平坦、日照充足、水源方便和土壤肥沃等因素。通常，一年生花卉不宜选在干旱或地下水位过低的沙质土壤上，而秋播的花卉则更适合黏质土壤。

整地：适当的整地可以促进土壤风化，增加有益微生物活动，提升土壤中溶解性养分含量，并可将土中的病菌和害虫翻至表层，在日晒或低温下被杀死。整地时间应根据露地种植的具体时间安排，春播地块应在前一年的秋季整理，秋播地块则在前一茬花苗收储后进行。整地深度应根据花卉种类和土壤条件调整，一、二年生花卉因生长周期短，根系较浅，一般翻耕20～30cm即可。土壤质地不同，整地深度也应有所不同，沙土适宜浅翻，黏土则应深翻。若土质较差，应在表层30～40cm处换上优质土壤，并按需施用适量的有机肥料。

（2）育苗

①播种：根据种子大小，采取适宜的播种方法。

②间苗：当播种苗长出1～2枚真叶时，应拔除过密的幼苗及混生的其他种类或品种的杂苗和杂草，实行“去弱留强，去密留稀”的原则。从幼苗出土到长成定植苗的过程中，需要进行2～3次间苗，间苗后的健壮苗也可以另行栽植。间苗后应及时灌水，保证幼苗根系与土壤紧密接触。

③移栽：间苗后，为扩大营养吸收面积和继续培养，花苗需要进行1～2次分栽或移栽。通常在花苗长出4～5枚真叶时进行移栽，过小的苗操作不便，过大的苗则易伤及根系。

④摘心：摘除植株顶端的主芽称为摘心，此举可控制植株高度，促使植株矮化、株形紧凑，并能激励分枝，增加花量。一般草花可进行1～3次摘心。适合摘心的花卉包括万寿菊、一串红、百日草、半枝莲等。然而，对于主茎花量大、花茎粗大或自然分枝能力强的花卉，如鸡冠花、凤仙花、三色堇等不宜摘心。

（3）定植

将移栽后的花苗根据绿化设计要求安置于花坛、花境等预定位置的过程称为定植。进行移栽时，应确保土壤湿度适宜，并避免在烈日或大风的天气条件下进行，一般选择阴天或傍晚时分进行定植，此过程包括起苗和栽植两个步骤。

①起苗：在幼苗发展到长出4~5枚真叶或苗高达到5cm时进行起苗，可以区分为裸根移栽和带土移栽两种方式。裸根移栽适用于生长健壮、容易成活的苗木，而大苗或难以成活的苗木则应进行带土移栽。起苗前，应在土壤处于湿润状态下进行，如果土壤干燥，则需在起苗前一天或半天灌水。对于裸根苗，应将带土的花苗挖出，轻轻抖落附着在根部的土块后立即栽植；带土移栽的苗木，则应先铲开幼苗四周的土壤，然后从侧面挖出，尽量保持土球的完整性。

②栽植：依据特定的株行距挖掘植穴或使用移栽工具打孔进行栽植。对于裸根苗，应将根系平铺在穴中，避免卷曲或损伤根系，然后覆盖土壤并将其压实。带土球的苗木则需要在土球四周填充土壤，随后压实周围的松散土壤，以防土球破裂。栽植的深度应与原来生长的深度保持一致或稍深1~2cm。栽植完成后，应使用喷壶进行充分灌水，若光照过强，还需适当进行遮阴，以促进花苗的恢复生长并继续进行常规管理。

（4）栽后管理

①灌溉与排水：灌溉水源应选用清洁的河水、塘水或湖水，而井水或自来水则需储存1~2d后再使用，避免使用已被污染的水源。灌溉的频次、水量和时机根据季节变化、天气条件、土壤类型、花卉种类以及其生长阶段的不同而有所差异。春季，随着花卉进入旺盛生长期，灌溉量应逐步增加；夏季生长旺盛且蒸腾作用强烈时，需要保证充足的水分供应；秋冬季节花卉生长减缓，应相应减少灌溉量，但秋冬季节开花的花卉仍需充足水分以促进生长开花；冬季由于气温较低，许多花卉处于休眠或半休眠状态，此时应严格控制灌溉量。根据花卉的生长发育阶段，旺盛生长期和开花期应增加灌溉，结实期则应减少。最后，要考虑土壤的质地、深度和结构。黏土的持水能力强，不易排水；壤土持水力也强，但多余的水分容易排出；而沙土的持水力则较弱。一个基本的原则是，确保花卉的根系集中分布层保持湿润，即这一区域内的土壤湿度应达到田间持水能力的70%左右。遇到表层土壤较浅，下层为黏土的情况，应采取少量多次灌溉的方法；对于深厚的壤土，则可以一次浇灌足够的水，等土壤表面干燥后再进行灌溉；由于黏土的水分渗透较慢，灌溉时应适当延长时间，最好采用间歇灌溉法。

灌溉的最佳时间因季节而异。通常情况下，春秋季建议在上午9到10时进行灌溉；夏季则应选择早上8时前或18时后；冬季则适宜在上午10时之后到下午3时之前进行。原则上，灌溉时使用的水温应接近土壤温度，温差不应超过5摄氏度。

灌溉通常采用胶管或塑料管引导水进行。对于大面积的灌溉，则需要使用灌溉机械来执行沟灌、漫灌、喷灌和滴灌等方式。

②施肥：一、二年生花卉由于生长周期短，对肥料的需求相对较低。基肥可以在整地时施入土中。为了弥补基肥的不足，有时还需要进行追肥，以满足花卉在不同生长阶段的需求。幼苗期主要是为了促进茎叶生长，追肥应以氮肥为主，随后逐渐增加磷肥和钾肥

的比例。施肥前应先进行松土，施肥后立即灌溉，以避免在中午前后和有风的时候进行追肥，也可以采用叶面喷施的方式进行追肥。

③中耕除草能够疏松表层土壤，减少水分蒸发，提高土温，增强土壤透气性，促进土壤中的营养分解，以及减少花卉与杂草间的竞争，有利于花卉的正常生长。在雨后或灌溉后，即使没有杂草，也需要及时进行中耕。苗木较小的时候，中耕应较浅，随着苗木生长，可以逐步加深中耕的深度。

④整形：整形修剪是一、二年生花卉栽培中的重要环节，主要包括以下几种方法：一是丛生形：在生长期多次摘心，促进多枝萌发，让植株形成低矮的丛生状态。二是单干形：只保留植株的主干，去除侧枝并摘掉所有侧芽，使得养分主要向顶端的芽集中，促进顶端芽的生长。三是多干形：保留几个主枝，以便开出更多的花朵。

⑤修剪摘心：这是指摘除植株正在生长的嫩枝顶端，以促进侧枝的萌发，增加花枝数量，使植株更加矮化和圆润，并让花朵更加整齐。摘心也能抑制植株的生长，推迟花期。

⑥抹芽：是指去除多余的腋芽或地面芽，以限制枝条数量的增加或减少过多花朵的产生，让养分更加集中于剩余的花朵，使花朵更加充实和较大，如菊花和牡丹。

⑦剥蕾：是指移除侧蕾和副蕾，集中营养于主要的花蕾，以保证花朵品质，如芍药、牡丹和菊花等。

⑧越冬防寒：对于耐寒能力较弱的花卉，越冬防寒是一项重要的保护措施。在我国北方的寒冷季节，露地栽培的二年生花卉必须采取防寒措施，以避免低温伤害。防寒的方法因地区和气候而异，常用的包括：一是覆盖法：在霜冻到来前，在畦面上覆盖干草、落叶、马粪、草帘等，一直持续到来年春季。二是培土法：对枯萎的宿根、球根花卉或部分木本花卉进行培土压埋或开沟压埋，待春暖花开后，再将土移开，让其继续生长。三是灌水法：通过冬季灌水减少或防止冻害，利用水的热容量大的特性提高土壤的导热性，从而增温。四是浅耕法：浅耕能减少由于水分蒸发导致的冷却效果，同时使土壤变得疏松，有助于太阳能的吸收，对保温和增温有一定的效果。

2.商品苗的栽培

在栽培一、二年生花卉时，采用露地栽培方法，可以直接利用花卉生产市场供应的商品苗进行栽植。这些商品苗，特别是穴盘苗，由于其具有发达的根系，因此，生长情况较佳，且使用起来既方便又灵活。然而需要注意的是，其品种选择受限于市场的供应。

## 二、宿根花卉的栽培与养护

### （一）概念及特点

宿根花卉是指那些开花结果之后，植株的地上部分或全部能安全度过冬季的草本观赏植物。这类植物的地下部分保持原有形态，不会发生变态，可以分为落叶宿根花卉和常绿宿根花卉两大类。落叶宿根花卉在春季萌发新芽，开花后，到了秋冬季节地上部分会因霜冻枯死，但其根部存活下来，通过宿根过冬，待来年春天再次萌发并开花，如菊花、芍药等。常绿宿根花卉则是那些在冬季地上部分不会完全枯死，通过休眠或半休眠状态安全过冬的植物。在北方，这类植物可能需要人为保护或置于温室中过冬，例如，中国兰花、君子兰等。

不同地区的气候条件会影响宿根花卉的常绿性或落叶性，例如菊花，它在北方可能是落叶性的，而在南方可能表现为常绿或半常绿性。耐寒或半耐寒的宿根花卉，如原产于温带地区的植物，具有明显的休眠特征，需要经历冬季低温才能解除休眠状态，进而在春季萌发生长。休眠器官的形成往往由秋季的低温和短日照条件触发，而开花则受到日照长度的影响。

对于原产热带或亚热带地区的常绿宿根花卉而言，只要温度适宜，它们几乎能够全年开花。但在夏季，过高的温度可能会使它们进入半休眠状态。

## （二）宿根花卉的繁殖、栽培要点

### 1.繁殖要点

宿根花卉主要通过营养繁殖，常用的方法包括分株和扦插。其中，分株是最常见且简便的方式。为避免影响开花，春季开花的品种宜在秋季或初冬分株，如芍药、荷包牡丹；而夏季开花品种则应在早春发芽前进行，如萱草、宿根福禄考。此外，根茎、吸芽、匍匐茎等也是繁殖的途径。一些花卉还可以通过扦插繁殖，如荷兰菊、紫菀等。有时，为了获得大量植株，也可以采用播种方式，具体播种时间因品种而异，秋播或春播均可。播种育出的苗通常在1～2年或5～6年后开花。

### 2.栽培要点

宿根花卉的栽培管理与一、二年生花卉的栽培管理有相似的地方，但由于其自身的特点，应注意以下几个方面。

（1）根系特点：宿根花卉植株生长健壮，根系发达，包含多年生的粗壮主根、侧根及须根。因此，栽植时应选择排水良好的土地，幼苗期偏好腐殖质丰富的土壤，而从第二年起更适合黏质土壤。整地深度宜为30～40cm，甚至可达40～50cm，并需施加大量有机肥料，以保持土壤结构良好。

（2）种植密度与年限：由于宿根花卉长期生长后会扩大占地，需要根据其生长习性合理规划种植密度和年限。植株行距应依据园林设计目的及观赏期而定，如鸢尾行距为30cm～50cm，每2～3年需进行分株移植。

（3）苗期管理：播种繁殖的宿根花卉在育苗期应注意适时浇水、施肥及中耕除草。

定植后，管理可相对简化，减少施肥。为促进植株茂盛生长及花朵饱满，建议春季新芽生长时追施肥料，开花前后再次追肥，秋季落叶时在植株周围施用腐熟的厩肥或堆肥。

（4）浇水需求：相比一、二年生花卉，宿根花卉更耐旱、适应性强，因此，浇水频次较低。然而，在生长旺盛期，仍应根据不同花卉习性适量供水，休眠前应逐渐减少浇水量。

（5）耐寒能力：宿根花卉比一、二年生花卉具有更强的耐寒性，无论是落叶还是常绿品种，冬季均进入休眠或半休眠状态。南方的常绿品种可以露地越冬，而北方则需温室保护。落叶品种多数能露地越冬，常用的保护措施包括覆盖、培土、灌水等。

## 三、水生花卉的栽培与养护

### （一）概念及特点

1.水生花卉的含义

水生花卉指的是那些在水域、沼泽地或湿地中生长，具有较高观赏价值的花卉，种类包括一年生花卉、宿根花卉和球根花卉。

2.类型

水生花卉按其生态习性及与水分的关系，可分为挺水类、浮水类、漂浮类、沉水类等。

（1）挺水类：这类花卉的根部固定在泥土中，茎叶部分伸出水面，开花时花朵也位于水面之上。它们对水深的需求根据种类不同而有所不同，范围从几厘米到1～2m不等，代表性植物包括荷花、千屈菜、香蒲、菖蒲、石菖蒲、水葱和水生鸢尾等。

（2）浮水类：此类花卉根部生长在泥中，叶片漂浮在水面或略微高出水面，花朵开放时接近水面。水深要求也因种类而异，部分可达2～3m，主要包括睡莲、芡实、王莲、菱、荇菜等。

（3）漂浮类：这些花卉的根系漂浮在水中，叶片完全浮于水面上，可随水流动，其位置较难以控制，主要有凤眼莲、满江红、浮萍等。

（4）沉水类：此类花卉根部固定于泥土中，茎叶部分沉浸在水中，常用于净化水质或装饰水下景观，鱼缸中常见的花卉多属于此类。例如，玻璃藻、黑藻、莼菜等。

3.特点

（1）绝大多数水生花卉偏好阳光充足、通风条件好的环境，但也有部分能够适应半阴环境，如菖蒲、石菖蒲等。

（2）由于原产地的不同，水生花卉对水温和气温的需求也各不相同。如耐寒性较好的荷花、千屈菜、慈姑等可在中国北方自然生长，而热带原产的王莲等在大部分中国地区则需采用温室栽培。

（3）水生花卉普遍不耐旱，生长期间需要充足的水分（或饱和的土壤水分）和空气。它们通过茎、叶内部的通气组织与外界交换气体，吸收氧气满足根系的需求。

### （二）繁殖要点

水生花卉的繁殖通常采用分株或播种两种方式。

分株繁殖：此法一般在春季新芽萌发前进行，以利于植株的成长。

播种繁殖：相对来说应用较少。由于大部分水生花卉种子一旦干燥就会失去发芽能力，因此，应在种子成熟后立即播种，或将其储存在水中。

### （三）栽培要点

栽培水生花卉的水池要求具备以下条件。

①土壤条件：水池中应有丰富的塘泥，富含腐熟的有机质，土质需要黏重。

②基肥施用：由于水生花卉一经定植后，补施肥料较为困难，因此，在栽植前须施足够的基肥。对于已栽种过水生花卉的池塘，可根据其肥力情况确定是否需要再施肥。新挖的池塘则必须在种植前添加塘泥，并施加大量有机肥，如堆肥或厩肥等。

③温度适应性：不同种类的水生花卉对温度的需求不同，需要采取相应的栽植和管理措施。耐寒品种可直接栽在深浅适宜的水域中，冬季无须特别保护。半耐寒品种在冬季初期应提高水位，确保根系位于冻土层以下。不耐寒品种可采用盆栽，沉入池中，或秋末将其连同盆一起取出并储藏。

④根系控制：具有地下根茎的水生花卉若在池塘中生长过久，可能会四处蔓延，与原始设计意图相悖。因此，建议在池塘内设置种植池，以控制其扩散。

⑤漂浮花卉的管理：漂浮类花卉由于易随风移动，需要根据当地实际情况决定是否种植，及种植后是否需要固定其位置。若需固定，可以使用拦网等方法。

⑥水质管理：清洁的水体对水生花卉的生长至关重要。由于水生花卉对水体净化能力有限，静止水体易滋生藻类，导致水质浑浊。对于小范围的水体，可以使用硫酸铜进行处理；较大范围的水体可通过生物控制方法，如放养金鱼藻或河蚌等软体动物，来改善水质。

# 第三节　草坪的建植与养护

## 一、草种选择的步骤

### （一）确定草坪建植区的气候类型

①确认草坪建植区域的气候类型。

②分析本地气候的特点及小环境条件。

③依据当地的气候和土壤条件选择适宜的草坪草种，作为生态选择的依据。

### （二）决定可供选择的草坪草种

①冷季型草种中，高羊茅在中国东部沿海地区至上海地区具有较强的耐热能力，但北至黑龙江南部地区则易受冻害。

②多年生黑麦草的分布范围较高羊茅窄，主要适宜于沈阳至徐州之间的过渡区域。

③草地早熟禾主要在徐州以北地区分布，是冷季型草种中抗寒能力最强的。

④紫羊茅类草种多数在北京以南地区难以耐受炎热的夏季。

⑤暖季型草种中，狗牙根适宜在黄河以南地区种植，但其内部抗寒性存在较大差异。

⑥结缕草在暖季型草种中抗寒能力较强，在沈阳地区有广泛分布。

⑦野牛草适用于水土保持，同时具有较强的抗寒性。

⑧冷季型草种中，匍匐剪股颖对土壤肥力要求高，细羊茅耐瘠薄；暖季型草种中，狗牙根对土壤肥力要求高于结缕草。

### （三）选择具体的草坪草种

1.草种选择要以草坪的质量要求和草坪的用途为出发点

（1）用于水土保持及护坡的草坪需要草种快速出苗、根系发达，以迅速覆盖地面防止水土流失。这类草坪对外观质量的要求不高，管理相对粗放。在不同地区，高羊茅和野牛草是可考虑的选择。

（2）运动场草坪则需选择耐低修剪、耐践踏且具有快速恢复能力的草种。草地早熟禾因其发达的根茎、耐践踏及快速恢复等特性，成为运动场草坪的首选。

2.要考虑草坪建植地点的微环境

（1）在阴影较多的环境中，应选择耐阴性强的草种或进行混合种植。

（2）多年生黑麦草、草地早熟禾、狗牙根、结缕草等不太耐阴，而高羊茅、匍匐剪股颖、马尼拉结缕草在强光照环境下能良好生长，但也要具备一定的耐阴能力。

（3）钝叶草和细羊茅适宜在树荫下生长。

3.管理水平对草坪草种的选择也有很大影响

管理水平包括技术水平、设备条件及经济水平三个方面。一些草坪草种在低修剪需求下，需要较高的管理技术和先进的设备支持。例如，匍匐剪股颖和改良狗牙根等草种细致，能形成高质量的草坪，但其养护管理需使用滚刀式剪草机、更多肥料，及时灌溉及进行病虫害防治，因此养护成本较高。选用结缕草可以显著降低养护管理费用，这在水资源不足的地区尤为重要。

## 二、种植

### （一）种子建植建坪方法

1.播种时间

播种时间主要依据草种及气候条件决定，春季至秋季为适宜播种期。冬季温和地区，早秋播种更佳，因土温较高，利于根部发育和提高耐寒力，有利于草坪越冬。初夏播种时，冷季型草坪草苗易因热干旱难以生存。夏季，草籽发芽生长速度及其与杂草的竞争，加上冬季的不良发育、缺苗、霜冻和干燥脱水等因素，可能导致幼苗死亡。理想状态是在冬季到来前草坪已经成型，草根和匍匐茎交错，增强对霜冻和土壤侵蚀的抵抗力。

晚秋未及播种时，可采用休眠（冬季）播种法建植冷季型草坪，土壤温度应稳定在10℃以下时播种，需适当覆盖物保护。

在树荫地建植草坪，光照不足时，休眠播种及春季播种优于秋季，选择适应弱光的草坪品种以保证生长。

在温带地区，暖季型草坪草宜春末至初夏播种，冬季前成坪，增强抗寒性，有利于越冬。秋季土温低，播种暖季型草坪草不宜，晚夏播种虽利于发芽但成坪时间不足，导致根系发育不全，植株不成熟，易发生冻害。

2.播种量

播种量受草种及品种、发芽率、环境、苗床质量、播后管理及种子价格等多种因素影响，主要由生长习性和种子大小决定。不同草坪草种的生长特性各异，匍匐茎型和根茎型草坪草发育良好后，蔓伸能力较强，相对较低的播种量也能达到理想草坪密度，成坪速度得快于丛生型草坪草。草地早熟禾根茎生长能力强，在生产过程中，播种量常低于推荐的标准播种量。

3.播种方法

（1）撒播法

在播种草坪草时，需要将种子均匀撒布在坪床上，并将其混入6mm深的表土中。播种的深度应根据种子大小决定，种子越小，播种越浅。播种过深或过浅都可能导致出苗率低。过深的播种会使得幼苗在进行光合作用和吸收土壤营养元素之前，无法从胚胎内的储存营养中获得足够的营养，导致幼苗死亡。而播种过浅，若没有充分混合土壤，种子容易被地表径流冲走、风刮走或在发芽后干枯。

（2）喷播法

喷播是将草坪草种子、覆盖物、肥料等混合后，加入液流中进行喷射播种的方法。喷播机装备了大功率、大出水量的单嘴喷射系统，可以将预先混合均匀的种子、胶黏剂、覆盖物、肥料、保湿剂、染色剂和水的浆状物高压喷射到土壤表面。施肥、播种和覆盖一次性完成，特别适合陡坡场地，如高速公路、堤坝等大面积草坪的建植。在这种方法中，混合材料的选择及配比是保证播种质量的关键。喷播后，种子留在表面，通常需要覆盖植物（如秸秆或无纺布）来获得满意的效果。在气候干旱、土壤水分蒸发过快的情况下，应及时喷水。

（3）后期管理

播种后，应及时细致均匀地喷水，使水慢慢浸透地面。前1～2次喷水量不宜过大；喷水后应检查，如发现草籽被冲出，应及时覆土埋平。两次浇水后，应加大水量，保持土壤潮湿，不可间断喷水。经过一个多月的管理，草坪便可形成。此外，还应注意围护，防止人为践踏，以免造成出苗不齐。

## （二）营养体建植建坪方法

1.草皮铺栽法

草皮铺栽法的主要优点是能够迅速形成草坪，可在大部分时间内进行（北方封冻期除外），且后期管理相对简便。然而，该方法的成本较高，并且需要有充足的草皮供应。优质草皮的特点是外观均匀一致，无病虫害和杂草，根系发达，在起卷、运输及铺植过程中不易散落，并能在铺植1～2周顺利扎根。起草皮时，厚度应尽量薄，土壤层控制在1.5～2.5cm，草皮中的枯草层应尽量少。有时还会洗去草皮上的土壤，以减轻重量，促进扎根，防止草皮土壤与移植地土壤质地差异引起土壤层次分离的问题。

典型的草皮块长度一般在60～180cm，宽度为20～45cm。在铺设面积较大的草皮时，有时会使用大草皮卷。通常草皮是平铺、折叠或卷起来运输的。为防止草皮（尤其是冷季型草皮）受热或脱水导致损伤，应在起卷后24～48小时内尽快完成铺植。堆放草皮时，由于植物呼吸产生的热量不能及时散发，可能导致温度上升，从而引起草皮损伤或死亡。高温、叶片长、植株含氮量高、病害和通风不良等因素都会加剧草皮发热的危害。为了尽量减少发热问题，人工真空冷却方法效果显著，但这会大幅增加成本。

草皮铺栽法常见的有三种方式：①无缝铺栽，即草皮之间紧密相连，不留任何缝隙，通过相互错开的方式铺设。此方法适用于需要快速形成草坪的情况，草皮的用量与草坪面积一致，即100%。②有缝铺栽，指在铺设草皮时，各块草皮之间保留4～6cm宽的间隙。当间隙宽度为4cm时，草皮需占草坪总面积的70%以上。③方格形花纹铺栽，此方法下草皮的需用量仅需草坪面积的50%，形成草坪的速度较慢。在密铺时，各块草皮需紧密衔接，不留空隙，并且要铺设在适当湿润的土壤上。铺设后应进行滚压处理，如果土壤过于干燥或天气炎热，在铺设前应适当浇水以润湿土壤，并在铺设后立即进行浇水。浇水后应避免人或机械在其上行走。

在铺设草皮时，需要调整每块草皮，确保它们首尾相接，以尽量避免因收缩而产生的裂缝。每块草皮应与相邻的草皮紧密相接，并轻轻夯实，保证与地面土壤均匀接触。应使用过筛的土壤填补草皮块之间及暴露的边缘之间的裂缝，这有助于减少新铺草皮的脱水问题。填补的土壤中应不含有杂草种子，以尽量减少杂草的生长。当草皮被铺设在斜坡上时，应使用木桩进行固定，待草坪根系发展健全、草皮稳定后再移除木桩。对于坡度大于10%的区域，建议每块草皮使用两个木桩加以固定。

2.直栽法

（1）栽种正方形或圆形的草坪块，其尺寸约为5cm×5cm。栽植时，行间距保持在30～40cm，并确保草坪块的上部与土壤表面平齐。此方法适用于结缕草等草坪草的建植，也同样适合其他具有匍匐茎或强健根茎的草坪草种。

（2）将草皮分割成小块草坪草束，并按一定间距进行栽植。此过程既可以手工完成，也可以借助机械进行。机械直栽法利用带正方形刀片的旋转筒将草皮切割成小草束后，通过机器进行种植，这是一种效率较高的种植方法，特别适合于大面积且无法使用草种直播的草坪建植。

（3）在进行果岭通风打孔的过程中，收集到的匍匐茎草坪草束用于草坪的建植。将这些草坪草束均匀撒布于坪床上，然后通过滚压处理，使草坪草束与土壤紧密结合并保持地面平整。由于草坪草束上的草坪草易于脱水，因而要经常保持坪床湿润，直到草坪草长出足够的根系为止。

3.枝条匍茎法

枝条和匍匐茎指的是单株植物或含有几个节的植株部分，这些节上可以生长出新的植株。常见的插枝条方法是将枝条种植于条沟中，条沟间距为15～30cm，深度为5～7cm。

每根枝条应含有2～4个节，在栽植时，需在填土之后使部分枝条露出土壤表层。种植枝条后，应立即进行滚压和灌溉，以促进草坪草的恢复生长。

此外，也可以采用直栽法中的机械设备进行栽植，该设备可将枝条（而非草坪块）送入并自动种植于条沟中。有时，枝条可直接放置在土壤表面，随后用扁棍将其插入土中。此法主要适用于建植具有匍匐剪茎的暖季型草坪草，以及匍匐翦股颖等草坪的建植。

匍茎法是将无性繁殖材料（即草坪草匍匐茎）均匀撒布在土壤表面，之后覆以土壤并轻轻滚压，以完成草坪建设。在撒布匍匐茎前，先对土壤进行喷水处理，确保土壤湿润而不过湿。使用人工或机械将碎匍匐茎均匀撒布于坪床上，覆土后，草坪草匍匐茎部分被覆盖，或使用圆盘犁轻轻耙过，让匍匐茎部分插入土壤中。轻轻滚压并立即进行喷水，保持湿润直至匍匐茎成功扎根。

## 三、草坪的修剪

### （一）草坪修剪的作用、高度和修剪频率

1.修剪的作用

（1）修剪使草坪呈现均匀、平整的外观，增强了其观赏性。若草坪不进行定期修剪，草将生长不均，影响美观。

（2）修剪有助于控制草坪草的高度，促进分蘖生长，增强横向匍匐茎和根茎的发育，提高草坪的密度。

（3）通过修剪，可以有效抑制草坪草的生殖生长，增强其观赏性和适合运动的功能。

（4）定期修剪可使草坪草叶片变窄，提升草质地，使草坪更具观赏价值。

（5）修剪还有助于抑制杂草的生长，减少杂草种子的扩散。

（6）正确的修剪方法能增强草坪的抗病虫害能力，改善通风条件，降低草坪温度和湿度，减少病虫害的发生。

2.修剪的高度

草坪修剪的实际高度指的是修剪后草坪植株的茎叶高度。修剪应遵循“1/3原则”，即不应剪掉超过草坪草自然高度的1/3。每种草坪草的耐修剪高度范围根据其种类、品种、生长特性、草坪质量要求、环境条件、生长阶段及利用强度等因素而定，应综合考虑这些因素，确定适宜的修剪高度。

3.修剪频率

修剪频率是指在一定时间内进行的修剪次数，主要根据草坪草的生长速率和对草坪质量的要求来确定。冷季型草坪草在春秋两季生长旺盛时，可能每周需要修剪两次，而在高

温限制下的夏季，则生长放缓，可每两周修剪一次。暖季型草坪草在夏季生长旺盛，需频繁修剪；在温度较低、生长不佳的季节，则应减少修剪频率。

## （二）草坪修剪机械

1.滚筒式剪草机

滚刀式剪草机的剪草装置由一个装有刀片的滚筒和一个固定的底刀构成，滚筒呈圆柱形，类似鼠笼，上面的螺旋形，安装有切割刀。当滚筒旋转时，会将草叶推向底刀，并通过滑动剪切逐渐将草叶剪断，剪下的草屑随即被抛出。

2.滚刀式剪草机

由于滚刀剪草机的剪切原理类似于剪刀，只需保持刀片锋利，且剪草机调整得当，即可以实现较优质的剪草效果。滚刀式剪草机分为手推式、坐骑式和牵引式。滚刀式剪草机的缺点包括难以修剪硬质穗和茎秆的禾本科草坪草，无法修剪某些暖季型草坪草的粗质穗部，以及无法修剪超过一定高度的草坪；价格相对较高。因此，滚刀式剪草机在相对平整的草坪表面使用时效果最佳。

3.旋刀式剪草机

旋刀式剪草机的主要部件为横向固定在直立轴末端的刀片。其工作原理是通过刀片的高速旋转水平切割草叶，这种无支撑的切割方式类似镰刀的作用，因而修剪质量可能不符合高标准草坪的需求。旋刀式剪草机的主要类型包括气垫式、手推式和坐骑式。

旋刀式剪草机的缺点是不适合修剪低于2.5cm的草坪草，因为难以保证修剪的质量。当遇到小土堆或不平整的地面时，由于高度不一致，容易造成“剪秃”现象；刀片的高速旋转也可能导致安全事故。

4.甩绳式剪草机

甩绳式剪草机是通过在割灌机的工作头部安装尼龙绳或钢丝代替圆锯条或刀片来实现其附加功能，即通过高速旋转的绳子与草坪茎叶接触，击碎它们，以达到修剪的目的。甩绳式剪草机主要应用于高速公路边的绿化草坪、护坡及护堤草坪，以及树干基部、雕塑、灌木和建筑物周边等草坪临界区域，这些区域往往不适宜使用其他类型的剪草机。甩绳式剪草机的缺点在于，操作者需精通操作技巧，以避免损伤乔木和灌木的韧皮部或造成“剪秃”现象。同时，转速控制应适中，以防“拉毛”现象或硬物飞弹引起的伤人事故。更换绳子或处理缠绕问题时，应先切断动力。

5.甩刀式剪草机

甩刀式剪草机的构造与旋刀式剪草机相似，但其工作原理类似于连枷式剪草机。主要工作部件是一个横向固定于直立轴上的圆盘形刀盘，刀片通常为偶数个，对称地固定在刀盘边缘。在工作时，旋转轴驱动刀盘高速旋转，离心力使刀片展直，刀片端部通过冲击力切割草坪的茎叶。因刀片与刀盘的连接方式，遇硬物时可以避让，从而可保护机械不损坏，并降低伤人可能。甩刀式剪草机的缺点是，由于没有刀离合装置，在草坪密度大或草高时，启动机械有阻力，且修剪质量较差，易出现“拉毛”现象。

6.连枷式剪草机

连枷式剪草机的刀片通过铁链连接在旋转轴或刀盘上，工作时高速旋转，离心力使刀片展直，端部通过冲击力切割草坪的茎叶。这种连接方式允许刀片在遇到硬物时能够避让，避免损坏机器。连枷式剪草机适用于草地杂草和灌木丛生的区域，能够修剪高达30cm的草坪。连枷式剪草机的缺点是，研磨刀片需要较多时间，且修剪质量较差。

7.气垫式剪草机

气垫式剪草机的工作部分一般采用旋刀式，但其特殊之处在于，剪草机是通过安装在刀盘内的离心式风机和刀片高速旋转产生的气流，形成气垫托起剪草机进行修剪，托起的高度即为修剪高度。气垫式剪草机没有行走结构，工作时悬浮在草坪上方，特别适合于修剪地面起伏不平的草坪。

### （三）修剪准备和修剪操作

1.修剪准备

（1）进行剪草机检查。一是需检查机油状态和量，若低于最小加注量时应及时补充，超过最大加注量则需倒出；观察机油颜色，成为黑色或有杂质时应更换指定标准的机油。一般情况下，机器累计工作25～35个小时后更换机油一次，新机器使用5个小时后就需更换新机油。更换机油应在机器工作后或工作一段时间后进行，将剪草机移至草坪外进行热更换，利于杂质溶解。废弃机油应妥善处理，避免机油滴落草坪导致草死亡。二是检查汽油状态，不足时及时加注，但避免超标，超额部分可用虹吸管吸出。发动机发热时禁止加油，应等冷却后操作。如汽油变质，需更换以免堵塞化油器，所有加油操作都应在草坪外完成。三是检查空气滤清器是否清洁，纸质部分用真空气泵吹净，海绵部分用肥皂水清洗后晾干并滴加少量机油以增强过滤效果。效果不佳时应需及时更换新滤清器（通常一年更换一次）。四是检查轮子转动是否顺畅且同步，必要时加黄油。确认轮子处于同一水平面并调整修剪高度。五是对于甩绳式剪草机，检查尼龙绳从工作头伸出的长度，过短时应延长。六是尼龙绳储量不足需更换，更换甩绳或解决缠绕问题前，必须切断动力。

（2）修剪前应清理草坪杂物，包括石块、玻璃、钢丝等，并对重要部件如喷头、接头进行标记。

（3）操作剪草机时，穿着厚工作服和平底鞋，佩戴耳塞以减轻噪声。尤其是使用甩绳式剪草机时，务必佩戴手套、护目镜和安全帽。

（4）机器启动后，细听发动机声音，如有异常应立即停机检查，并拔除火花塞以防意外启动。

2.修剪操作

（1）通常应先沿着目标草坪的外围进行1～2圈的修剪。这样做有助于在修剪中间部分时方便机器转向，避免机器与边缘的硬质砖块、水泥路等碰撞造成损害，也可以防止操作人员意外跌倒。

（2）当剪草机工作时，避免移动集草袋（斗）或侧排口。由于草屑汁液与尘土的混合，长时间使用集草袋可能会导致通风不畅，从而影响草屑的收集效果。因此，需要定期清理集草袋，并且不要等到集草袋过满时才倾倒草屑，以免影响收集效果或在草坪上遗留草屑。

（3）在斜坡较缓的坡度上修剪草坪时，手推式剪草机应横向移动，而坐骑式剪草机则应沿坡度方向上下移动。在坡度过大的情况下，应使用气垫式剪草机。

（4）若在工作过程中需要暂时离开剪草机，必须关闭发动机。

（5）对于配备刀离合装置的剪草机，在开启或关闭刀离合时应迅速操作，以延长传动皮带或齿轮的使用寿命。对于这类手推式剪草机，如果已经完成目标草坪外围的修剪，尽量避免在每次转向时关闭刀离合，以延长使用寿命，同时，必须注意安全。

（6）操作剪草机时，操作人员应保持警觉，随时注意是否有遗留的杂物，避免损坏机器。长时间操作剪草机应适时休息，确保注意力集中。工作时间不宜过长，特别是在炎热的夏天，应防止机体过热，以保护机器的使用寿命。

（7）如果旋刀式剪草机在刀片锋利、自走速度合适且操作规范的情况下，仍出现“拉毛”现象，则可能是由于发动机转速不足。此时，应由专业维修人员调整转速以达到理想的修剪效果。

（8）剪草机的行走速度过快时，滚刀式剪草机可能会形成“波浪”现象，而旋刀式剪草机可能出现“圆环”状，这将严重影响草坪的外观和修剪质量。

（9）对于甩绳式剪草机，操作人员需要熟练掌握操作技巧，以避免损害树木、花灌木，或出现“剪秃”现象。同时，转速应控制在适中范围，避免“拉毛”现象或硬物飞溅造成伤害。不应长时间使油门处于满负荷状态，以防机器过早磨损。

（10）使用手推式剪草机时，通常应向前推进，特别是在使用自走功能时，切忌向后拉，以免伤害到操作人员的脚。

## 四、草坪的施肥

### （一）草坪生长所需的营养元素

草坪草在其生长发育过程中，需要包括碳（C）、氢（H）、氧（O）、氮（N）、磷

（P）、钾（K）、钙（Ca）、镁（Mg）、硫（S）、铁（Fe）、锰（Mn）、铜（Cu）、锌（Zn）、硼（B）、钼（Mo）、氯（Cl）在内的16种营养元素。这些营养元素对草坪草的生长有着不同的需求量。一般而言，根据植物对这些元素需求的多少，可以将这些营养元素分为大量元素、中量元素和微量元素三类。草坪草正常的生长发育需要这些营养元素以适宜的含量和比例存在。因此，针对草坪草的特定生长发育特性，实施科学且合理的养分供应，即按需施肥，对保持草坪各种功能的正常发挥至关重要。

### （二）合理施肥

施肥是草坪养护管理中的一个重要环节。通过科学的施肥方法，不仅可以为草坪草提供必需的营养物质，还能增强草坪的抗逆性，延长其绿色期，并维护草坪应有的各项功能。草坪的质量要求直接决定了肥料的施用量和施用频次。对于质量要求较高的草坪，如运动场、高尔夫球场果岭、发球台、球道以及观赏性草坪，其施肥水平明显高于一般的绿地和护坡草坪。

### （三）草坪施肥方案

1.主要目标

草坪施肥的主要目标包括补充草坪草缺失的营养元素、平衡土壤中的养分，以及确保特定场合和用途的草坪达到期望的质量水平（如密度、色泽、生理指标和生长量）。同时，施肥还旨在尽可能降低养护成本和潜在的环境影响。因此，制定合理的施肥方案，并提高养分利用率，对草坪本身、经济和环境都非常重要。

2.施肥量确定

确定施肥量需要考虑的因素有草种类型、所需的质量水平、气候条件（如温度和降雨）、生季的长短、土壤特性（包括质地、结构、紧实度和pH）、灌溉量、是否移除草坪碎草，以及草坪的具体用途等。由于中国南北方气候条件的差异，包括温度、降雨量及草坪生长季节的长短等因素都存在很大的不同，甚至使用的草种也可能完全不同，因此，施肥量的计划应根据具体条件进行调整。

3.施肥时间

（1）对于暖季型草坪草，最适宜的施肥时期是在春季休眠期后的晚春和仲夏。在这个时间段施肥，可以促进草坪草的健康生长。

（2）初次施肥建议使用速效肥，但要注意，在夏末到秋初进行施肥时需谨慎，避免因施肥不当导致草坪草遭受冻害。

（3）对于冷季型草坪草，春季和秋季是施肥的最佳时期，而在炎热的仲夏则应减少施肥或不施肥。在晚春使用速效肥时应特别小心，因为虽然速效氮肥可以促进草坪草的快速生长，但有时可能会降低草坪的抗逆性，不利于草坪度夏。此时，选择释放速度适宜的缓释肥料，可能更有助于草坪抵抗夏季的高温和高湿条件。

4.施肥次数

施肥次数或频率通常依据草坪的养护管理水平而定，并应考虑以下因素：①低养护管理水平的草坪，如果是冷季型草坪草，则每年秋季施用一次；如果是暖季型草坪草，则在初夏施用一次。②对于中等养护管理水平的草坪，冷季型草坪草在春季和秋季各施肥一次，暖季型草坪草则在春季、仲夏和秋初各施肥一次。③对于高养护管理水平的草坪，在草坪草生长旺盛的季节，无论冷季型还是暖季型草坪草，都应至少每月施肥一次。④当使用缓释肥料时，可根据肥料的缓释特性和草坪的反应调整施肥次数。

施肥的次数需要采取少量多次施肥方法，该方法主要适用于以下情况：①在沙性土壤较多、雨水丰沛且易发生氮素渗漏的地区或季节。②适用于以沙为基质的高尔夫球场和运动场。③适用于夏季有持续高温胁迫的冷季型草坪草种植区。④适合于降水量大或湿度较高的气候区。⑤适用于采用灌溉施肥方式的地区。

## 五、草坪的灌溉

### （一）水源与灌水方法

使用的水源应避免污染，井水、河水、湖水、水库水和自来水都可以作为灌溉水源。目前，城市中的“中水”（经过处理的生活污水）被用作绿地灌溉水源。随着城市绿地面积的增加和用水量的大幅上升，使用“中水”能有效减轻城市供水系统的压力，是一种灌溉水源可靠的选择。

灌溉方法包括地面漫灌、喷灌和地下灌溉等。地面漫灌是最基本的灌溉方式，特点是操作简单，但缺点是水耗较大且水分分布不均匀，不适用于坡度较大的草坪。适用于此方法的草坪应表面平整并具备0.5%~1.5%的理想坡度，以实现水资源的经济适用。然而，对于大面积草坪而言，满足这些条件可能较为困难，因此，存在一定的局限性。

喷灌通过喷灌设备将水均匀地洒向草坪，类似于自然雨水。这种方法的优点包括适用于地形复杂或斜坡地区，灌溉量易于控制，节水且便于自动化操作。喷灌的主要缺点是初始投资成本较高，尽管如此，喷灌仍是目前国内外最广泛使用的灌溉方法。

地下灌溉利用根系层下方管道中的水通过毛细作用向上供水。这种方法可以最大限度地减少土壤紧实现象，同时，能将水分蒸发和地表流失降到最低，节约用水是其最大的优点。不过，由于设备投资大、维护困难，因此采用此灌溉方式的草坪较少。

### （二）灌水时间

在生长季节内，根据不同时期的降水量和草种类型适时进行灌溉至关重要，通常分为三个阶段。

1.返青到雨季前

在返青到雨季前，气温升高，蒸腾作用强烈，草坪需水量增大，是全年中最关键的灌溉时期。根据土壤保水能力及雨季到来的具体时间，可进行2~4次灌溉。

2.雨季

在雨季期间，空气湿度较高，草坪的蒸腾量减少，而土壤水分已足够支持草坪的生长需求。

3.雨季后至枯黄前

在雨季结束到枯黄期前，降水减少，蒸发增加，草坪仍处于活跃生长阶段。与前两个时期相比，需水量显著上升，如果不及时灌溉，将影响草坪的生长并可能导致草坪提前枯黄进入休眠状态。在这一阶段，根据实际情况可进行4~5次灌溉。此外，返青期灌溉和北方封冻前灌溉都是必要的。草种不同，对水分的要求不同，不同地区的降水量也有差异。因而，应根据气候条件与草坪植物的种类来确定灌水时期。

### （三）灌水

灌溉时的水量需根据土壤类型、生长阶段及草种特性综合考虑，目标是彻底湿润根系层而避免地面径流。

## 六、杂草及病害控制

### （一）杂草控制

新建草坪容易遭遇杂草问题。多数除草剂对幼苗的毒性大于对成熟草坪的毒性，且某些除草剂可能会抑制或延缓无性繁殖材料的成长。因此，大多数情况下应推迟使用除草剂，直至草坪成熟，以留出足够时间促进草坪的稳固发展。在第一次修剪前，不应对耐受性较弱的草坪使用萌后型除草剂，如2，4-D、二甲四氯和麦草畏。由于阔叶杂草幼苗对除草剂更敏感，可以考虑减半剂量使用，以降低对草坪的潜在伤害。对于新铺设的草坪，采用萌前除草剂可防控春季和夏季出现的杂草，如马唐等，但应在种植后3 ~ 4周再施用，避免抑制根系生长。若出现零星多年生难控杂草，应尽快局部使用草甘膦进行处理。当杂草蔓延直径达到10 ~ 15cm时，应在该区域重新播种。

## （二）草坪病害

过度灌溉和播种量过大都可能导致草坪密度过高，从而易引发病害。通过控制灌溉频率和草坪密度可以预防大多数幼苗期病害。通常建议使用经过拌种处理的种子，例如用甲霜灵处理的种子可控制枯萎病。当出现可能诱发病害的条件时，可以在草坪草发芽后施用农药，以预防或抑制病害的发生。

在草坪新建阶段，蝼蛄等害虫可能在幼苗期对草坪造成危害，如拔起苗株或挖洞导致土壤干燥，严重损害草坪。蚂蚁的危害主要表现为移动草坪种子，导致周围出现缺苗。常用对策包括播种后立即覆土或施用毒饵来驱逐害虫。

# 结束语

风景园林工程规模较大，涉及内容较为繁杂，且其施工技术难度较大，例如园林绿化施工技术、土方施工技术等。因此，在实际工作中，想要保证风景园林工程的顺利进行，施工人员需要提高园林种植技术水平，做好园林绿化工作，同时，需要加强风景园林后期的养护管理，根据植物的需求进行科学修剪、科学施肥，只有这样，才能为风景园林工程的健康发展保驾护航。

# 参考文献


[1] 赵警卫．进化美学视角下风景园林循证设计[M]．徐州：中国矿业大学出版社，2018．
[2] 黄茂如．黄茂如风景园林文集[M]．上海：同济大学出版社，2018．
[3] 陈新．美国风景・园林纵横[M]．上海：同济大学出版社，2018．
[4] 龙剑波，刘兆文，刘君．中国风景园林建筑[M]．北京：北京工业大学出版社，2018．
[5] 张德顺，芦建国．风景园林植物学・下[M]．上海：同济大学出版社，2018．
[6] 张德顺，芦建国．风景园林植物学・上[M]．上海：同济大学出版社，2018．
[7] 上海市风景园林学会．上海风景园林名家（三）[M]．上海：上海科学技术出版社，2018．
[8] 娄娟，娄飞．风景园林专业综合实训指导[M]．上海：上海交通大学出版社，2018．
[9] 陈丽，张辛阳．风景园林工程[M]．武汉：华中科技大学出版社，2020．
[10] 武涛，王霞．风景园林专业英语[M]．重庆：重庆大学出版社，2020．
[11] 赵九洲，邢春艳．风景园林树木学[M]．重庆：重庆大学出版社，2019．
[12] 刘磊．风景园林设计初步[M]．重庆：重庆大学出版社，2019．
[13] 武静．风景园林概论[M]．北京：中国建材工业出版社，2019．
[14] 林墨飞，唐建．中外风景园林名作精解[M]．重庆：重庆大学出版社，2019．
[15] 朱宇林．基于生态理论下风景园林建筑设计传承与创新[M]．长春：东北师范大学出版社，2019．
[16] 黄维．传统文化语境下风景园林建筑设计的传承与创新[M]．长春：东北师范大学出版社，2019．
[17] 张秀省，高祥斌，黄凯．风景园林管理与法规・第2版[M]．重庆：重庆大学出版社，2020．
[18] 刘洋．风景园林规划与设计研究[M]．北京：中国原子能出版社，2020．
[19] 陈晓刚．风景园林规划设计原理[M]．北京：中国建材工业出版社，2020．
[20] 李会彬，边秀举．高等院校风景园林专业规划教材・草坪学基础[M]．北京：中国建材工业出版社，2020．
[21] 尹旭红，蒋敏哲，吴苏．景园匠心・数字化表达风景园林建筑[M]．武汉：华中科技

大学出版社，2020.
[22] 陈其兵，刘柿良. 风景园林概论[M]. 北京：中国农业大学出版社，2021.
[23] 丛林林，韩冬，郑文俊. 风景园林素描基础[M]. 武汉：华中科技大学出版社，2021.
[24] 杨至德. 风景园林设计原理[M]. 第4版. 武汉：华中科技大学出版社，2021.
[25] 王东风，孙继峥，杨尧. 风景园林艺术与林业保护[M]. 长春：吉林人民出版社，2021.
[26] 许明明，雷凌华. 普通高等教育风景园林类立体化创新教材风景园林构造设计[M]. 北京：机械工业出版社，2021.
[27] 吕桂菊. 高等院校风景园林专业规划教材：植物识别与设计[M]. 北京：中国建材工业出版社，2021.
[28] 田松，马燕芬，龚莉茜. 风景园林规划与设计[M]. 长春：吉林科学技术出版社，2022.
[29] 陈剑，李清昀，朱政财. 风景园林规划与设计[M]. 长春：吉林摄影出版社，2022.
[30] 闫廷允，徐梦蝶，张振敏. 风景园林设计与工程规划[M]. 长春：吉林科学技术出版社，2022.
[31] 岳红记. 风景园林美学基础理论[M]. 西安：陕西师范大学出版总社有限公司，2022.
[32] 张红英，靳凤玲，秦光霞. 风景园林设计与绿化建设研究[M]. 成都：四川科学技术出版社，2022.
[33] 贾秀丽，刘婧，王思琪. 风景园林设计与环境生态保护[M]. 长春：吉林科学技术出版社，2022.
[34] 宁艳. 风景园林规划设计方法与实践[M]. 上海：同济大学出版社，2022.
[35] 张剑，隋艳晖，谷海燕. 风景园林规划设计[M]. 南京：江苏凤凰科学技术出版社，2023.

